L'ENFANCE
DE L'HUMANITÉ

I

L'ÂGE DE LA PIERRE

PAR

LE Dr VERNEAU

OUVRAGE ILLUSTRÉ DE 66 VIGNETTES

PARIS

LIBRAIRIE HACHETTE ET Cie

79, BOULEVARD SAINT-GERMAIN, 79

BIBLIOTHÈQUE
DES MERVEILLES

PUBLIÉE SOUS LA DIRECTION

DE M. ÉDOUARD CHARTON

L'ENFANCE DE L'HUMANITÉ

I. L'ÂGE DE LA PIERRE

20053. — PARIS. IMPRIMERIE LAHURE
9, rue de Fleurus, 9

BIBLIOTHÈQUE DES MERVEILLES

L'ENFANCE
DE L'HUMANITÉ

I

L'ÂGE DE LA PIERRE

PAR

LE Dr VERNEAU

OUVRAGE ILLUSTRÉ DE 66 VIGNETTES

PARIS

LIBRAIRIE HACHETTE ET Cie

79, BOULEVARD SAINT-GERMAIN, 79

1890

AVANT-PROPOS

Parmi les sciences écloses de nos jours, il en est dont les progrès ont dépassé tout ce qu'il était permis d'espérer au début : tel est le cas de l'anthropologie et de l'archéologie préhistoriques. En un demi-siècle à peine, ces deux sciences nous ont révélé la haute antiquité de notre espèce et nous ont fait connaître les caractères, les mœurs, les coutumes d'ancêtres dont l'histoire ne fait aucune mention. S'il reste encore des points obscurs, les résultats acquis sont déjà merveilleux.

Bien des ouvrages ont été consacrés à l'Homme préhistorique, et tous ont été accueillis avec faveur par le public. On conçoit, en effet, que le passé de notre propre espèce ne puisse nous laisser indifférents. Mais la plupart des livres publiés jusqu'à ce jour ou bien s'adressent à des lecteurs déjà préparés à ce genre d'études, ou bien ont pour résultat de vulgariser des erreurs, lorsque leurs auteurs manquent de la compétence nécessaire. Nous avons cru qu'il y avait place pour un nouveau livre, qui ne fût ni un roman, ni un livre ne pouvant être lu que par des spécialistes. Nous n'avons pas cependant la prétention d'avoir fait une œuvre entièrement originale, et plus d'une fois nous avons mis à contribution des ouvrages déjà publiés, *La France préhistorique* de M. Cartailhac, par exemple. Nous avons simplement cherché à mettre à la portée de tous les résultats définitivement acquis, sans chercher à dissimuler les lacunes qui existent encore dans nos connaissances et sans essayer de les combler par des hypothèses plus ou moins hasardées.

De nombreuses figures sont intercalées dans le texte; elles ont pu être multipliées, grâce à M. Cartailhac, qui a bien voulu céder à nos éditeurs les nombreux clichés que nous lui avons demandés, et à M. J. de Baye, qui, non content de nous laisser reproduire deux de ses dessins, a gracieusement mis un bois à notre disposition. Elles aideront sans aucun doute, dans une large mesure, à l'intelligence du texte. Puissions-nous avoir réussi à faire comprendre au lecteur ce qu'étaient nos vieux ancêtres lorsqu'ils n'étaient pas encore en possession des métaux !

Paris, juin 1890.

Dr VERNEAU.

L'ENFANCE DE L'HUMANITÉ

L'AGE DE LA PIERRE

PREMIÈRE PARTIE

L'ANCIENNETÉ DE L'HOMME

I

HISTORIQUE ET PRÉLIMINAIRES

I. *Historique.* — L'industrie humaine remonte à l'origine de l'humanité. — Ce que l'histoire et les traditions nous apprennent au sujet de l'ancienneté de l'homme. — L'archéologie préhistorique. — Les instruments de nos ancêtres considérés d'abord comme des pierres de foudre ; la vérité commence à se faire jour au XVIIe siècle ; progrès accomplis pendant le XVIIIe siècle.
II. *Le passé de notre planète.*
III. *Nature des preuves de l'existence de l'homme aux époques anciennes.* — Ossements humains et débris de l'industrie humaine. — Signes auxquels on reconnaît un travail intentionnel sur un objet en silex. — Distinction entre les pièces vraies et celles fabriquées par des faussaires.

I. Historique.

Si nous étudions les populations sauvages qui vivent encore à la surface du globe, nous constatons qu'elles possèdent toutes des outils plus ou moins rudimentaires. Il y a un siècle, lorsque furent entrepris ces grands voyages de circumnavigation qui ont illustré les navigateurs anglais et français, la plupart des insulaires de l'Océanie ne se servaient que d'instruments de pierre, d'os ou de bois. De nos jours, il existe encore plus d'une peuplade qui ignore l'usage des métaux, mais on n'en rencontre aucune qui ne sache utiliser la pierre ou le bois pour s'en faire des armes et des outils.

Ce que nous constatons chez les sauvages actuels, nous l'observons également chez ceux qui furent nos ancêtres. Les hommes qui vivaient autrefois dans notre pays étaient, en effet, loin d'être civilisés, et, pendant de longs siècles, ils n'ont connu d'autres instruments que ceux qu'ils confectionnaient avec le bois, l'os ou la pierre. Mais, aussi haut que nous puissions suivre l'homme dans le passé, nous le voyons en possession d'une industrie. L'origine de l'industrie remonte à l'origine même de l'humanité et, pour nous rendre compte du temps qui s'est écoulé depuis l'époque où l'être humain ébauchait ses premiers outils de pierre, il nous faut aborder la question de l'ancienneté de l'homme.

Personne n'ignore aujourd'hui que l'homme existait bien longtemps avant que l'histoire ne prît naissance. Pour conserver le souvenir des événements qui l'intéressent, il faut qu'une population ait déjà atteint un certain degré de civilisation. Les premiers hommes étaient hors d'état, assurément, d'écrire leur histoire, et il s'est écoulé un nombre incalculable d'années avant qu'on en arrivât là.

L'histoire, d'ailleurs, ne nous reporte pas bien loin dans le passé. Les Grecs nous racontent les événements qui se sont passés pendant l'ère des Olympiades, qui remonte seulement à 776 ans avant la nôtre. Les auteurs de la Grèce nous parlent bien de faits antérieurs à cette époque, et il nous suffira de citer la guerre de Troie, qui aurait eu lieu du xie au xiie siècle avant notre ère. Mais alors, disent-ils, les dieux s'unissaient aux mortels; il ne s'agit donc plus d'histoire proprement dite, mais bien de légendes qui mêlent la fable à la vérité.

L'histoire juive a pris naissance il y a trente siècles environ. Celle des Chinois remonte à dix ou quinze siècles plus haut. Quant à celle de l'Égypte, c'est elle qui a les origines les plus anciennes : d'après notre illustre compatriote, Mariette-bey, il y a soixante-dix siècles, les Égyptiens savaient déjà graver ces signes dont l'obélisque de la place de la Concorde est recouvert, et qui ne sont autre chose qu'une écriture que Champollion nous a appris à déchiffrer.

Au delà, l'histoire ne nous enseigne plus rien. Des traditions, transmises de génération en génération, ont bien été recueillies par les premiers écrivains, qui souvent nous les ont conservées. Ainsi, les légendes des Hindous embrassent une période de 10 000 à 12 000 ans, celles des Egyptiens remontent à plus de 50 000 ans et celles des Chinois parlent d'événements qui se seraient accomplis il y a près de 150 000 ans. Mais comme ces légendes ont dû se modifier en passant de bouche en bouche! et comme les renseignements qu'elles nous fournissent, en admettant même l'exactitude des dates auxquelles elles nous reportent, conservent peu de valeur!

Pourtant, il est un fait bien digne de remarque : c'est que les traditions de presque tous les peuples s'accordent pour nous montrer les premiers hommes dénués de tout et vivant dans un véritable état de sauvagerie. Plus d'un auteur ancien a ajouté foi à ces vieilles traditions, et Horace, par exemple, nous dit que les hommes primitifs formaient un troupeau muet et hideux, qu'ils « combattaient pour du gland et des tanières, d'abord avec les ongles et les poings, ensuite avec des bâtons, puis enfin avec des armes que l'expérience leur avait fait fabriquer. »

Aujourd'hui, la science vient confirmer, au moins

en partie, les légendes des anciens peuples.. Il paraît
démontré que l'être humain, dénué de tout au début,
s'est d'abord servi de ses mains, de ses ongles et de
ses dents; qu'il s'est ensuite fabriqué des armes au
moyen de pierres et de bâtons; et qu'enfin, il a appris à
se servir du bronze, puis du fer. C'est, en effet, ce que
nous a prouvé une science toute nouvelle, *l'archéologie
préhistorique*.

Cette science s'occupe de ce qui a rapport à l'homme
aux époques antérieures à l'histoire. Les renseignements
que nous ont laissés sur ces temps lointains les auteurs
auxquels nous venons de faire allusion sont toujours
assez vagues; ce ne sont, en réalité, que des légendes.
Pourtant, les Grecs et les Romains avaient eu connaissance
d'instruments très anciens, fabriqués par l'homme,
notamment de haches en pierre; mais ils les considé-
rèrent comme des pierres tombées des nuages pendant
les temps d'orage et, pour ce motif, les désignèrent sous
le nom de *céraunies*, ce qui veut dire *pierres de tonnerre*
ou *pierres de foudre* (fig. 1). Et comment auraient-ils pu
douter de l'origine céleste de ces pierres? Galba, avant
de devenir empereur, avait vu tomber la foudre dans
un lac des Cantabres : il le fit fouiller et y trouva
douze haches. Nous verrons plus loin, en parlant des *cités
lacustres*, comment s'explique, dans les lacs, la présence
d'instruments en pierre. Pour le moment, bornons-nous
à constater que ces céraunies passaient pour jouir de pro-
priétés surnaturelles, et que Galba considéra celles qui
avaient été retirées du lac des Cantabres comme des sortes
d'amulettes émanant directement des dieux : les puis-
sances célestes l'informaient, par ce moyen, qu'il devien-
drait empereur. Des pierres si précieuses étaient soigneusement conservées, et on ne les utilisait que pour
certains usages. L'Espagne, comme tribut, apporta à
Rome une pierre de foudre; dans le même pays, on
se servit de céraunies pour orner le diadème des déesses

Isis et Junon. Les guerriers germains portaient la même hache sur leurs casques d'or, pour gagner des batailles avec l'aide de la divinité.

Beaucoup de lecteurs seront tentés de rire de la naïveté des anciens, mais qu'ils ne se pressent pas trop. Ces croyances ont existé chez nous et persistent encore dans quelques coins de la France. « Au xii⁰ siècle, nous dit M. Cartailhac, l'évêque de Rennes, Marbode, nous certifiera qu'avec elles (les pierres de foudre) on peut gagner sa cause et triompher dans les combats, affronter les flots sans crainte d'un naufrage, protéger contre la foudre soi-même, sa maison, sa ville, avoir de doux songes et un agréable sommeil; une page entière énumère les vertus surnaturelles des céraunies... ». Vers 1670, ajoute plus loin le même auteur, un pareil trésor

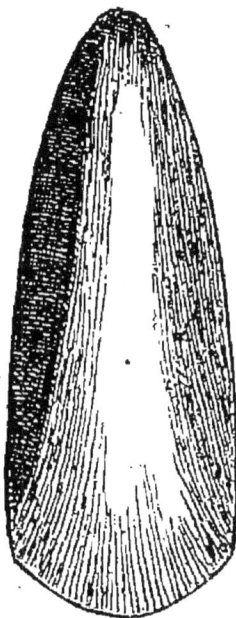

Fig. 1. — Hache en pierre polie, désignée autrefois sous le nom de pierre de foudre.

fut apporté « à Monseigneur le prince François de Lorraine, évesque de Verdun, par M. de Marcheville, — ambassadeur pour le roi de France à Constantinople auprès du Grand Seigneur — laquelle pierre nephréticque portée au bras, ou sur les reins, a une vertu merveilleuse pour jeter et préserver de la gravelle, comme l'expérience le faict voire journellement ». Cette hache de pierre existe encore, conservée au musée Lorrain, à Nancy. De nos jours, on rencontre de semblables superstitions en Bretagne et dans l'Aveyron, où les bergers considèrent les haches en pierre comme un talisman pour préserver leurs troupeaux de la foudre. Il y a vingt-cinq ans, j'ai vu, en Touraine, des paysans chercher la « pierre de foudre » dans une écurie qui venait d'être incendiée par le fluide électrique, afin d'en préserver leur maison dans l'avenir. En Italie, des pointes de flèches en silex sont souvent montées en argent ou en or et considérées comme de puissantes amulettes. Il n'est pas rare de les voir suspendues à des chapelets ou à des colliers. La même coutume existe dans la Haute-Garonne, en Écosse, etc. (fig. 2).

Fig. 2. — Pointe de flèche en silex montée en argent (amulette moderne), d'après M. Cartailhac.

Cependant, dès 1636, Boèce de Boot, après avoir déclaré que les instruments de pierre étaient considérés comme « la flesche du foudre » et assuré « que si quelqu'un voulait combattre cette opinion communement tenuë, et y desnier son consentement, il paroistroit fol », ne craignit pas, pour sa part, d'être taxé de folie. Il se demanda si ce n'étaient pas des marteaux, des coins, des haches, des socs de charrue, façonnés primitivement en fer et transformés en pierre par le temps.

Un demi-siècle auparavant, Mercati, éminent minéralogiste italien, avait découvert la vérité; mais son manuscrit ne fut publié qu'en 1717. Il prétendait, avec juste raison, qu'il n'était pas possible de prouver que les céraunies n'existaient pas dans les endroits où on les trouvait à la suite d'un orage, avant que la foudre n'eût produit ses ravages. Il va plus loin et n'hésite pas à voir dans les prétendues pierres de foudre les armes des « plus anciens des hommes. » Mercati était intendant du jardin des plantes du Vatican et il ne pouvait guère rompre avec la tradition. Aussi les haches, les pointes de flèches en silex dont il parle, il les attribue à des hommes qui vécurent entre Adam et Tubalcaïn et qui, ignorant l'usage des métaux, « fabriquaient tout avec des pierres aiguisées ». Il prouve, par des textes, que les couteaux de pierre ont été employés aux époques historiques. Les embaumeurs égyptiens ouvraient, en effet, les cadavres avec des outils en silex; Jéhovah avait ordonné à Josué de fabriquer des couteaux de pierre pour circoncire les Israélites; les prêtres de Baal et de Cybèle se faisaient, avec des instruments semblables, des incisions pour se rendre la divinité favorable. Il serait facile de multiplier ces exemples : ce que nous venons de dire suffit à montrer que Mercati est bien excusable d'avoir rajeuni les instruments dont il parlait; ce n'en est pas moins à lui que revient la gloire d'en avoir reconnu la véritable nature.

En 1723, de Jussieu alla encore plus loin et découvrit la vérité tout entière : il exposa ses idées à l'Académie des sciences dans un mémoire qui traitait *de l'Origine et des usages de la pierre de foudre*. Après avoir rappelé les théories admises à cette époque, il ajoutait : « Mais aujourd'hui un peu d'attention à deux ou trois espèces de pierres qui nous viennent les unes des îles d'Amérique, et les autres du Canada, est capable de nous détromper de ce préjugé, du moment que nous apprenons, à n'en pas douter, que les sauvages de ces pays-là se servent à différents usages de pierres à peu près semblables qu'ils ont taillées avec une patience infinie par le frottement contre d'autres pierres, faute d'aucun instrument de fer ou d'acier. » Il n'hésita pas à déclarer qu'avant la découverte des métaux, les habitants de la France et de l'Allemagne étaient des sauvages, et que les pierres de foudre étaient les outils dont ils se servaient; outils qui, n'étant pas susceptibles de s'altérer, se retrouvaient entiers dans la terre.

Les arguments de de Jussieu n'avaient pas convaincu l'Académie. Sept ans plus tard, cette société montrait la même incrédulité lorsque Mahudel vint, à son tour, développer les idées déjà émises par de Jussieu ; on lui reprocha de ne point exposer « les raisons qui prouvent l'impossibilité que ces pierres se forment dans les nues ».

Malgré les doutes que conservaient les savants, Goguet revint à la charge dans un remarquable ouvrage publié en 1758. Ces pierres, disait-il, « presque toutes percées d'un trou rond, placé à l'endroit le plus convenable pour recevoir un manche, » ont évidemment « été travaillées de main d'homme ». Il les comparait aux instruments des sauvages modernes (fig. 3), privés de toute industrie métallurgique, et concluait à l'identité. Il ajoutait, enfin, qu'après s'être servi de la pierre, l'homme en était arrivé à utiliser « le cuivre durci par la trempe et surtout par l'alliage » avant de fabriquer des outils en fer.

Fig. 3. — Une hache australienne moderne, en pierre polie.

Ainsi, dans le xviiie siècle, plusieurs savants furent bien près de la vérité.

Après la révolution française, un temps d'arrêt se manifeste dans les recherches dont nous nous occupons, ce qui s'explique aisément par les luttes dont l'Europe entière a été le siège. Bientôt un célèbre antiquaire danois, Thomsen, reprenait ces études et, pour la première fois, entreprenait des fouilles méthodiques. Non content de comparer les instruments de pierre rencontrés de-ci, de-là, aux outils des sauvages modernes, il se mit en devoir de fouiller les anciens tombeaux de son pays, et il trouva tantôt des objets en pierre et en os, tantôt des objets en bronze, tantôt des objets en fer. Il reconnut facilement l'ancienneté relative des trois époques auxquelles remontaient ces divers objets et signala même des tombes qui formaient une transition entre l'une de ces époques et la suivante. Ce furent également trois Danois, comme nous le verrons dans le chapitre suivant, qui, en 1847, firent encore faire à la question un pas considérable. Mais, déjà, les découvertes de Thomsen avaient démontré que des objets en pierre se trouvaient dans des tombeaux où la foudre n'avait pas pu les déposer ; qu'ils se rencontraient dans les mêmes conditions que les instruments en bronze ou en fer placés dans d'autres tombes. Il fallait bien admettre, avec Mercati, de Jussieu, Mahudel et Goguet, que ces pierres bizarres avaient été façonnées par un être humain.

Le travail intentionnel des prétendues *céraunies* étant un fait acquis, il s'agissait d'en déterminer l'ancienneté. Nous verrons bientôt que ce problème a pu être complètement résolu. Mais, auparavant, il nous faut ouvrir une parenthèse. Nous allons souvent avoir à employer les expressions d'*époque actuelle*, d'*époque quaternaire*, d'*époque tertiaire*, et nous devons expliquer ce que les géologues entendent par ces mots.

II. Le passé de notre planète.

Chacun sait aujourd'hui que la terre n'a pas toujours présenté l'aspect que nous lui connaissons. D'abord à l'état de fusion, la masse qui la constitue se solidifia peu à peu en dehors, par suite du refroidissement. La vapeur d'eau contenue dans l'atmosphère, se condensant, tomba à la surface du globe où elle forma, dans le principe, une couche uniforme qui entourait complètement notre planète, dont la superficie ne présentait pas encore de relief. Au milieu de cet océan, les forces volcaniques firent surgir des îlots, puis des continents plus vastes; mais, à cette époque, la température était trop élevée pour qu'aucun être organisé pût vivre sur la terre; c'est pour cela qu'on appelle cette période *époque azoïque*, c'est-à-dire *sans animaux*.

La température, par suite de circonstances dans le détail desquelles nous ne pouvons entrer, continua à s'abaisser; les mers déposèrent dans leurs profondeurs les matériaux que les eaux tenaient d'abord en dissolution ou en suspension, et il se forma ainsi des couches de terrain qu'on désigne sous le nom de *terrains de sédiment*. Une fois la température assez basse, des végétaux et des animaux très simplement organisés prirent naissance. Cette période constitue l'*époque paléozoïque* ou *des animaux anciens*.

L'abaissement de la température ne s'arrêta pas, non plus que le dépôt de nouvelles couches et l'émersion de terres nouvelles. Au fur et à mesure que les conditions d'existence se modifiaient, de nouveaux êtres organisés apparaissaient, et les plus récents étaient d'une organisation plus élevée que les anciens. Pendant l'*époque secondaire* ou *mésozoïque*, c'est-à-dire *des animaux intermédiaires*, vécurent, en grand nombre, des reptiles, des sauriens et des batraciens; certains reptiles, les *pélosaures*, atteignaient 25 mètres de longueur.

Plus tard, apparurent des animaux de plus en plus rapprochés de ceux qui vivent de nos jours; c'est l'*époque néozoïque* (époque des animaux récents) qui commence. Encore chaude au début, cette période vit naître d'abord des plantes et des animaux appartenant à des genres qui ne comptent plus aujourd'hui de représentants que dans le voisinage des tropiques. C'est à cette partie de l'époque néozoïque qu'on donne le nom d'*époque tertiaire*.

Les phénomènes de refroidissement s'accusèrent : les glaciers apparurent à la surface du globe et s'avancèrent assez loin vers le sud; la formation des terrains de sédiment cessa presque entièrement; les eaux courantes entraînèrent des matériaux arrachés aux assises anciennement émergées et les déposèrent plus loin en donnant naissance à des couches qui reçurent le nom d'*alluvions*. En même temps de nouveaux êtres vinrent remplacer ceux qui vivaient auparavant. Cette quatrième phase a été appelée *époque quaternaire* ou *glaciaire*. Enfin, les glaciers se retirèrent; la terre acquit le relief que nous lui voyons actuellement; le climat, les plantes et les animaux devinrent ce qu'ils sont de nos jours; en d'autres termes, l'*époque actuelle* succéda aux temps quaternaires.

Telle est, résumée aussi succinctement que possible, l'histoire de notre planète. Les phénomènes que nous venons de rappeler se produisirent lentement, et entre une période et la suivante il n'y eut pas de transition brusque. Pourtant les géologues sont arrivés à reconnaître l'âge relatif des différentes couches qui constituent notre globe, et cette connaissance est précieuse pour évaluer l'ancienneté des êtres qui ont vécu jadis. Il est facile, en effet, de comprendre que les plantes et les animaux d'autrefois ont, à leur mort, laissé leurs débris à la surface du sol; les couches qui se sont formées depuis ont recouvert ces restes, et il est permis d'affirmer qu'un être dont on retrouve les traces dans les profondeurs de la terre vivait à l'époque où se formait la couche qui renferme ses débris, si cette couche n'a pas subi de remaniements. C'est là une conclusion importante, dont nous allons faire l'application à l'homme.

III. Nature des preuves de l'existence de l'homme
aux époques anciennes.

L'existence de l'homme à l'époque où se formait une couche ancienne n'est pas démontrée seulement par la présence de ses ossements, mais encore par celle d'objets quelconques qui n'ont pu être façonnés que par lui. Il est évident, pour prendre un exemple qui puisse être facilement compris, que si on vient à démolir une maison et que, sur son emplacement, on fasse des fouilles qui montrent, en dessous, les ruines d'une autre construction, on ne saurait nier qu'avant l'édification de la maison nouvellement démolie, il avait vécu là d'autres êtres humains. Les murs enfouis sous terre dénotent qu'il existait des maçons lorsque la maison dont on retrouve les ruines a été construite. Supposons un cas qui, d'ailleurs, s'est produit. Les ruines, qu'on met ainsi au jour, contiennent quelques pièces de monnaie romaine, un four, des vases cuits, d'autres qui n'ont pas encore subi de cuisson, des blocs d'argile destinés à fabriquer des poteries; on n'hésitera pas à conclure de cette découverte qu'on se trouve en présence d'un atelier de potier romain, sans qu'il soit nécessaire, pour admettre l'existence de cet ouvrier, de rencontrer ses ossements eux-mêmes.

La trouvaille peut n'être pas aussi complète : qu'on trouve seulement des monnaies qui indiquent la date et quelques fragments de vase en terre, on pourra affirmer qu'à l'époque dont il s'agit il existait des ouvriers qui fabriquaient de la poterie.

L'exemple que nous venons de prendre est bien probant et personne ne contestera les conclusions que nous tirons de la découverte. S'il s'agit d'époques beaucoup plus anciennes, les choses se passent exactement de la même façon. Prenons encore un exemple. Supposons qu'on fouille une de ces grottes dans lesquelles les eaux ont déposé du limon argileux pendant l'époque quaternaire. Sur cette couche pourra s'être formée une couche de stalagmite, s'il s'est produit plus tard des infiltrations d'eau chargée de sels de chaux, de fer ou de silice. La caverne aura été enfin remplie, à une époque encore moins éloignée, de détritus qui auront glissé là par suite de la disposition du terrain. Remarquons, en passant, que l'hypothèse que nous faisons s'est réalisée plus d'une fois. Après avoir enlevé les débris modernes, on rencontrera la stalagmite et, au-dessous de celle-ci, les alluvions quaternaires. Ces alluvions pourront contenir des ossements humains, et nous en conclurons que l'homme dont nous retrouvons les restes dans la couche argileuse repose là depuis l'époque où la couche elle-même s'est formée. Qu'au lieu d'ossements humains nous rencontrions un silex travaillé par l'homme ou un os portant gravée la figure d'un animal, nous serons en droit de dire qu'à l'époque où l'alluvion se déposait, vivait l'ouvrier qui a gravé l'os ou donné à la pierre la forme d'un outil. Dans bien des cas, on trouve, dans la même couche qui renferme les os ou les instruments humains, des débris d'animaux qui ne vivent plus dans le pays depuis un temps immémorial. Ces restes d'animaux jouent le rôle des pièces de monnaie du premier exemple que nous avons cité : ils datent la couche, car les paléontologistes nous diront à quelle époque vivaient les espèces que nous retrouvons.

Mais, pour que nous n'arrivions pas à des conclusions fausses, il est indispensable que la couche qui contient les traces de l'homme *n'ait pas été remaniée*. Il pourrait fort bien se faire, en effet, qu'à une époque récente, on eût pratiqué un trou dans la stalagmite et les alluvions, pour y déposer le cadavre d'un individu, qui ne serait nullement contemporain de la formation du dépôt argileux. On ne saurait donc apporter trop de soin aux recherches de cette nature. Dans les cas bien observés, nous le répétons, la présence, *dans une couche non remaniée*, d'ossements humains ou d'objets certainement travaillés, suffit pour démontrer que l'homme vivait à l'époque où se formait la couche qui renferme ses traces.

Une nouvelle question se pose : à quels signes reconnaît-on, sur certains objets, la preuve d'un travail humain? Souvent la chose est facile, mais parfois aussi les traces de travail intentionnel sont assez obscures pour que les savants les plus compétents n'osent se prononcer. Quand il s'agit de ces belles gravures qu'exécutaient nos ancêtres à une époque extrêmement reculée, l'hésitation n'est pas permise. Tout le monde reconnaîtra que pour représenter l'animal que montre la figure 4, il a fallu un artiste. Une belle hache en pierre dénotera d'une manière aussi claire l'intervention d'un ouvrier. Mais, lorsqu'on rencontre une arme, un outil en pierre à peine ébauchés, de grandes difficultés surgissent, et des gens non prévenus n'attacheraient assurément aucun intérêt à des instruments qui ont une importance réelle. Pour ne pas nous laisser entraîner trop loin, nous ne parlerons que des instruments en silex, la pierre à fusil ayant été chez nous la matière la plus employée par nos ancêtres pour fabriquer leurs armes et leurs outils.

On sait que le silex ou pierre à fusil se rencontre en rognons plus ou moins volumineux, et nous dirons bientôt les procédés qu'employaient les hommes d'autrefois pour se procurer cette matière première. On n'ignore pas davantage que, si on vient à donner un coup sec à un bloc de silex, il s'en détache facilement des éclats. Mais ce qu'on sait moins, c'est que les éclats obtenus de cette façon présentent une cassure spéciale : sur la surface d'éclatement, on observe une bosse qui part du point où le coup a été appliqué ; c'est ce renflement qu'on appelle *bulbe* ou *conchoïde de percussion*. Il est clair que, sur le bloc d'où l'éclat a été détaché, il reste un creux correspondant au renflement du fragment enlevé. Le bulbe de percussion n'est pas lisse; il offre, au contraire, des *éraillures* plus ou moins nombreuses.

On a attaché une grande valeur au conchoïde de percussion; pour quelques archéologues, la seule présence de ce renflement sur un fragment de silex suffit à leur faire dire que l'éclat a été détaché intentionnellement par

Fig. 4. — Cerridé gravé sur un fragment de bois de *Cervus elaphus*. La Madeleine (Dordogne).

l'homme d'un bloc plus ou moins volumineux. Il y a là une exagération évidente, car on conçoit très bien qu'un choc accidentel puisse parfois produire le même résultat.

Nous venons de rappeler que le silex, tel qu'il se rencontre généralement dans la nature, affecte à peu près la forme de gros rognons, c'est-à-dire que les blocs sont arrondis sur toutes leurs faces. Il n'était pas facile à l'homme d'appliquer un coup sec sur ces surfaces rondes pour en détacher des éclats; aussi son premier soin, avant d'essayer de tirer des outils d'un bloc de pierre, était-il d'en casser une extrémité, de manière à obtenir une surface à peu près plane sur laquelle il pouvait porter aisément ses coups. Cette surface plane a reçu le nom de *plan de frappe.* Sur les éclats de silex détachés intentionnellement, on voit le bulbe de percussion commencer au plan de frappe et se prolonger sur l'une des faces de l'objet. La réunion de ces deux caractères (plan de frappe et bulbe de percussion) peut faire supposer, avec de grandes chances de probabilité, que le fragment qui les présente a été fabriqué par l'homme; mais la certitude n'est pas encore absolue.

On peut être beaucoup plus affirmatif lorsqu'on voit, sur un même éclat, le plan de frappe et deux conchoïdes de percussion, l'un en creux, sur une face, l'autre en relief, sur la face opposée. Voici la signification de ces caractères. Le plan de frappe a été obtenu tout d'abord, comme nous venons de l'indiquer, pour avoir une surface sur laquelle le marteau de pierre ou *percuteur* ne glissât pas. Un premier coup appliqué sur cette surface a détaché un éclat portant un renflement; à la place correspondante à cet éclat, il est resté un creux, qui est celui que nous observons sur une des faces de la pièce. Un autre coup, donné toujours sur le plan de frappe, a éclaté le fragment que nous étudions en déterminant un second bulbe de percussion en relief. Il serait vraiment bien extraordinaire que les trois opérations nécessaires pour donner lieu à ces caractères se fussent produites accidentellement sur un rognon de silex abandonné au hasard. Si la chose est possible, elle doit être tellement exceptionnelle qu'on n'a certainement guère de chances de se tromper en attribuant à l'homme les éclats offrant un plan de frappe et deux conchoïdes de percussion partant de ce plan, l'un en creux, l'autre en relief, sur la face opposée.

Nous venons d'examiner les cas les plus difficiles. Comme on le voit, il n'est pas toujours possible de se prononcer d'une façon catégorique et, dans le doute, il vaut mieux se tenir sur une sage réserve. Mais où l'hésitation n'est plus permise, c'est lorsque avec le plan de frappe et un bulbe unique, ou, à plus forte raison, deux bulbes de percussion, on remarque de petits éclats enlevés sur les bords de la pièce dans le but de lui donner une forme déterminée ou de la rendre tranchante. On peut alors affirmer que l'objet est bien un instrument humain, et à lui seul il démontre l'existence d'un ouvrier.

Nous ne voulons pas dire que les fragments de silex qui n'offrent pas les caractères que nous venons d'énumérer, n'aient pas servi à l'homme. Nous savons fort bien que les Indiens de Californie utilisent encore des éclats informes, dont ils se servent pour armer l'extrémité de leurs flèches, s'ils se terminent en pointe, ou qu'ils em-

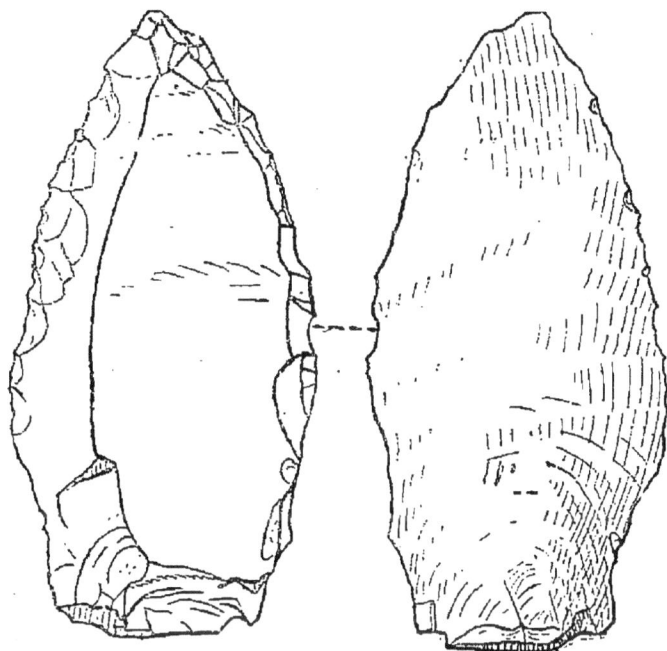

Fig. 5. — Pointe de silex montrant le plan de frappe, le bulbe de percussion d'un côté et des retouches sur l'autre face. Grotte de Reilhac
(Lot), d'après MM. Boule et Cartailhac.

ploient en guise de couteaux, s'ils présentent un bord tranchant. Mais ces instruments si bruts ne sauraient être reconnus pour des outils lorsqu'on ne les voit pas entre les mains de ceux qui les utilisent. Dans le troisième cha-pitre de ce livre, nous citerons des instruments encore beaucoup plus primitifs; mais comme rien ne les dis-tingue des pierres brutes, il serait impossible de soup-çonner que l'homme en eût fait usage si on les rencon-trait dans des couches anciennes.

Pour nous en tenir aux instruments les plus rudimentaires, mais qui dénotent pourtant une utilisation, il nous faut dire deux mots du *percuteur* ou marteau primitif de l'homme. C'était un simple caillou roulé par les eaux qui servait à cette fin. On le tenait à pleine main, sans se donner la peine d'y adapter un manche, ce qui, d'ailleurs, eût réclamé un travail au-dessus des forces de nos premiers ancêtres. Malgré tout, il est généralement facile de reconnaître si une pierre a rempli cette destination. En effet, à chaque coup qu'on applique sur un bloc de silex au moyen d'un autre caillou, il se détache un tout petit éclat de celui qui fait l'office de marteau. Pourvu qu'il ait été utilisé un certain nombre de fois, le percuteur offrira une foule de petits creux correspondant à chacun des éclats enlevés par le choc. Ces petites dépressions, qui donnent au marteau préhistorique un aspect mâché, pour ainsi dire, se remarquent surtout aux extrémités; mais il est des percuteurs qui en présentent sur toute leur surface.

Encore un mot pour terminer ces préliminaires. Depuis que les recherches relatives à l'homme préhistorique ont pris un grand développement, il s'est rencontré des ouvriers assez peu consciencieux pour fabriquer des pièces fausses, dans le but de les vendre à des amateurs. Il est possible de découvrir la supercherie : les pièces fausses offrent la même teinte à l'intérieur et à la surface des cassures, tandis qu'il n'en est généralement pas de même pour les objets anciens. Ceux-ci, plus ou moins lustrés, ont leur face altérée jusqu'à une profondeur variable. Si on vient à les casser, on observe que l'intérieur de la pièce est d'une teinte différente de la partie extérieure. Cette coloration superficielle spéciale a reçu le nom de *patine;* elle est fréquemment blanche ou d'un blanc bleuté; souvent elle tire sur le jaune ou sur le brun rouge ; quelquefois, enfin, elle est grise, noirâtre ou bien marbrée de noir et de gris.

Un petit nombre d'instruments en pierre ont conservé, malgré leur ancienneté, leur teinte primitive; mais ils présentent cependant, dans leur aspect, quelque chose qui les différencie des pièces fabriquées de nos jours, et il suffit d'un peu d'expérience pour distinguer les vrais des faux.

Nous avons maintenant des notions suffisantes pour entrer dans le vif de notre sujet. Nous allons voir jusqu'où nous pouvons suivre dans le passé les traces de nos ancêtres.

II

FREUVES DE L'EXISTENCE DE L'HOMME AUX ÉPOQUES PRÉHISTORIQUES

I. Époque actuelle.

Dès 1836, nous l'avons dit dans le chapitre précédent, Thomsen constatait en Danemark l'existence de trois vieilles civilisations, qui s'étaient succédé dans ce pays. Il observait que les tombes les plus anciennes ne renfermaient aucune trace de métal, mais bien des instruments en pierre; que d'autres, plus récentes, renfermaient du bronze, et que les plus rapprochées de la période historique contenaient des armes et des outils en fer. Les nombreuses fouilles, qu'il pratiqua avec tant de méthode, lui permirent de faire une autre remarque : c'est qu'il existait des séries intermédiaires qui établissaient des liens entre l'âge de la pierre et l'âge du bronze, entre ce dernier et l'âge du fer. Thomsen pouvait donc, avec juste raison, conclure de ses trouvailles qu'avant de se servir du fer, l'homme avait employé le bronze, et qu'antérieurement à l'emploi de celui-ci, il utilisait la pierre pour fabriquer des instruments. Thomsen, d'ailleurs, ne se préoccupait déjà plus de concilier ses découvertes avec la tradition; mais il ne pouvait pas encore évaluer, d'une manière précise, à quelles dates remontaient les différents tombeaux qu'il avait interrogés.

Ce furent trois de ses compatriotes qui, en 1847, furent chargés par la Société des antiquaires du Nord de poursuivre ces études. Ces savants, Forchammer, Steenstrup et Worsaae, réunissaient toutes les connaissances voulues pour mener leur tâche à bien : l'un était géologue, l'autre zoologiste et le dernier archéologue. Travaillant de concert, ils sont arrivés à des résultats tels, que nous devons nous arrêter un peu à leurs découvertes. Ils furent, on peut le répéter avec M. de Quatrefages, les vrais fondateurs de l'*archéologie préhistorique*, de cette science qui a permis de reconstituer le passé de l'humanité aux époques les plus reculées.

Le Danemark renferme de toutes parts des vestiges de l'industrie de l'homme préhistorique. Les tombeaux fouillés par Thomsen ne pouvant fournir de dates, Forchammer, Steenstrup et Worsaae dirigèrent leur attention vers les *kjœkkenmœddings* et les *Skovmoses*. Hâtons-nous d'expliquer ce que signifient ces mots barbares, empruntés à la langue danoise. Le nom de *kjœkkenmœddings* veut dire littéralement *débris de cuisine*; ce sont des accumulations de coquilles (huître, carde,

moule, etc.), toutes comestibles, qui forment, sur les
bords de la mer, des monticules et parfois même de
véritables collines atteignant des dimensions considérables. Chaque fois qu'on avait porté la pioche dans ces
amas de coquillages, on avait mis au jour des charbons,
des cendres, des fragments de poterie, des ossements
fendus d'animaux et des silex travaillés. L'homme était
donc passé par là. Quant aux *Skovmoses* ou *marais à
forêts* (fig. 6), ce sont des espèces d'excavations, en
forme d'entonnoirs irréguliers, creusées dans les limons
de l'époque quaternaire, et atteignant quelquefois plus de
dix mètres de profondeur. Ces cavités sont aujourd'hui
occupées par des marécages formés de couches de tourbe
superposées, au milieu desquelles s'entrelacent des arbres
appartenant à diverses espèces. Là aussi, on avait souvent
récolté des objets façonnés par l'homme qui vivait jadis
dans la contrée.

Les *kjœkkenmœddings*[1] ont conduit les savants danois
à la conclusion que ce sont réellement des *débris de
cuisine*, les restes des repas d'une population aujourd'hui
oubliée, qui vivait autrefois à l'état sauvage sur le littoral
du Danemark. La nature des coquilles, toutes comestibles, nous le répétons, les restes de poissons, d'oiseaux
et de mammifères qu'on y trouve, aussi bien que les
cendres et le charbon, montrent qu'il en est réellement
ainsi. Le fait est encore prouvé par la présence d'os
d'animaux brisés dans le sens de la longueur : l'homme
de cette époque, comme le sauvage moderne, avait un
goût marqué pour la moelle et, tout comme celui-ci, il
fendait les os des animaux qu'il mangeait pour pouvoir
en extraire son aliment favori.

Les tribus qui se sont nourries des coquilles, des pois-

---

1. Quoiqu'il ne soit pas très harmonieux pour nos oreilles, nous
emploierons plus d'une fois ce mot adopté par les savants de toutes
les parties du monde; il se prononce *Kieukenmeuding*, en ayant
soin de ne pas donner un son nasal au dernier *i*.

sons, des oiseaux et des mammifères dont les débris
constituent les kjœkkenmœddings, n'ont pas été sans
égarer autour d'elles un certain nombre d'outils pendant
le long espace de temps qu'elles ont vécu dans ces
parages. Ce sont ces instruments perdus qu'on retrouve
mêlés aux restes de leurs repas. Souvent aussi les
hommes de l'époque devaient jeter, avec les débris de
leur alimentation, leurs vases en terre qui venaient à se
briser; ce qui explique la présence, dans les amas de
coquilles, des poteries grossières que nous avons signalées.

Tels sont, en deux mots, les faits mis parfaitement en
lumière par les recherches des savants danois. Mais, si
l'existence d'une population préhistorique ne pouvait être
mise en doute, l'examen des outils humains ne permettait
nullement de dire à quelle époque elle avait vécu. On
se trouvait en présence d'un outillage très primitif, qui
comprenait des couteaux, des grattoirs, des haches
triangulaires en silex taillé par éclat, des haches-mar-
teaux en bois de cerf, des perçoirs, des poinçons et des
pointes de flèches en os. S'il était indiscutable que l'histoire ne faisait aucune mention d'une telle civilisation,
il ne s'ensuivait pas forcément qu'on dût attribuer à
cette industrie rudimentaire une très haute antiquité,
car l'histoire du Danemark ne remonte pas bien loin
dans le passé. C'est alors que le géologue et le zoologiste
vinrent au secours de l'archéologue.

La terre traverse actuellement une période de calme
relatif, ce qui est loin de signifier qu'on n'observe aucun
changement à la surface du globe : les faits journaliers
viennent démontrer le contraire. Or, Forchammer a
prouvé que depuis la formation des kjœkkenmœddings il
s'était produit, dans le pays, des modifications géogra-
phiques. De son côté, Steenstrup reconnaissait, parmi les
animaux dont l'homme faisait sa nourriture, le cerf, le
chevreuil, le sanglier, l'urus et un autre petit bœuf,

l'ours brun, le loup, le renard, la loutre, etc., c'est-à-
dire des espèces qui *toutes* vivent à notre époque, mais
dont plusieurs ont quitté le pays. Il n'a trouvé aucun
animal quaternaire, ni aucun animal domestique, à part
le chien qui était déjà le fidèle compagnon de l'homme,
ce qui ne l'empêchait pas parfois d'être mangé. Parmi
les oiseaux, il en est un qui mérite une mention : c'est
le coq de bruyère. Cet animal se nourrit des jeunes
pousses du pin, et le Danemark devait posséder cet arbre,
aujourd'hui disparu de la contrée, lorsque l'homme entas-
sait en collines les débris de ses repas.

L'étude des kjœkkenmœddings danois démontre donc
que l'homme vivait à l'état sauvage dans ce pays, sans
avoir encore trouvé le moyen de polir ses instruments de
pierre, à une époque assez reculée pour que la configu-
ration du littoral se soit modifiée depuis, et pour que les
plantes et les animaux aient pu varier en partie. On peut
affirmer également que cette époque ne remonte pas au
delà de l'époque géologique actuelle, puisque tous les
animaux dont on rencontre les débris vivent encore de nos
jours, sinon en Danemark, au moins dans les pays voisins.

Disons, en passant, que, depuis les recherches de
Forchammer, Steenstrup et Worsaae, on a étudié des
amas de coquilles semblables en France, en Irlande, en
Portugal, en Sardaigne, en Asie et dans les deux Amériques. Partout les kjœkkenmœddings contiennent la
même industrie primitive; et on peut en conclure qu'à
une époque de l'humanité, l'homme, qui se trouvait près
des rivages de la mer, a vécu à peu près de la même
façon, se nourrissant surtout des produits de sa pêche et
un peu aussi des produits de la chasse.

Revenons aux recherches accomplies en Danemark.
Les skovmoses, ou marais tourbeux, ont fourni de précieux
renseignements. L'homme qui les fréquentait y égarait
de nombreux outils, qui sont restés où ils étaient tombés
et ont été recouverts postérieurement par les couches de

tourbe qui se sont formées depuis cette époque. « Les
skovmoses, dit M. de Quatrefages, sont devenus ainsi des
espèces de musées chronologiquement stratifiés, où
chaque génération a laissé sa trace dans la tourbe contemporaine. On n'a eu qu'à les exploiter couche par couche
pour acquérir une foule de notions précises sur les prédécesseurs des Danois actuels, pour trouver dans ce passé
sans histoire des *dates relatives* ou *époques*. C'est ainsi

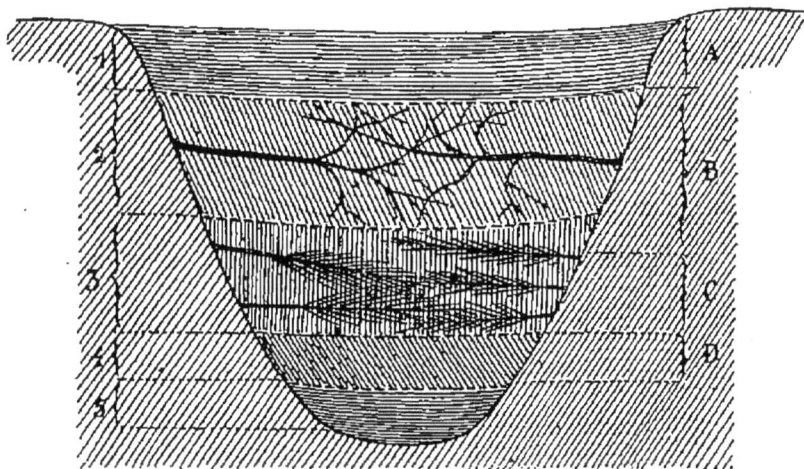

Fig. 6. — Courbe schématique d'un marais tourbeux.

Couche des végétaux actuels; 2, couche des chênes; 3, couche des pins; 4, couche
des mousses; 5, couche d'argile. — A, Fer; B, bronze; C, pierre polie; D, pierre
taillée.

que les savants scandinaves sont arrivés à la belle concep-
tion des *âges du fer, du bronze* et *de la pierre*, aujour-
d'hui universellement adoptée. » En effet, bien mieux
que les tombeaux fouillés auparavant par Thomsen, les
couches de tourbe disposées en étages des marais danois
permettent une classification précise. Voyons ce que sont
ces « musées » préhistoriques, pour employer l'expression
de M. de Quatrefages, et de quelle façon se sont formées
les collections qu'ils renferment.

Lorsque, par suite de circonstances que nous n'examinerons pas, l'entonnoir eut été creusé dans le limon quaternaire, des matériaux arrachés par les pluies vinrent

former au fond de la cavité une couche d'argile (5). Sur
cette couche naquirent des mousses qui, en mourant,
constituèrent peu à peu une couche de tourbe, aujour-
d'hui tassée et tellement compacte que pendant longtemps on a cru qu'il serait impossible de déterminer les
plantes qui la composaient (4); mais Steenstrup y a découvert cinq espèces de mousses qui ne vivent plus dans la
région et qui ne se rencontrent actuellement que sous le
cercle polaire. Sur cette première assise tourbeuse se
sont développées des mousses à organisation plus élevée
et des pins rabougris, pendant que de beaux pins crois-
saient sur les parois elles-mêmes, où ils étaient abrités
des vents et où ils trouvaient un limon fertile. Ces
mousses, ces arbres ont formé une deuxième couche de
tourbe consolidée par les branches des pins qui s'entrelacent dans son épaisseur (5). Des chênes se montrent dans
la couche placée au-dessus de la précédente (2), et la plus
superficielle (1) renferme des bouleaux, des aulnes, des
noisetiers, des bruyères.

Dans toutes ces assises de tourbe, on rencontre de nombreux instruments abandonnés par l'homme. Grâce à
l'entrecroisement des branches dans la masse, chaque
objet est resté dans la couche en voie de formation au
moment de son abandon, sans pénétrer dans les couches
plus profondes. Or, voici ce qu'ont observé Forchammer,
Steenstrup et Worsaae. Les objets en fer ne se trouvent
que dans la couche superficielle (A); le bronze est compris
dans toute l'assise qui contient des chênes et la partie supérieure de celle des pins (B); le reste de cette dernière (C) ne
renferme plus que des instruments de pierre; enfin, la
tourbe amorphe (D) fournit des silex grossièrement travaillés et quelques ossements de renne. L'homme a donc
existé depuis que les marais tourbeux ont commencé à
se remplir.

Mais quel est l'âge de chacune de ces couches? Ici
encore, les savants scandinaves vont nous donner la ré-

ponse. Laissant de côté la couche superficielle qui, avec des instruments en fer, contient des végétaux modernes, nous voyons la seconde assise caractérisée par des chênes. Cet arbre n'existe plus en Danemark : ni l'histoire ni les traditions ne le mentionnent dans le passé. On peut donc affirmer que la couche des chênes s'est formée à une époque antérieure à l'histoire. Cependant, il ne faudrait pas la vieillir outre mesure, et des évaluations sérieuses, basées sur l'accroissement séculaire de la tourbe, conduisent à assigner une ancienneté de trente-cinq siècles environ à cette couche. Nous devons, par suite, en conclure que quinze ou seize siècles avant notre ère, le chêne croissait dans la péninsule danoise, et que l'homme de ce pays se servait d'outils en bronze.

La couche des pins et les instruments de pierre qu'elle renferme remontent évidemment bien au delà. Quant à l'assise inférieure, celle qui montre associés de grossiers outils de silex, des débris de renne et des mousses des régions polaires, elle s'est certainement formée pendant une période froide, puisque cet animal, ces plantes des pays froids pouvaient vivre en Danemark. Il fallait que le pays présentât à peu près le climat de la Laponie actuelle et, d'après les géologues, ces conditions se seraient réalisées au début de notre époque géologique, lorsque les glaciers des temps quaternaires venaient de disparaître du Danemark.

Les skovmoses nous font donc suivre les traces de l'homme jusqu'à l'aurore des temps actuels.

Il nous serait facile de citer un grand nombre de faits qui nous conduiraient aux mêmes conclusions : nous pourrions parler des marais tourbeux de notre propre pays; mais ils ont été moins bien étudiés que ceux du Danemark, et nous ne voulons signaler qu'un nombre restreint d'observations concluantes et faciles à comprendre. Pourtant nous ne saurions passer sous silence les *cités lacustres*.

On appelle ainsi des villages bâtis sur des pieux plantés dans le fond des lacs (fig. 7), à une distance de 40 à 90 mètres du rivage. Des habitations de ce genre sont encore en usage chez certaines peuplades de l'Amérique du Sud, de la Malaisie et de la Nouvelle-Guinée; Hérodote nous dit que, de son temps, il en existait au milieu des lacs de la Roumélie. Partout, elles semblent avoir été construites dans le but de mettre leurs habitants à l'abri des attaques de leurs ennemis.

Aux époques préhistoriques, de nombreuses constructions de ce genre s'élevaient au-dessus des lacs de la Suisse, de l'Italie, de la France, de la Bavière, etc. Parfois elles occupaient des surfaces considérables, comme à Morges, par exemple, sur le lac de Genève, où elles recouvraient une superficie de 60 000 mètres carrés; à Wangen, dans le lac de Constance, on a compté plus de 40 000 pieux; ailleurs, leur nombre dépasse 100 000.

Ces vieilles habitations sur pilotis, qu'on désigne aussi sous le nom de *palafittes* (du mot italien *palafitti*, pilotis), ne sont pas toutes de la même époque; quelques-unes renferment du fer, d'autres du bronze, mais beaucoup remontent à l'âge de la pierre. Ces constructions ont donc été longtemps en usage et, suivant leur âge, elles offrent quelques différences dans le travail des pieux : ils se composaient souvent de troncs d'arbres fendus en quatre, à l'époque du bronze, tandis que les plus anciennes palafittes montrent toujours des troncs d'arbres entiers, non dégrossis, dont l'extrémité inférieure a été façonnée en pointe au moyen du feu. Lorsque la nature du fond du lac le permettait, ces pilotis étaient solidement enfoncés dans le sol lui-même. Si, au contraire, des roches ne laissaient pas planter les pieux, on les consolidait par des amas de pierres, qui s'élevaient parfois au-dessus des eaux, en formant de véritables îlots, comme l'île des Roses, dans le lac de Steinbergen, en Bavière, qui n'a pas une autre origine.

Fig. 7. — Reconstitution d'une cité lacustre.

Les pilotis devaient s'élever à 1 mètre 50 ou 2 mètres au-dessus du niveau des lacs ; mais l'eau, toujours en mouvement, les a rasés, tantôt au niveau du sable ou de la vase, tantôt à 50 ou 60 centimètres au-dessus. Ce sont ces restes de pieux qui font le désespoir des pêcheurs, dont ils déchirent les filets.

Sur les pieux, on établissait un plancher qui assurait la solidité des pilotis et qui supportait des cabanes, souvent rondes, bâties en bois et en terre glaise, et recouvertes de paille. Ce n'est pas une simple supposition que nous émettons en ce moment : beaucoup de ces habitations lacustres ont été détruites par le feu, et des villages entiers, consumés par des incendies qui trouvaient là un aliment facile, se sont effondrés au fond des eaux avec tout ce qu'ils contenaient. Grâce à cette circonstance, tous les objets tombés entre les pieux ont été conservés ; on retrouve même des lambeaux d'étoffes, dont la tourbe, qui s'est parfois formée au-dessus des objets de cette époque, a empêché la destruction.

Les plus anciennes cités lacustres renferment de petites haches en pierre polie, qui ont été fabriquées avec les roches du pays ; elles contiennent, en outre, des objets en os ou en terre fort mal travaillés. Les animaux dont on trouve des débris sont le cerf, le bœuf primitif ou urus (*Bos primigenius*), le bison d'Europe ou aurochs, le cochon des marais (*Sus scrofa palustris*), la chèvre, le renard, quelquefois le cheval et le chien. Parmi ces animaux, il en est qui vivent encore, mais qui se sont modifiés depuis cette époque ; d'autres ont disparu. Il s'est donc produit des changements notables dans les conditions d'existence, depuis les temps où l'homme construisait en Europe ses premières habitations sur pilotis, puisque certaines espèces animales se sont éteintes. On peut, cependant, affirmer que ces modifications se sont accomplies depuis le commencement de notre époque géologique, car les débris des plus anciennes palafittes reposent au-dessus des couches quaternaires, dont elles sont souvent séparées par une couche mince de coquilles vivant encore de nos jours. Si loin que nous reportent les cités lacustres, elles ne nous font donc pas remonter jusqu'à la fin des temps quaternaires, comme l'ont fait les marais tourbeux du Danemark.

On a cherché a évaluer en chiffres l'âge de certaines palafittes, et voici comment on s'y est pris. On sait que les eaux des rivières et des torrents, qui viennent se jeter dans les lacs, arrivent plus ou moins boueuses et entraînent des cailloux, des morceaux de bois, etc. Rencontrant une surface tranquille, elles laissent déposer les matériaux qu'elles roulaient, et, de cette façon, les lacs se comblent peu à peu. La plus grande partie des débris amenés de la sorte s'accumulent près des rives qui reculent insensiblement. On a donné à ce phénomène le nom d'*atterrissement*. Or, à 575 mètres du lac de Bienne, se trouve l'abbaye de Saint-Jean, qui a été construite en l'année 1100 sur la rive même; depuis cette époque, le lac a donc reculé de 55 mètres par siècle en moyenne. Si on admet que l'atterrissement a suivi la même marche depuis le commencement de notre époque géologique, il est facile de connaître l'âge des pilotis qui se trouvent aujourd'hui au pont de la Thièle, à 5 kilomètres du rivage actuel du lac. Ces pieux ayant été assurément enfoncés dans l'eau, il suffit, pour cela, de diviser la distance, 5000 mètres, par 55 mètres, qui représentent le recul séculaire de la rive, et on obtient le chiffre de 6000 ans environ pour l'âge des habitations lacustres de la Thièle. Mais on ne saurait considérer cette date comme représentant l'âge des plus anciennes palafittes, car il en est qui remontent plus haut que celles prises pour exemple. Il ne faut pas non plus regarder ces chiffres comme absolument précis : en effet, le phénomène de l'atterrissement n'a pas dû se produire toujours dans les conditions où il s'est effectué depuis le xiie siècle. Si, d'un côté, il est assez admissible

que les eaux arrivaient plus troubles et en plus grande
abondance au début de notre époque géologique, lorsque
les glaciers quaternaires alimentaient, par leur fonte, des
torrents impétueux, il est certain également que les lacs
étaient plus profonds; par suite, ils se comblaient avec
plus de lenteur. Pour sa part, M. Forel trouve le chiffre
donné ci-dessus infiniment trop faible. Opérant d'une
autre manière, il a évalué le temps qu'il a fallu pour
remplir la partie du lac Léman que nous voyons aujour-
d'hui comblée, et, comme l'atterrissement a commencé
avec notre époque géologique, il a calculé, par conséquent, le temps qui s'est écoulé depuis l'époque glaciaire. Voici sur quelles bases reposent les calculs de
M. Forel. Le Rhône, qui se jette dans le lac Léman,
charrie, en moyenne, 221 670 mètres cubes de limon pendant les 90 jours d'été. Le volume du lac étant de 68 840 millions de mètres cubes, il faudrait environ 310 500 ans
pour qu'il fût entièrement comblé par les matériaux
apportés par le fleuve. Or, comme le tiers à peu près du
lac est actuellement rempli, il a fallu 100 000 ans, en
chiffres ronds, pour amener ce résultat; c'est-à-dire que
nous serions séparés des temps quaternaires par ce nombre
considérable d'années.

Mais le chiffre donné par ce savant est certainement
trop élevé. Sans revenir sur ce que nous avons dit de la
quantité probablement plus grande de détritus charriés
par les eaux au commencement de notre époque, il faut
observer que M. Forel n'a tenu compte que des matériaux
apportés par le Rhône et que, pour ce fleuve même, ses
calculs ne portent que sur la saison d'été. Pendant l'hiver,
les eaux charrient beaucoup plus de limon et le comble-
ment des lacs marche avec plus de rapidité. Si le savant
suisse avait fait ses observations dans une autre saison,
il aurait assurément trouvé un chiffre moins élevé. Lui-
même, d'ailleurs, le reconnaît et ne donne le nombre de
cent mille ans, pour le temps écoulé depuis l'époque gla-

ciaire, que comme un maximum au delà duquel on ne saurait songer à aller.

Lyell s'est livré, de son côté, à des calculs analogues, basés sur un autre ordre de faits : il a étudié le retrait de la chute du Niagara. Au commencement de notre époque, lorsque prit naissance le fleuve dont il s'agit, le plateau d'où il se précipite s'avançait jusqu'à Queenstown, à 7 milles de l'emplacement actuel de la cataracte. Or, d'après les observations modernes, le recul est annuellement d'un pied ; il a donc fallu, si les choses ont suivi la même marche depuis le début, une période de 36 960 ans pour produire cette énorme érosion qui a reporté la chute à 7 milles de son emplacement primitif.

Nous ne poursuivrons pas davantage l'examen des différentes tentatives faites en vue de représenter par des chiffres le nombre d'années qui s'est écoulé depuis la fin des temps quaternaires, c'est-à-dire depuis l'époque où l'homme nous est apparu dans les tourbières du Danemark. Ce que nous pouvons conclure de ces essais, c'est que s'il y a 6 000 ans, l'homme bâtissait au pont de la Thièle ses habitations sur pilotis, cette date ne représente pas l'ancienneté des couches inférieures des marais tourbeux. On est aussi autorisé à regarder comme trop élevé le chiffre de 100 000 ans attribué par M. Forel à la durée de l'époque pendant laquelle nous avons pu, jusqu'ici, suivre les traces de l'homme. Entre 6 000 ans et 100 000 années il y a de la marge, et Lyell se rapproche peut-être de la vérité en donnant le chiffre de 36 960 ans. Il ne faut pas toutefois se dissimuler, comme le dit avec tant de raison M. de Quatrefages, que « ces nombres laissent encore bien des incertitudes ». On ne saurait pourtant trop applaudir aux efforts des géologues, qui viendront peut-être un jour jeter la lumière sur ces questions encore si obscures.

Ce qui ressort des faits exposés ci-dessus, c'est que l'homme est bien plus ancien, dans l'ouest de notre Eu-

rope, qu'on ne le supposait naguère. Dès le début de notre
époque géologique, que ce début remonte ou non à
36 000 ans, nos ancêtres vivaient dans nos régions à peu
près à la façon des sauvages actuels, et les preuves que
nous en avons données suffisent à le démontrer, sans qu'il
soit nécessaire d'en citer un plus grand nombre, comme
il serait si facile de le faire.

II. Époque quaternaire.

L'homme n'a pas seulement traversé toute notre époque
géologique; il a connu des temps où le climat n'était pas
ce qu'il est aujourd'hui et où il avait, à côté de lui, des
animaux dont les espèces sont éteintes ou bien ont émigré
de nos régions. En d'autres termes, il a vécu pendant
l'époque quaternaire, et les faits qui le démontrent sont
maintenant assez nombreux pour que tous les savants
soient tombés d'accord sur ce point.

Les premières découvertes relatives à l'homme quaternaire remontent à l'année 1700. A cette époque, le duc
de Wurtemberg fit exécuter des fouilles à Canstadt, près
de Stuttgard, sur l'emplacement d'une forteresse de
l'époque romaine. On trouva, au-dessous de la couche
romaine, un grand nombre d'ossements d'animaux quaternaires et, paraît-il, un fragment de mâchoire et un
crâne humain. Si l'authenticité de cette découverte ne
fait aucun doute pour la plupart des anthropologistes,
notamment pour M. de Quatrefages, pourtant si prudent
en ces matières, il en est qui ne sont pas convaincus que
les débris humains proviennent de la couche des animaux
quaternaires. Leur réserve se comprend : l'existence de
la mâchoire humaine ne fut signalée à Cuvier qu'un siècle
plus tard, et le crâne ne fut retrouvé qu'en 1835, par
Jæger, dans la collection des princes de Wurtemberg.
Malgré les caractères spéciaux de cette tête humaine,

qu'on ne saurait regarder comme ayant appartenu à un
Romain, il est permis de conserver quelque doute sur son
âge ; car la fouille ne fut pas pratiquée avec des précautions suffisantes, et on ne tint pas compte des différentes
hauteurs où chaque chose fut recueillie.

En 1715, on découvrit, en Angleterre, une grande
pointe de silex travaillé en contact avec des ossements
d'éléphant, dans une carrière de gravier en exploitation.
Plus tard, Esper, en Allemagne, et John Frère, dans la Grande-
Bretagne, signalèrent des faits analogues. Ce dernier, dès
1800, avait pressenti l'importance de sa découverte, mais
il n'insista pas, et eût-il insisté qu'il n'aurait eu alors que
peu de chances de se faire écouter : Cuvier n'avait pas
encore étudié les ossements fossiles, reconstitué les animaux qui vivaient jadis, et montré la succession des formes
animales et végétales. En 1823, notre grand naturaliste
avait fait une grande partie de ces études, lorsqu'Amy
Boué lui présenta les ossements humains qu'il avait trouvés dans le lœss du Rhin, c'est-à-dire dans ces dépôts de
boue fine qui, pendant l'époque quaternaire, prenait naissance dans les glaciers et était transportée au loin. Pourtant Cuvier se refusa à admettre comme *fossiles*[1] les
ossements que lui apportait Amy Boué. Il était méfiant, et
cela se conçoit. Plus d'une fois on lui avait montré des
os qu'on prétendait être les restes d'hommes antédiluviens,
et il avait reconnu qu'ils provenaient tantôt d'un éléphant,
tantôt d'une baleine, tantôt d'une tortue. Ceux que
Scheuchzer, en 1726, avait regardés comme tels n'étaient
autre chose que les débris d'une grande salamandre.
Cuvier préféra supposer que le terrain dans lequel Amy
Boué avait fait sa découverte avait subi des remaniements.

Cependant, des trouvailles analogues se produisaient
dans les alluvions quaternaires des cavernes. Buckland

---

1. On appelle *fossiles* les animaux et les plantes qui ont vécu
avant notre époque géologique ; les restes en sont ordinairement
profondément altérés dans leur composition chimique.

publiait, en 1821, le résultat de nombreuses fouilles pratiquées dans divers pays; Tournal trouvait des restes de
l'industrie humaine associés à des ossements d'animaux
quaternaires dans une grotte de l'Aude (1827); en compagnie de Christol et de Dumas il faisait, les années
suivantes, de semblables découvertes dans les cavernes
de l'Hérault et du Gard. Rien n'y fit : Cuvier ne modifia
pas sa manière de voir, et il mourut en 1852, non pas
en niant que l'homme eût vécu aux époques antérieures
à la nôtre, comme on l'a prétendu à tort, mais avec la
conviction qu'on n'avait pas encore trouvé les preuves de
l'existence de l'homme à ces époques lointaines. Deux
ans après, Tournal était beaucoup plus audacieux : « La
géologie, disait-il, donnant un supplément à nos courtes
annales, viendra réveiller l'orgueil humain, en lui montrant l'antiquité de sa race; car la géologie seule peut
désormais nous donner quelques notions sur l'époque de
la première apparition de l'homme sur le globe terrestre ».

Les découvertes eurent beau se multiplier dans les années suivantes, la grande majorité des savants hésitait
encore. Schmerling, Joly, Marcel de Serres, Lund, trouvaient en vain les restes de l'homme associés, dans les
cavernes, à des ossements d'animaux d'un autre âge : on
continuait à douter que l'homme eût été leur contemporain et on invoquait toujours la possibilité de remaniements. Il fallut encore des années pour faire cesser
toutes ces résistances, et c'est aux efforts de Boucher
de Perthes que fut dû ce résultat. De 1858 à 1849, ce
savant archéologue poursuivit sans relâche ses recherches
dans les alluvions quaternaires de la Somme, et il découvrit une grande quantité d'instruments en silex en contact
avec des os d'animaux dont les espèces se sont éteintes.
Malheureusement, à côté de conclusions justes, il émettait
dans ses publications des idées si étranges qu'un certain nombre d'hommes de science ne se déclarèrent pas
absolument convaincus. Pourtant, il fit vite des prosé-

lytes, qui admirent comme démontrée l'existence de
l'homme quaternaire. Parmi eux, nous nous bornerons à
citer MM. Rigollot, Gaudry, Falconer, Prestwich, Lyell,
Hébert, qui, presque tous, avaient recueilli des pièces en
place. Le dernier, dont la compétence en pareille matière
est si grande, affirmait que les assises dans lesquelles
avaient eu lieu les trouvailles étaient très certainement
quaternaires et non remaniées. Élie de Beaumont, au
contraire, affirmait avec non moins de force, sans toutefois
en donner la moindre preuve, que les alluvions des environs d'Abbeville étaient des *terrains de pentes*, formés
par des orages d'une violence extrême qui n'éclataient
qu'une fois en mille ans et qui mélangeaient toutes les
couches. Si audacieuse que dût paraître une semblable
hypothèse, l'autorité dont jouissait Élie de Beaumont
retarda l'adhésion des derniers récalcitrants. Quelques-
uns même faisaient valoir un autre argument; ils disaient
qu'on montrait bien les prétendus outils de l'homme fossile, mais qu'on ne trouvait pas d'ossements humains. Or,
disaient-ils, dans le nombre de ces instruments il en est
qui ont été fabriqués de nos jours par des ouvriers peu
scrupuleux, pour les vendre aux amateurs; il est donc
possible que tous soient faux. Nous avons dit, dans le
précédent chapitre, comment on pouvait distinguer les
silex travaillés récemment de ceux qui l'ont été à une
époque ancienne, et on pouvait répondre à cet argument. Mais les ossements de l'homme quaternaire lui-
même avaient déjà été rencontrés, et on n'allait pas
tarder à en découvrir de nouveaux.

L'un des premiers, le marquis de Vibraye signala les
propres restes de l'homme parmi les ossements fossiles
de la grotte d'Arcy; mais là encore il s'agissait d'une
caverne ouverte, et on pouvait prétendre à la rigueur que
les débris humains avaient pénétré accidentellement dans
la couche quaternaire à une époque postérieure.

En 1860, M. Edouard Lartet crut avoir fait, dans la

caverne d'Aurignac (Haute-Garonne), une trouvaille qui
répondait à toutes les objections. Laissons à M. de Quatrefages le soin de résumer les faits observés par l'éminent
paléontologiste dans cette grotte peu profonde, qui ne
constituait, à vrai dire, qu'un simple abri, et qui se trouvait
encore fermée, au moment de la découverte, par une
grande dalle de pierre apportée de loin : « M. Lartet, dit-
il, découvrit, soit à l'intérieur, soit à l'extérieur, les
ossements de huit espèces animales sur neuf qui caractérisent le plus essentiellement les terrains quaternaires.
Dans son mémoire, il donna des détails sur les restes de
chacune d'elles. Quelques-uns de ces animaux avaient été
évidemment mangés sur place ; leurs os, en partie carbo-
nisés, portaient encore la trace du feu dont on retrouvait
les charbons et les cendres ; ceux d'un jeune rhinocéros
tichorhinus présentaient des entailles faites par des outils
de silex, et leurs extrémités spongieuses avaient été rongées
par un carnassier ; celui-ci révélait son espèce par ses
coprolithes (excréments fossiles), reconnaissables pour
être ceux de la *hyena spelœa.*

La grotte ou abri d'Aurignac est creusée dans un petit
massif montagneux, dépendant du plateau de Lanémézan,
que n'a jamais atteint le diluvien pyrénéen. Elle échappait
donc à toute objection tirée de l'intervention des courants
d'eau. Aussi, les faits annoncés par M. Lartet furent-ils
généralement acceptés d'emblée avec toute leur signification. Ces faits montraient l'homme vivant au milieu de
la faune quaternaire, utilisant pour sa nourriture jusqu'au
rhinocéros, et suivi par l'hyène de cette époque qui
profitait des débris du repas. La coexistence de l'homme
et de ces espèces fossiles était démontrée. » Cette conclusion reste absolument vraie : la caverne renfermait une
couche quaternaire contenant à la fois des restes de
mammifères éteints, des silex taillés, des objets en os,
des cendres, qui dénotaient l'existence incontestable d'un
être humain. Et pourtant Lartet s'était trompé en regar-

dant les squelettes de dix-sept individus trouvés au-dessus de cette couche comme remontant à la même époque : les cadavres dont on avait rencontré les débris avaient été déposés là à une époque postérieure. La coexistence de l'homme et des espèces fossiles n'en était pas moins démontrée, nous le répétons, par les objets extraits du dépôt quaternaire. « Quelques retours offensifs des savants, fort rares d'ailleurs, qui refusaient de se rendre à ces témoignages eurent encore lieu, ajoute M. de Quatrefages, entre autres à propos de la découverte d'une mâchoire humaine faite à Moulin-Quignon par Boucher de Perthes. Mais les trouvailles devinrent si nombreuses que le dernier d'entre eux fut bientôt réduit à se taire et à laisser parler devant lui d'*homme fossile* sans élever la moindre protestation. » M. de Quatrefages omet de nous dire que c'est à lui, plus peut-être qu'à tout autre, que revient l'honneur d'avoir réduit au silence les derniers récalcitrants, par le talent et la conviction qu'il apporta dans la célèbre discussion qui s'éleva au sujet de la mâchoire de Moulin-Quignon.

Depuis 1863, époque de la découverte de cette fameuse mâchoire humaine, les trouvailles se multiplièrent à tel point qu'il nous est impossible d'en faire ici une simple énumération. Bornons-nous donc à dire que partout, dans les cavernes, dans les alluvions de l'époque glaciaire, on a rencontré les preuves de la contemporanéité de l'homme et des animaux quaternaires; si quelques-unes de ces découvertes peuvent laisser place à des doutes, il en reste surabondamment de bien avérées.

Ces preuves ne consistent pas seulement dans la présence dans une même couche d'outils en silex, d'ossements humains et de débris d'animaux qui ont vécu dans les temps glaciaires; il en est aussi d'une autre nature. Aux Eyzies, MM. Lartet et Christy ont rencontré une vertèbre de jeune renne traversée par une pointe de silex qui était restée dans l'os après avoir tué l'animal (fig. 8); ce qui dé-

montre clairement qu'à l'époque où le renne vivait dans
notre pays, il y avait des hommes pour lui faire la chasse.
Des centaines de gravures et de sculptures représentant des
animaux quaternaires ont été trouvées par MM. Garrigou,
Lartet, de Vibraye, Peccadeau de l'Isle, Piette, Chaplain-
Duparc et tant d'autres. Comment l'homme aurait-il figuré,
avec cette merveilleuse exactitude qui étonne tout le

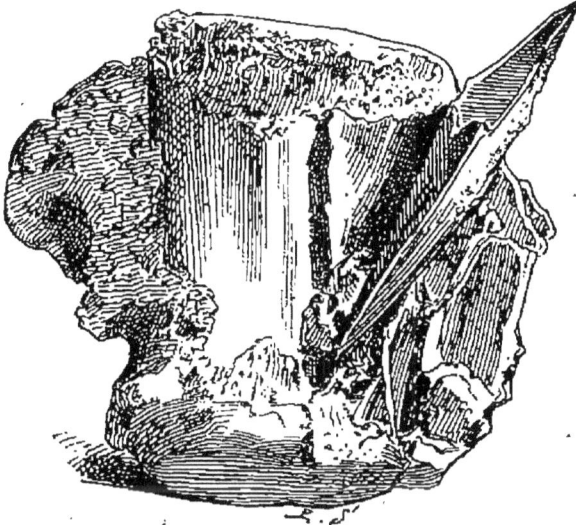

Fig. 8. — Vertèbre de renne, percée d'une pointe de flèche en silex.
Les Eyzies (Dordogne).

monde, des animaux aujourd'hui éteints, s'il ne les avait
eus sous les yeux?

En somme, l'existence de l'homme pendant la période
glaciaire s'appuie sur des preuves trop nombreuses et
trop variées pour qu'aucun savant sérieux songe aujour-
d'hui à en nier la réalité. Mais il y a plus : on peut affirmer qu'il vivait dès le début de cette époque et qu'il a été
le contemporain des premiers mammifères qui sont venus
remplacer les animaux tertiaires; il a connu l'éléphant
antique, le rhinocéros de Merck, l'ours des cavernes, etc.
Dans les plus anciens terrains de ces temps déjà si loin de
nous, il a laissé ses traces à côté des restes de ces animaux.

Essaierons-nous maintenant d'évaluer en chiffres la durée de cette période que l'homme a traversée en entier? Nous croyons la tâche impossible. Dans le paragraphe précédent, nous avons montré les difficultés auxquelles on se heurte lorsqu'il s'agit de l'époque actuelle et l'incertitude des résultats auxquels on aboutit. Ces difficultés sont encore bien plus considérables pour les époques plus anciennes, et les tentatives qu'on a faites pour les surmonter n'ont pas réussi : les chiffres donnés sont purement hypothétiques, et si dans les livres de Lyell on trouve des nombres dépassant 200 000 années, beaucoup de géologues pensent aujourd'hui qu'ils sont singulièrement exagérés.

III. Époque tertiaire.

Peut-on suivre l'homme plus loin encore? Nos premiers ancêtres ont-ils vécu pendant l'époque tertiaire, qui a vu apparaître tant de mammifères? La question n'est pas encore résolue, et les avis restent très divisés. Théoriquement, dit M. de Quatrefages, l'être humain peut avoir vécu longtemps avant le milieu des temps tertiaires, époque à laquelle quelques savants font remonter la date de son apparition. «L'homme par son corps n'est qu'un mammifère, rien de plus et rien de moins; à ne tenir compte que du corps, il a pu vivre sur le globe dès que celui-ci a pu nourrir des mammifères; et comme nous connaissons des mammifères qui ont vécu aux temps secondaires, l'homme a pu être leur contemporain. Il l'a pu d'autant mieux, qu'aux aptitudes physiologiques communes, à une faculté d'adaptation dont il donne chaque jour la preuve, il joignait une intelligence infiniment supérieure à celle de n'importe quel animal, l'intelligence humaine. » M. de Quatrefages a raison ; s'il est vrai que les animaux soient intelligents, comme il est le premier à l'admettre, il est certain que l'intelligence d'un sauvage quelconque, si

inférieure qu'elle soit à celle d'un Newton ou d'un Des-
cartes, surpasse pourtant d'une manière sensible celle du
mammifère le plus élevé. Par conséquent, l'objection faite
par des paléontologistes éminents à l'existence de l'homme
dès le milieu des temps tertiaires, perd considérablement
de sa valeur. Tous les mammifères de l'époque miocène,
disent-ils, ont disparu; comment l'homme seul aurait-il
pu résister à des changements assez grands dans les conditions d'existence pour avoir amené le renouvellement
complet de tous les animaux qui se rapprochent le plus
de lui? Comment? Mais grâce à son intelligence, qui lui
aurait permis, par exemple, de se protéger contre le
refroidissement de l'époque glaciaire; grâce à sa faculté
de se nourrir d'aliments extrêmement variés, qui l'aurait mis en état de se procurer sa nourriture là où d'autres
espèces animales ne rencontraient plus les matériaux
moins nombreux qui composent uniquement leur alimentation.

Si logique que paraisse ce raisonnement, si séduisante
que soit cette théorie, ce n'est pas avec des théories qu'on
résout les questions scientifiques et il faut interroger les
faits. Voici ce qu'ils nous disent au sujet de l'homme
tertiaire.

En 1865, M. Desnoyers découvrit dans une sablonnière,
à Saint-Prest, auprès de Chartres, un tibia de rhinocéros
qui portait des incisions comparables aux entailles faites
par l'homme quaternaire sur les ossements des animaux
qu'il mangeait. Après avoir réuni un certain nombre
d'observations de ce genre, convaincu que les animaux
de Saint-Prest avaient vécu à la fin de l'époque tertiaire,
et que la couche de sable dans laquelle ils se trouvaient
datait aussi de cette époque, M. Desnoyers annonça que
l'homme remontait à l'époque pliocène.

Déjà auparavant, à Pouancé (Maine-et-Loire), M. Delaunay
avait rencontré des ossements d'un animal marin encore
plus ancien, qui portaient des incisions analogues. Depuis

cette époque, des découvertes semblables ont été faites à Monte-Aperto, en Italie, par M. Capellini.

Ces incisions regardées comme produites par le couteau en silex dont l'homme se servait pour détacher des os la chair dont il voulait se nourrir, ne sont pas les seuls arguments en faveur de l'existence de l'homme tertiaire. A Saint-Prest, l'abbé Bourgeois a rencontré des silex taillés; à Thenay, près Pontlevoy, dans une couche certainement plus ancienne, il en a trouvé qu'il considère également comme travaillés, et d'autres qui ont été craquelés, brûlés par le feu que seul l'homme pouvait allumer. A Otta, près de Lisbonne, au Puy Courny, près d'Aurillac, des silex taillés ont été recueillis dans des terrains miocènes par M. Carlos Ribeiro et par M. Rames. Enfin, les restes de l'homme tertiaire lui-même auraient été découverts à Castenedolo, près Brescia, en Italie, par M. Sergi, en Californie par M. Withney, et dans les *pampas* de la République Argentine par M. Ameghino.

Toutes ces découvertes ont été vivement discutées. On a contesté d'abord l'âge de certains gisements, et cela se conçoit : entre deux époques géologiques, il n'y a pas, comme nous l'avons dit, de limite bien tranchée; les changements se sont produits peu à peu, et si le milieu d'une période diffère par des caractères bien nets du milieu de celles qui l'ont précédée ou suivie, il n'en est plus de même si l'on compare la fin d'une époque au commencement de la suivante. Lorsqu'il s'est agi de Saint-Prest, par exemple, les uns ont considéré la sablonnière comme datant de la fin des temps tertiaires, tandis que les autres la font remonter aux débuts de l'époque quaternaire.

Le gisement de Castenedolo se présente dans des conditions encore bien plus incertaines : il se pourrait fort bien que le squelette qu'on y a rencontré ne fût pas contemporain de la couche de terrain dans laquelle il reposait, ce qui enlèverait toute valeur au fait lui-même.

D'autres fois, l'âge du gisement n'est pas discutable,

mais alors c'est le fait lui-même qui a besoin d'être discuté. Ainsi, les entailles signalées sur des ossements d'animaux tertiaires, et qu'on a attribuées à l'homme, pourraient bien, dans plus d'un cas, avoir été faites par des animaux de proie, soit terrestres, soit marins. Les ossements incisés de Monte-Aperto, malgré les controverses auxquels ils ont donné lieu, ont conservé, aux yeux de M. de Quatrefages, la valeur d'une démonstration concluante. Voici comment il s'exprime à cet égard : « Les dernières objections relatives à l'existence de l'homme tertiaire me semblent d'ailleurs devoir tomber devant l'examen quelque peu attentif des incisions que portent les os de Balénotus découverts par M. Capellini. Ce sont de véritables entailles présentant toutes les mêmes caractères, soit qu'elles se rencontrent sur le côté convexe d'une côte, soit qu'elles sillonnent la surface d'une omoplate. Toujours une des lèvres de l'incision est lisse, tandis que l'autre est rugueuse et montre qu'ici l'os a été, non pas *coupé*, mais *éclaté*. Pour produire un pareil résultat, il a fallu qu'un instrument tranchant entamât l'os obliquement; et cet instrument n'a pu être manié que par l'homme. Quoi qu'on en ait dit, un squale ne saurait entamer profondément un des côtés d'un os sans laisser la moindre trace du côté opposé; sur un os plat, la morsure aurait dû laisser des *empreintes* distinctes plus ou moins rapprochées et non des *entailles* prolongées. Surtout il est impossible de comprendre comment un poisson aurait pu creuser ces entailles courbes et d'un faible rayon, accumulées sur le même point (fig. 9), et parmi lesquelles il en est qui sont presque demi-circulaires. C'est au contraire ce que fait instinctivement la main qui, tenant un instrument tranchant, prend le pouce pour point d'appui et entame une surface plane. Un sauvage cherchant à détacher les derniers lambeaux de chair adhérents à l'omoplate ne pouvait qu'agir ainsi. Voilà pourquoi les faits découverts par M. Capellini, et dont j'ai

pu constater la réalité sur des pièces originales ou sur de
très bons moulages, m'ont fait regarder l'existence de
l'homme à l'époque pliocène comme étant désormais hors
de doute. » .

Ces déclarations catégoriques d'un homme aussi prudent

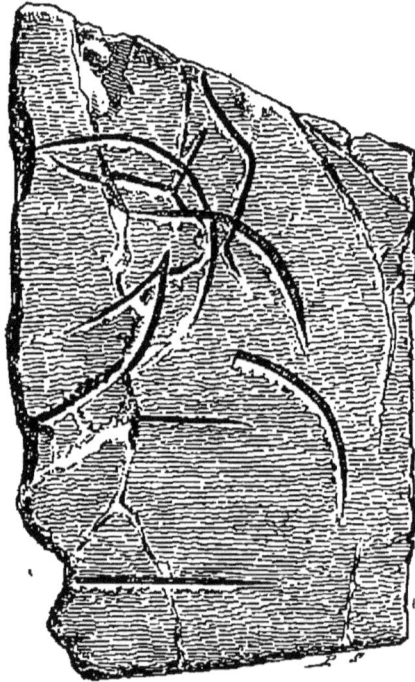

Fig. 9. — Incisions sur une omoplate de Balenotus.
Monte-Aperto (Italie).

que le savant professeur du Muséum doivent faire réfléchir ceux qui doutent encore. Si nous ajoutons que
d'autres savants, en grand nombre, parmi lesquels nous
nous bornerons à citer MM. G. de Mortillet, Gaudry,
Bellucci, Carlos Ribeiro, etc., admettent sans réserves la
taille intentionnelle des silex miocènes d'Otta, nous
devrons en conclure que l'existence de l'homme tertiaire
est bien près d'être un fait acquis. Nous ne saurions, en
effet, attribuer à un autre être qu'à l'homme la fabrica-

tion d'outils en pierre, malgré l'opinion contraire de quelques archéologues et de quelques paléontologistes.

Nous comprenons pourtant les hésitations de certains hommes de science. Les découvertes sont encore peu nombreuses et la plupart, il faut bien le dire, laissent prise à la critique. Dans l'état actuel des choses, « en ce qui concerne nos ancêtres tertiaires, on ne constate aucune opposition systématique. Les esprits sont parfaitement préparés à recevoir la vérité, d'où qu'elle vienne, quelle qu'elle soit. Mais on veut des preuves positives, capables d'entraîner l'assentiment général. » (Cartailhac).

Résumons en deux mots ce qui concerne l'ancienneté de l'homme. Depuis 1847, les efforts combinés des savants de tous les pays ont démontré que l'homme a certainement vécu pendant toute notre époque géologique, qu'il a traversé toute l'époque quaternaire, et qu'il existait dès l'aurore de la période qui a précédé la nôtre. Il est à peu près prouvé qu'il a connu la période de transition entre les temps tertiaires et l'époque glaciaire ; enfin il est probable qu'il vivait dès l'époque miocène.

Ce n'est plus à 6000 ans qu'il faut faire remonter l'antiquité du genre humain, mais bien à une époque qu'il est impossible d'estimer en chiffres. On ne se tromperait guère, toutefois, en disant que c'est par des centaines, et peut-être par des milliers de siècles, qu'il faudra désormais compter.

IV. Classification des périodes préhistoriques.

Les découvertes que nous venons d'exposer ont prouvé que quelques auteurs anciens avaient raison lorsqu'ils prétendaient qu'avant de se servir d'instruments en fer, l'homme avait utilisé le bronze pour fabriquer ses outils,

et qu'avant d'employer ce dernier métal, il avait eu recours
à la pierre et au bois. Les âges du fer, du bronze et de la
pierre, sont aujourd'hui universellement admis. Chacun
d'eux a passé d'ailleurs par différentes phases avant
d'atteindre son summum de perfection, et, pour faire une
étude fructueuse de l'industrie humaine aux époques
préhistoriques, il est nécessaire d'établir des subdivisions.
Comme nous devons nous borner à l'âge de la pierre,
nous ne dirons rien des deux autres.

Les milliers de faits observés depuis un demi-siècle ont
établi qu'avant d'en arriver à polir la pierre, l'homme
s'était contenté, pour se façonner des instruments, d'enlever aux fragments de roches dont il se servait quelques
éclats pour les rendre tranchants ou pour leur donner
une forme déterminée. Aussi, dût-on diviser l'âge de la
pierre en deux époques.

1° *L'Époque de la pierre taillée* ou *époque paléolithique.*

2° *L'Époque de la pierre polie* ou *époque néolithique.*

L'époque paléolithique (littéralement, de la pierre ancienne) commence aux premiers temps de l'humanité et
se continue jusqu'à la fin des temps quaternaires ; *l'époque
néolithique* (de la pierre nouvelle) commence au début
de notre époque géologique. Nous ajouterons, cependant,
que ces dates ne s'appliquent qu'à l'Europe occidentale ;
car, dans d'autres régions, on a commencé beaucoup
plus tard à polir les instruments de pierre, et on sait que
les habitants des îles Andaman sont encore plus arriérés,
au point de vue de la fabrication de leurs outils, que
beaucoup de tribus qui vivaient chez nous à l'époque
quaternaire. D'un autre côté, M. de Quatrefages pense
que le polissage de la pierre a commencé dans le centre
de l'Asie avant le début de notre époque géologique. Il
est donc bien évident que, lorsqu'on parle de l'époque de
la pierre polie, par exemple, il faut, pour que cette
expression ait un sens précis, indiquer la contrée à

laquelle on se réfère. Pour nous, nous aurons en vue ce qui s'est passé dans l'Europe occidentale, et plus spéciale-ment dans notre pays.

La période de la pierre taillée ayant duré fort longtemps chez nous, il a été nécessaire d'établir des subdivisions. Si l'on admet l'homme tertiaire, il est une première subdi-vision qui s'impose dans les âges paléolithiques : il faut diviser cette période en deux époques primordiales cor-respondant, la première à l'époque tertiaire, et la se-conde à l'époque quaternaire. Chacune de ces épo-ques sera à son tour subdivisée, comme nous le verrons plus loin.

Nous pouvons, sous forme de tableau, faire saisir faci-lement les grandes divisions de l'âge de la pierre.

AGE	PÉRIODES	ÉPOQUES GÉOLOGIQUES.
de la pierre.	de la pierre polie ou néolithique.	Temps actuels.
	de la pierre taillée ou paléolithique.	Temps quaternaires. Temps tertiaires.

M. G. de Mortillet ne fait pas entrer les temps tertiaires dans la période de la pierre taillée ; il en fait une période distincte qu'il appelle *éolithique* ou de la *pierre éclatée*. Cette période nous semble superflue, car si les silex d'Otta ou de Puy-Courny ont réellement été travaillés par l'homme tertiaire, leur taille a été effectuée par des procédés iden-tiques à ceux qui ont été mis en œuvre pour certains silex du début de l'époque quaternaire.

Nous allons maintenant étudier l'industrie humaine à chacune des époques que l'homme a traversées, et montrer les progrès que nos ancêtres ont accompli pendant l'âge de la pierre. Nous nous occuperons en passant de l'homme lui-même et nous résumerons ce qu'on sait de ses mœurs, de ses coutumes, voire même de ses croyances religieuses. Nous essayerons, en un mot, de faire revivre ce passé lointain dont l'histoire ne nous a conservé aucun souvenir.

DEUXIÈME PARTIE

L'EPOQUE PALÉOLITHIQUE OU DE LA PIERRE TAILLÉE

III

L'HOMME TERTIAIRE

I. Nos premiers ancêtres.

Tout en faisant quelques réserves au sujet de l'homme tertiaire, nous avons dit que son existence était au moins probable. Supposons que le fait soit absolument démontré et voyons ce qu'était l'être qui taillait le silex ou incisait les os des cétacés de l'époque.

Mais, d'abord, était-ce bien un homme? Cette question a besoin d'être examinée avec quelques détails; car plusieurs savants, tout en admettant que les silex de Thenay

sont bien miocènes et qu'ils ont réellement été taillés intentionnellement, sont portés à croire que l'être qui les
façonnait n'avait rien d'humain. Ils se basent sur des
considérations qu'il ne sera peut-être pas inutile de rappeler.

« Depuis la formation du calcaire de Beauce, dit M. de
Mortillet, depuis le dépôt des marnes à silex de Thenay,
la faune mammalogique s'est renouvelée complètement
au moins trois fois. Et, entre celle du miocène moyen et
celle des temps actuels, il n'y a pas seulement des différences d'espèces, mais des différences de genres. » D'où il
faudrait conclure que si les mammifères se sont tous
renouvelés depuis cette époque, l'homme ne pourrait pas
avoir seul survécu.

En raisonnant ainsi, on oublie trop que l'intelligence
de l'homme lui fait trouver, pour se préserver des influences extérieures, des moyens que n'ont point les
autres animaux. Nous nous sommes suffisamment étendu
sur ce point, dans le précédent chapitre, pour n'avoir
plus besoin d'y revenir.

Un deuxième argument qu'on invoque souvent pour
nier l'existence de l'homme tertiaire est emprunté à la
loi d'évolution des êtres. Il est facile de comprendre cette
loi. Les premiers animaux qui ont apparu à la surface du
globe sont des êtres d'une organisation tout à fait inférieure. Au fur et à mesure que des types nouveaux prenaient naissance, leur organisation se montrait supérieure
à celle des animaux qui les avaient précédés. Or, l'homme
est le plus parfait des mammifères; il a donc dû apparaître le dernier.

Déjà Cuvier s'était servi de cet argument pour se
refuser à admettre l'homme quaternaire. A son époque
on n'avait pas encore trouvé de singes fossiles, et l'être
humain n'avait pas pu apparaître avant ces animaux. Cependant, l'existence de l'homme à l'époque quaternaire est
aujourd'hui surabondamment démontrée. Mais, depuis

l'année où Cuvier exprimait cette manière de voir, on a rencontré des singes fossiles; on en a même trouvé dans les terrains tertiaires. Aussi peut-on continuer à prétendre que la loi d'évolution des êtres n'a pas été battue en brèche par la découverte de l'homme quaternaire, puisqu'il a été démontré qu'antérieurement vivaient des singes supérieurs, des singes anthropomorphes (à formes humaines).

L'argument ayant conservé sa valeur, on s'en sert et on en abuse même. On dit aujourd'hui que les singes supérieurs n'ayant fait leur apparition qu'au milieu de l'époque tertiaire, l'homme, mammifère encore supérieur aux singes anthropomorphes, n'a pu apparaître que plus tard. Or, Cuvier n'avait pas trouvé de singes fossiles et cependant il en existe; qui nous dit que, si on n'en a pas encore rencontré dans les couches antérieures à l'époque miocène, on n'en rencontrera pas quelque jour?

Admettons qu'il soit parfaitement démontré que les singes à formes humaines n'aient pas vécu avant le milieu de l'époque tertiaire; serait-ce se mettre en contradiction avec la loi d'évolution des êtres que de prétendre que l'homme a pu apparaître en même temps? nous ne le croyons pas. En effet, notre organisation est tellement voisine de celle des singes anthropomorphes qu'on a pu leur appliquer le qualificatif qui sert à les distinguer; ce par quoi nous leur sommes supérieurs, c'est par l'intelligence. Mais, physiquement, nous leur sommes si semblables qu'on peut dire que les types humain et anthropomorphe ont dû se suivre de près; les temps miocènes ont eu une durée assez longue pour voir apparaître l'un et l'autre.

On soutient encore que le singe a pu tailler les silex tertiaires qui ont été rencontrés. C'est un animal intelligent, qui sait se servir d'outils, et on cite volontiers l'exemple rapporté par Darwin d'un singe qui, pour casser des noisettes, se servait toujours d'une même pierre, qu'il

avait soin de cacher dans la paille. Aussi, dit M. Gaudry,
cet être intelligent ayant sûrement vécu à l'époque miocène, « l'idée la plus naturelle qui se présenterait, à
l'esprit serait que les silex de Thenay ont été taillés par le
dryopithecus », c'est-à-dire par un singe supérieur, découvert par M. Fontan dans des couches tertiaires, à
Saint-Gaudens. A notre humble avis, il y a loin de se
servir d'une pierre pour casser des noisettes à fabriquer
un outil de silex, si rudimentaire soit-il ; l'un n'implique
sûrement pas l'autre [1].

M. G. de Mortillet, qui est si compétent lorsqu'il s'agit
de pierre travaillée, n'hésite pas à reconnaître un travail
intentionnel sur un certain nombre de silex tertiaires,
mais il ne l'attribue ni à un singe ni à l'homme. Cet
« être intelligent éclatant le silex, tout comme l'homme
quaternaire », serait le *précurseur de l'homme*, qui aurait
pu donner naissance à deux types à la fois. Nous entrons
ainsi dans le champ d'hypothèses nouvelles : si, pour
quelques-uns, l'existence de l'homme tertiaire n'est pas
démontrée, nous ne croyons pas que celle de son *précurseur* le soit davantage.

Si les silex de Thenay, de Puy Courny et d'Otta ont
été travaillés intentionnellement, il nous semble bien
plus naturel de les attribuer à l'être qui plus tard,
comme le déclare M. de Mortillet, éclata le silex exactement de la même manière, c'est-à-dire à l'homme, que
de les regarder comme ayant été façonnés par un singe,
lorsqu'on n'a jamais vu un animal de cet ordre se livrer
à un semblable travail. D'un autre côté, si disposé qu'on
soit à ne voir dans l'homme que le descendant perfectionné d'un autre mammifère, il faut bien reconnaître

---

1. Depuis que ces lignes ont été écrites, il a été découvert une
nouvelle mâchoire de *dryopithecus*. L'étude qu'en a faite M. Gaudry
lui a démontré qu'il s'agit d'un singe inférieur, auquel on ne saurait
guère attribuer la taille des silex de Thenay, comme ce savant l'avait
fait tout d'abord.

que nous ne connaissons pas ce prétendu *précurseur* et qu'il est tout à fait téméraire de lui attribuer des connaissances qui semblent, au contraire, l'apanage de l'humanité. Sans rien préjuger au sujet de l'origine de notre espèce, nous croyons que l'homme seul a pu tailler la pierre, et nous considérons un silex dont on ne saurait contester le travail intentionnel comme l'œuvre d'un être présentant déjà des caractères humains. Cela revient à dire que, pour nous, l'être qui, pendant l'époque tertiaire, éclatait le silex en France et en Portugal n'était ni un singe, ni le précurseur de l'homme, mais bien l'homme lui-même.

On pourrait invoquer d'autres arguments à l'appui de cette manière de voir. Jamais, que nous sachions, on n'a signalé de singes carnivores ; or, les incisions observées sur les os de cétacés tertiaires, si elles sont dues à un outil en silex, démontrent clairement que l'être qui se nourrissait de la chair de ces animaux n'était pas un singe, mais bien un homme.

Quels étaient les caractères de cet homme primitif? il est bien difficile de rien conjecturer de précis à cet égard. La plus ancienne race humaine dont nous connaissions les restes ne remonte pas au delà de l'époque quaternaire ; car, nous l'avons dit plus haut, l'homme tertiaire dont on a prétendu retrouver le squelette à Castenedolo paraît moins ancien que la couche qui le renferme. Les hommes les plus compétents regardent aussi comme plus récents les ossements humains d'Amérique, qu'on avait considérés comme tertiaires. Or, la première race humaine connue semble différer assez sensiblement des populations de l'Europe actuelle; nos ancêtres plus reculés devaient en différer davantage encore. Comme le dit M. de Quatrefages, le type primitif de l'espèce humaine a nécessairement dû s'effacer et disparaître. Quand tout changeait autour de lui, l'homme ne pouvait rester immuable. Mais quels changements se

sont produits dans son organisation? nous ne le savons
pas. « Nous ne connaissons pas l'homme primitif; nous
le rencontrerions que, faute de renseignements, il serait
impossible de le reconnaître. Tout ce que la science
permet de dire à son sujet est que, selon toute apparence, il devait présenter un certain prognathisme (une
saillie en avant des mâchoires) et n'avait ni le teint noir
ni les cheveux laineux. Il est encore assez probable que
son teint se rapprochait de celui des races jaunes et
accompagnait une chevelure tirant sur le roux. Tout
enfin conduit à penser que le langage de nos premiers
ancêtres était un monosyllabisme plus ou moins accusé.

Ce ne sont là que des conjectures et qui se réduisent à
bien peu, mais du moins ce peu repose sur l'expérience
et l'observation. »

Darwin est bien loin d'être d'accord avec M. de Quatrefages sur les caractères de nos premiers ancêtres. Ils
« étaient, dit-il, sans doute couverts de poils; les deux
sexes portaient la barbe; leurs oreilles étaient pointues
et mobiles; ils avaient une queue desservie par des
muscles propres.... Le pied, à en juger par l'état du gros
orteil dans le fœtus, devait être alors préhensile et nos
ancêtres vivaient sans doute habituellement sur les
arbres dans quelque pays chaud, couvert de forêts; les
mâles avaient de grandes dents canines qui leur servaient
d'armes formidables ».

Cette description peut s'appliquer textuellement à tous
les grands singes. Dans tous les cas, elle ne ressemble
guère à celle de M. de Quatrefages, et, en les comparant
l'une à l'autre, on en arrive à conclure qu'il faut, pour
que deux naturalistes d'une telle valeur formulent des
conclusions si diamétralement opposées, que nous ne
sachions réellement rien de l'homme primitif. N'essayons
donc pas plus longtemps de dégager les caractères physiques de l'homme tertiaire : dans l'état actuel de nos
connaissances ce serait peine perdue.

Il n'en est pas tout à fait de même de son industrie. Dans les couches miocènes de Thenay, l'abbé Bourgeois a recueilli une foule de silex dont la plus grande partie n'a pas été travaillée, mais parmi lesquels il s'en trouve qui, pour M. de Mortillet et pour d'autres, portent des traces de travail intentionnel. A Otta, en Portugal, M. Carlos Ribeiro avait déjà recueilli, en 1878, une quantité considérable de silex (fig. 10) et de fragments de quart-

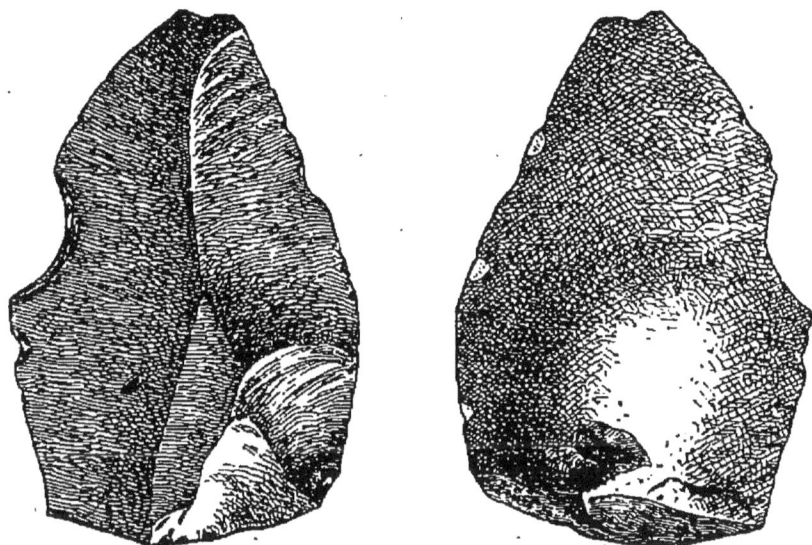

Fig. 10. — Pointe de silex trouvée dans les couches tertiaires d'Espinaçao de Cao, près Otta (Portugal), d'après M. Cartailhac.

zite, dans des couches de la même époque; il en envoya toute une série à l'Exposition de Paris et, après les avoir examinés avec une minutieuse attention, M. de Mortillet déclarait que vingt-deux portaient « des traces indubitables de travail ». M. Rames récolta également, au Puy-Courny, près d'Aurillac, de nombreux silex, dans une couche non remaniée datant incontestablement de l'époque miocène, et un certain nombre d'entre eux ont été taillés intentionnellement, d'après ce qu'affirme M. de Quatrefages. Examinons ce qu'étaient les outils de nos ancêtres du milieu des temps tertiaires.

Le premier type est le *grattoir*. C'est un éclat de silex, de forme plus ou moins irrégulière, présentant toujours un bord tranchant où l'on voit une série de petites cassures à arêtes vives, disposées à peu près sur un même plan oblique, de manière à offrir une sorte de biseau. On admet généralement que ces cassures proviennent d'éclats de petites dimensions que l'homme a préalablement détachés de l'outil au moyen de coups secs donnés à l'aide d'une autre pierre, afin d'obtenir un bord tranchant. Mais il est bien probable que, lorsque l'éclat de silex tranchait déjà sur un de ses bords au moment où l'ouvrier l'avait détaché du bloc, le sauvage miocène ne se préoccupait pas de le retoucher. Dans ce cas, les petites cassures, les *écaillures*, comme dit M. de Quatrefages, se sont produites naturellement, lorsque l'ouvrier s'est servi de son fragment de silex pour gratter un os, par exemple. On s'explique ainsi leur petitesse, leur présence sur un seul bord, celui qui servait à racler, leur direction toujours la même et leur position sur la même face de l'outil. Le grattoir a donc dû bien souvent être obtenu à l'aide d'un seul coup appliqué sur un bloc de silex.

Un deuxième outil présente une pointe à une de ses extrémités (fig. 10). Le voisinage de cette pointe montre souvent les mêmes petites cassures que nous venons de signaler sur le grattoir; elles s'observent toujours sur une seule face, l'autre côté s'étant détaché d'un seul coup du bloc ou *nucléus*. Cet outil a reçu le nom de *perçoir*, sans qu'on puisse préciser la nature des objets qu'il a dû servir à percer. Introduit à l'extrémité d'un bâton fendu et fixé par un procédé quelconque, il pouvait parfaitement jouer le rôle d'une pointe de lance.

Les grattoirs et les perçoirs ou pointes sont les deux types d'outils en pierre qui se rencontrent le plus fréquemment dans les couches de l'époque miocène. Mais, au Puy-Courny, M. Rames déclare avoir recueilli d'autres instruments. C'est d'abord un objet qu'on a grossièrement travaillé sur ses deux faces, pour lui donner à peu près la forme d'une amande. Cet instrument est tout à fait comparable aux *haches* quaternaires de Saint-Acheul, dont il sera question dans le chapitre suivant; mais il est à peine ébauché et ses petites dimensions ne permettent guère d'y voir autre chose qu'une pointe destinée à armer l'extrémité d'un bâton. Des *lames* courtes, tranchantes sur les bords, ont dû servir de couteaux. Enfin M. Rames a découvert des *disques* en silex analogues à ceux qu'on trouve abondamment dans les couches quaternaires et dont on s'explique difficilement l'usage, à moins qu'on n'admette qu'ils aient aussi été fixés au bout d'un bâton transformé de cette façon en massue.

Remarquons, en passant, que les objets recueillis par M. Rames sont tous fabriqués avec les mêmes variétés de silex, et pourtant il en existe d'autres sortes dans le gisement. Ce fait, comme l'observe M. de Quatrefages, a une véritable importance. Si l'on était porté à croire que les outils dont il s'agit sont le résultat de brisures accidentelles, il serait bien extraordinaire que deux sortes de silex aient seules subi des accidents, tandis que les quatre autres, qui se trouvent dans la même couche, n'auraient jamais été brisées. « L'uniformité de composition des objets trouvés par M. Rames atteste donc un choix raisonné. Ce choix ne peut avoir été fait que par un être intelligent, sachant distinguer les diverses sortes de pierres et n'employant que les meilleures dans la fabrication de ses armes ou de ses outils. »

Les meilleures pierres étaient celles qui s'éclataient le plus facilement. En effet, tous les instruments ont été détachés d'un bloc par percussion, comme le prouvent les *bulbes* ou *conchoïdes* qu'ils portent (Voy. chap. I). Les petites cassures des bords, lorsqu'elles ne se sont pas produites accidentellement, en se servant des outils, sont le résultat de retouches pratiquées par le même procédé.

On a cru, pourtant, que l'homme tertiaire employait une

autre méthode pour fabriquer ses outils. M. Bourgeois avait rencontré à Thenay des traces de feu sur un assez grand nombre de cailloux pour qu'on se soit cru en droit de supposer que l'ouvrier de cette époque s'était servi de cet élément pour éclater les pierres qu'il voulait utiliser, ainsi que le font encore de nos jours certaines tribus australiennes. Mais ces silex brûlés et craquelés n'offrent ni le même tranchant ni la même résistance que les pierres éclatées par percussion ; ils auraient donc constitué de fort mauvais outils. Il est bien probable que ceux qui ont été recueillis se sont trouvés accidentellement dans un foyer, sans que l'homme en ait utilisé les éclats. L'opinion contraire a toutefois compté de nombreux partisans qui s'appuyaient sur l'autorité de M. G. de Mortillet, ce savant ayant cru, à une époque, que nos ancêtres miocènes employaient exclusivement ce procédé de taille. Il avait même vu là un caractère assez important pour donner à l'époque de Thenay le nom d'époque de la *pierre étonnée*. Le silex d'abord saisi, *étonné* par le feu, se serait divisé en fragments d'assez petites dimensions, et des retouches par percussion auraient ensuite servi à corriger les défauts de cette première taille. On expliquait ainsi la petitesse des objets, qui se comprend tout aussi facilement sans cela : l'homme n'avait pas encore acquis l'expérience qui, plus tard, lui permettra de détacher d'un bloc de pierre ces lames, ces pointes merveilleuses qu'on ne peut obtenir qu'avec une grande habileté.

Ajoutons que M. G. de Mortillet a modifié sa première manière de voir. En présence des faits, notamment de ceux observés par M. Ribeiro à Otta, il a renoncé à son expression de pierre étonnée, qu'il a remplacée par celle de pierre éclatée.

Avec le temps, l'homme perfectionna son outillage ; mais, au début, les progrès furent extrêmement lents. Ainsi, à la fin de l'époque tertiaire nous retrouvons les mêmes instruments qu'au milieu de cette époque, qui fut pourtant d'une si longue durée; ils sont alors un peu mieux travaillés, les retouches sont un peu plus nombreuses, mais le perfectionnement est peu considérable et les types restent à peu de chose près identiques. Pourtant, on voit apparaître une arme nouvelle : c'est une pointe, plus petite que celle que nous venons de signaler et qui devait servir à armer l'extrémité d'un bois peu volumineux. C'est pour cela qu'on a donné à cet instrument le nom de *pointe de flèche*, ses dimensions réduites ne pouvant laisser supposer que le bâton qui en était muni constituât une véritable lance. Il est impossible de savoir si l'arc existait dès cette époque, attendu que l'arme aurait été complètement détruite par suite du long espace de siècles qui s'est écoulé depuis lors; le fait semble peu admissible, l'arc supposant une civilisation qu'étaient loin d'avoir atteinte nos ancêtres tertiaires. Il devait donc s'agir plutôt d'un trait qu'on lançait à la main, c'est-à-dire d'un javelot, que d'une flèche.

Nous connaissons maintenant à peu près tout l'outillage de l'homme qui a vécu avant l'époque glaciaire; examinons quel devait être son genre d'existence. Pour que le lecteur puisse saisir facilement ce qui va suivre, il nous faut faire une petite digression et rappeler sommairement quels étaient le relief, le climat, les animaux de l'Europe occidentale pendant cette période.

La mer couvrait encore de vastes étendues de terrains aujourd'hui émergés et formait, au milieu des terres déjà sorties des eaux, des sortes de grands lacs salés fréquentés par les animaux marins les plus divers. Pour n'en citer que quelques exemples, nous nous bornerons à signaler le vaste lac qui, en France, s'avançait fort loin à l'intérieur et recouvrait tout l'emplacement de la Beauce actuelle, celui qui en Italie occupait le Bolonais, enfin le lac situé au nord de Lisbonne et sur les rives duquel se trouvait Otta, la localité dont il a été si souvent question dans les pages qui précèdent. De grands cétacés vivaient dans leurs eaux et venaient parfois s'échouer sur les rivages.

A cette époque furent soulevées les plus hautes montagnes du globe ; les moins élevées existaient déjà en partie, disséminées de loin en loin au milieu des continents. « En Europe, dit Contejean, les grandes terres ressemblaient sans doute aux régions planes ou ondulées de l'intérieur de l'Afrique ; elles étaient semées de lacs et de marécages et nourrissaient une végétation luxuriante. D'immenses troupeaux d'herbivores parcouraient ces savanes à demi-noyées sous les eaux, aussi nombreux et plus variés que les troupes d'éléphants, de zèbres et d'antilopes de l'Afrique australe. Les rhinocéros, les tapirs, divers sangliers, des antilopes, des *Anchiterium*, semblables aux chevaux, paissaient dans les mêmes régions que les *Palœotherium*, les *Anthracotherium*, les *Helladotherium*, les *Sivatherium*, les mastodontes, non moins remarquables par la bizarrerie de leur forme que par celle de leurs noms. Tous étaient dominés par le gigantesque *Dinotherium*, le plus grand des animaux terrestres. De nombreux carnassiers venaient modérer ce que cette population aurait pu présenter de trop exubérant. Des oiseaux coureurs, semblables à l'autruche, traversaient les plaines arides ; de grands lézards, des serpents de diverses sortes se glissaient entre les arbres des forêts, hantées par une population assez variée de singes, et dans les profondeurs desquelles l'homme avait peut-être déjà établi son repaire. Des insectes et des oiseaux de toute espèce sillonnaient les airs. Remplis de crocodiles, les lacs et les marécages nourrissaient des poissons analogues à ceux de nos rivières. Sur les rivages des mers se traînaient des phoques et des lamantins ; et les océans, peuplés de dauphins, de baleines et de cachalots, étaient ravagés par des squales énormes. »

L'étude des plantes tertiaires a conduit MM. Heer et de Ficalho à admettre que, vers le milieu de cette époque, la température moyenne de l'année devait être d'environ 18 à 20 degrés centigrades. Ils ont observé, en effet, que les genres de végétaux qui vivaient alors dans nos contrées se rencontrent aujourd'hui dans les régions qui présentent cette température.

Tel était le milieu dans lequel vivaient nos premiers ancêtres. Il est très admissible qu'avec un climat semblable l'homme ait pu se passer de vêtements, et se promener nu à travers les immenses savanes de l'Europe occidentale. Se construisait-il des maisons ou bien, comme M. Contejean le suppose, établissait-il son repaire dans les profondeurs des forêts, sans doute à l'abri de branchages entassés en forme de hutte grossière? La première opinion a été émise : on a pensé qu'il établissait « sa chétive demeure sur quelque banc de sable, à proximité de la côte ». On a même hasardé l'hypothèse qu'il devait construire des *habitations lacustres*, comme celles que nous avons signalées dans certains pays. Mais, si l'on songe que ce genre de maisons n'a été rencontré qu'à une époque relativement récente, ne remontant pas au delà de l'époque actuelle, que les hommes quaternaires ne construisaient pas encore de telles demeures, il est difficile de croire que les sauvages tertiaires aient été aussi en avance sur leurs descendants. Ce qui a donné lieu à cette supposition, ce sont les silex brûlés et craquelés dont il a été question plus haut. On a pensé que, de même que dans les cités lacustres de la Suisse, des incendies avaient dévoré certaines habitations et que le feu avait laissé les traces de son action sur les pierres qui se trouvaient dans la maison. Il suffit, pour expliquer le phénomène, d'admettre qu'un foyer a été allumé sur un point où se trouvaient des silex, sans qu'il soit nécessaire de recourir à une hypothèse qui semble bien hasardée.

Déjà, en 1870, M. Hamy écrivait à propos des outils de l'homme tertiaire recueillis par l'abbé Bourgeois : « Chose remarquable, c'est toujours près des rives de l'ancien lac de Beauce que se rencontrent ces débris d'industrie primitive ». Les découvertes de M. Capellini auprès de Spienne, celles de M. Carlos Ribeiro à Otta, ont été faites aussi sur le bord de grands lacs anciens. Il paraît donc probable que l'être humain de cette époque fréquentait volontiers les rivages, sans doute pour y attendre les proies qui venaient s'échouer sur les plages. Les incisions signalées sur les os de la petite baleine fossile d'Italie, aussi bien que celles observées en France sur des ossements d'autres animaux marins, démontrent, en effet, que l'homme profitait des aubaines que les flots lui apportaient.

A l'état de sauvagerie dans lequel ils vivaient, nos ancêtres avaient évidemment quelque difficulté à se procurer de la viande et devaient surtout se nourrir de végétaux sauvages. Entourés d'animaux redoutables, ils ne pouvaient guère s'en emparer au moyen des armes que nous avons vues entre leurs mains. Peut-être, avec leurs javelots, parvenaient-ils à abattre quelques oiseaux, quelque menu gibier ; les grosses proies devaient leur échapper, et c'était une bonne fortune pour eux de rencontrer un gros animal échoué sur le sable ; aussi la dépeçaient-ils consciencieusement, et ne cessaient-ils l'opération qu'après avoir atteint les os, sur lesquels leurs couteaux de silex ont laissé leurs traces.

A ce qui précède se borne tout ce qu'il est permis de conjecturer, avec quelque vraisemblance, au sujet de l'homme tertiaire. L'avenir viendra sans doute jeter de nouvelles lumières sur la question. Avant d'aller plus loin, il faut attendre d'avoir été renseigné par l'observation.

II. Comparaisons ethnographiques.

Nous avons supposé démontrée l'existence de l'homme tertiaire, sans pourtant avoir essayé d'atténuer la portée des objections qui ont été faites à cette manière de voir.

Si disposé que nous soyons à assigner une aussi haute antiquité au genre humain, nous ne nous dissimulons pas que les faits peuvent laisser subsister quelques doutes dans certains esprits, et encore moins que le nombre des observations peut paraître trop restreint. Nous avons déjà dit que, dans l'hypothèse où nous nous sommes placé, l'homme était assurément clairsemé à la surface du globe et qu'il ne pouvait laisser d'abondantes traces de sa présence; nous avons ajouté que beaucoup de débris ont dû disparaître dans la longue période de siècles qui nous sépare de la période miocène. En effet, à moins de se trouver dans des conditions exceptionnelles, tous les instruments en os, en bois d'animaux et les restes de l'homme lui-même peuvent parfaitement avoir été altérés au point d'être aujourd'hui méconnaissables. Les objets en bois ont certainement disparu. Mais on peut expliquer d'une autre façon la rareté des débris d'industrie humaine dans les couches tertiaires.

A l'Exposition universelle de 1889, chacun a pu voir des massues d'Australiens du Sud qui se composaient uniquement d'une ou de deux pierres, sans la moindre trace de travail, fixées au moyen d'une résine dans l'anse formée par une branche pliée en deux (fig. 11). C'est là évidemment un instrument des plus primitifs qui a dû, selon toute apparence, être usité dès le début de l'humanité. Il est même probable que les premiers outils de nos ancêtres ont été encore plus rudimentaires, la résine et les deux pierres fixées dans le même manche indiquant déjà une certaine expérience. Bien que la chose soit hypothétique, nous ne serions pas étonné que la première arme fabriquée par l'homme se composât uniquement d'un caillou quelconque fixé tant bien que mal à l'extrémité d'un bois fendu ou assujetti au milieu d'une liane, comme dans les massues des Australiens, avec la résine en moins. Or, que se serait-il passé si une arme de ce genre avait été perdue ou abandonnée par son propriétaire? Exactement ce qui se passera quand les massues de l'Australie auront traversé seulement quelques

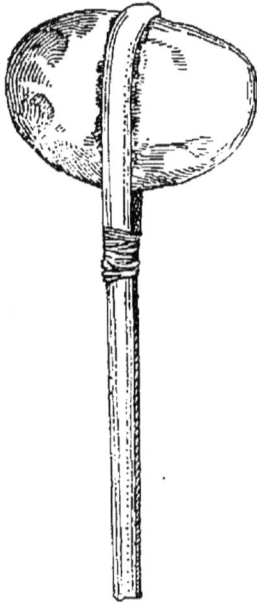

Fig. 11. — Massue austra-
lienne.

siècles, au milieu des forêts ou à la surface du sol. Le bois se pourrira, la résine se détachera des pierres et disparaîtra à son tour. Il ne restera de l'instrument que deux pierres brutes, analogues à toutes celles qui se rencontreront à chaque pas dans le pays, sans que rien puisse faire supposer qu'elles aient servi à l'homme à tuer quelque gibier ou à se débarrasser d'un de ses semblables. Ne trouvât-on aucun silex travaillé dans les couches tertiaires, qu'on ne pourrait pas en conclure que l'homme de cette époque n'a pas eu ses instruments de pierre; l'exemple des Australiens est là pour nous montrer le contraire.

On voit l'importance que peut avoir, pour l'étude de l'homme primitif, la connaissance des populations sauvages des temps modernes. Ce sont des sauvages actuels qui vont nous fournir des termes de comparaison pour les silex tertiaires que beaucoup de savants regardent comme travaillés intentionnellement. *A priori*, on peut penser qu'ils doivent bien offrir quelques traces de travail intentionnel, pour que des hommes aussi prudents et aussi compétents que MM. de Quatrefages, de Mortillet, Cartailhac, Capellini, Bellucci, Carlos Ribeiro, n'aient pas hésité, au Congrès de Lisbonne, à se prononcer pour l'affirmative. Mais, si l'on compare les silex tertiaires à ceux que taillent encore certaines populations de nos jours, on est frappé des analogies que l'on constate. Les Mincopies des îles Andaman, par exemple, en sont restés

à l'industrie de la pierre, qui, chez eux, est fort inférieure à ce qu'elle était chez nos plus anciens hommes
quaternaires. Leurs flèches, leurs javelots sont armés
seulement d'os de poisson, de fragments de coquilles ou
de bois durci. La pierre, qui leur sert uniquement d'outil,
est employée à l'état d'*éclats* sans retouches ; tout au plus
la façonnent-ils à peu près en forme de *couteau paléolithique*. Mais ils n'ont jamais su fabriquer ni haches, ni
ciseaux, ni perçoirs, ni grattoirs, ni pointes de lance ou
de flèche. Bien plus, ces mêmes insulaires ont oublié tout
procédé pour obtenir du feu et se bornent à entretenir
soigneusement leur foyer.

Ainsi, voilà une population (citée par M. de Quatrefages)
qui, au point de vue de l'industrie de la pierre, serait en
arrière des sauvages tertiaires, puisqu'elle ne fabrique ni
perçoirs, ni grattoirs, ni pointes de lance ou de flèche,
tous instruments que nous avons signalés dans l'outillage
des époques miocène et pliocène. Pourtant, on ne saurait
nier que les Mincopies fabriquent intentionnellement
leurs *éclats* de pierre, puisque les voyageurs ont pu le
constater de leurs propres yeux.

Ce que nous avons dit de la coutume des hommes tertiaires qui se seraient précipités, armés de leurs outils de
silex, sur les animaux qui venaient s'échouer sur les
plages, pourrait également se soutenir à l'aide de comparaisons. C'est d'ailleurs ce qu'a déjà fait M. Hamy. « Les
voyageurs anglais qui ont visité l'Australie, dit-il, le capitaine Grey en particulier, cité par M. J. Lubbock, nous
apprennent qu'en pareille circonstance, après s'être frottés
de graisse par tout le corps, les indigènes s'ouvrent un
passage avec leur arme de pierre à travers la graisse du
cétacé jusqu'à la viande. Les amis, prévenus par des feux
qu'on a pris soin d'allumer, arrivent en foule près de
la bête, « leurs mâchoires travaillent bel et bien dans la
baleine, et vous les voyez grimpant de-ci, de-là, sur la
puante carcasse, à la recherche des fins morceaux. »

L'histoire de l'homme primitif offre tant de points de contact avec celle des populations les moins élevées aujourd'hui dans l'échelle sociale, que l'on est en droit d'aller chercher chez les tribus les plus barbares des points de comparaison toujours fort utiles pour l'ethnographie des premiers Européens. Aussi, nous représentions-nous, en examinant les pièces envoyées par M. l'abbé Delaunay au Congrès international, le sauvage contemporain de l'*Halitherium*, allant chercher au sein de cet amphibie la fétide nourriture dont sont maintenant si friands les indigènes de la Nouvelle-Hollande, et laissant sur les os échoués à Pouancé la marque de son outil grossier. »

A l'époque où M. Hamy écrivait ces lignes, plus d'un savant regardait, en effet, les ossements d'halitherium découverts à Pouancé comme offrant des incisions faites par la main de l'homme. Si M. de Quatrefages était dans le vrai en se refusant à attribuer à un être humain les entailles dont il s'agit, s'il faut les regarder comme de simples *impressions géologiques*, la comparaison faite par M. Hamy n'en reste pas moins parfaitement juste ; seulement, au lieu de s'appliquer aux ossements découverts à Pouancé, elle s'appliquera à ceux rencontrés auprès de Spienne par M. Capellini.

IV

L'HOMME DES PREMIERS TEMPS QUATERNAIRES

I. Généralités et Classifications.

Nous savons déjà ce qu'on entend par époque quaternaire. Pendant cette période, les glaciers avaient envahi
une grande partie des montagnes de l'Europe, en rayon-
nant à des distances considérables. Le glacier des Alpes
scandinaves s'étendait en éventail de la Hollande à la
Russie; celui du Rhône avait 800 mètres d'épaisseur et
descendait jusqu'à Bourg, Lyon et Vienne; celui de la
Garonne atteignait 700 mètres d'épaisseur et 50 kilomètres de longueur. Les terres habitables étaient donc beaucoup plus restreintes qu'elles ne le sont de nos jours, et la
population de notre pays devait forcément se condenser
sur certains points.

Cette extension ancienne des glaciers se reconnaît à des

traces sûres, qu'on a pu étudier dans ceux de notre époque.
Nous ne pouvons d'ailleurs pas nous étendre sur ce sujet.

Il est très possible que la grande période glaciaire de
l'époque quaternaire ait été précédée de périodes comparables qui auraient débuté dans les temps tertiaires. Les
géologues tendent de plus en plus à admettre que la première période de grands froids remonte à l'époque pliocène
et que les glaciers avaient considérablement reculé au
commencement de l'époque quaternaire, qui aurait ainsi
débuté entre deux périodes très froides.

Ils ne sont toutefois pas absolument d'accord sur le
moment où l'on doit faire commencer ce début : les uns
comprennent dans les temps quaternaires une partie de
l'âge pliocène, que d'autres rangent dans le tertiaire ; il
est bien compréhensible qu'ils ne s'accordent pas davantage sur la durée qu'il convient de leur assigner. C'est
qu'il n'existe réellement, comme nous l'avons déjà dit,
aucune séparation entre les époques tertiaire et quaternaire : les animaux de la première s'éteignent peu à peu,
et c'est aussi d'une manière extrêmement lente qu'on voit
apparaître les espèces qui caractériseront les temps quaternaires. Cependant on peut dire que les naturalistes sont
unanimes pour attribuer un immense laps de temps à
l'époque glaciaire. Il est donc nécessaire, pour étudier
fructueusement cette période, pendant laquelle l'homme
a laissé tant de traces de son existence, d'établir des divisions.

Plusieurs méthodes ont été employées. La première se
fonde sur la diversité des espèces animales qui ont vécu à
cette époque ancienne, les unes organisées pour supporter
un froid intense, les autres, au contraire, pouvant résister
à un climat chaud. Pour ne citer que quelques exemples,
bornons-nous à signaler, parmi les premières, des ours dont
l'un, l'ours des cavernes, atteignait presque la taille d'un
cheval ; le mammouth, grand éléphant à défenses recourbées qui, de même que le rhinocéros à narines cloison-

nées, était abrité par une épaisse fourrure de laine et de
crins, ainsi qu'on a pu le constater sur quelques spécimens retrouvés presque entiers dans les glaces de la
Sibérie, où ils s'étaient conservés comme dans un appareil
frigorifique (fig. 12); nommons encore le renne, cet
animal qui vit aujourd'hui en Laponie. Les espèces des

Fig. 12. — Mammouth, reconstitué d'après les spécimens trouvés
en Sibérie.

pays chauds sont représentées par l'hippopotame, par un
lion, par un autre éléphant, l'éléphant antique, et par un
autre rhinocéros, qui n'avaient pas cette épaisse fourrure
dont nous venons de parler, et qui n'étaient pas, par
conséquent, garantis du froid. A côté de ces animaux,
on rencontre encore des hyènes, l'aurochs, le cheval, le
cerf des tourbières aux bois palmés, qui avait au moins
la stature de nos bœufs, le glouton, le bœuf musqué
des régions arctiques, etc.

Si l'on admet que la température s'est abaissée graduellement depuis l'origine jusqu'à la grande époque glaciaire, il faudra admettre également que les animaux quaternaires organisés pour un climat chaud sont apparus les premiers et que, par suite, leurs débris caractérisent les couches les plus anciennes. Mais, comme le fait remarquer M. Boule, « la pureté des faunes est le cas exceptionnel, tandis que le mélange, dans une même couche, d'espèces dites froides et d'espèces dites chaudes, est la règle pour un grand nombre de gisements ». On voit les difficultés qu'on rencontre pour établir une classification sérieuse.

M. E. Lartet s'est pourtant fondé sur les animaux pour poser les bases de celle qu'il a proposée. Il ne recherche plus l'époque de l'apparition des espèces, mais la date de leur disparition, pensant que les espèces les plus vieilles devaient disparaître les premières. En agissant ainsi, il a divisé les temps quaternaires en quatre époques secondaires, caractérisées chacune par une ou deux espèces animales. Voici, dans l'ordre de leur ancienneté, les quatre divisions admises par ce savant :

1° Époque de l'ours des cavernes ;

2° Époque du mammouth et du rhinocéros à narines cloisonnées ;

5° Époque du renne ;

4° Époque de l'aurochs.

Cette classification n'a qu'une valeur purement locale ; elle peut à la rigueur s'appliquer à la France, mais elle ne saurait être généralisée. Il suffit de remarquer que le renne et l'aurochs (ou bison d'Europe) ont bien disparu de notre pays, mais qu'ils vivent encore, le premier en Laponie et le second en Lithuanie, où il ne se maintient plus que grâce aux soins dont on l'entoure. Les rois et les nobles polonais se sont occupés avec zèle de la conservation de cet animal. Sans les lois sévères édictées en vue de sa protection, le bison d'Europe se serait éteint avant le renne. Il s'ensuit qu'en se plaçant au point de vue de M. Lartet, l'aurochs a dû apparaître avant le renne, qui prospère encore en Laponie, et l'époque qu'il caractérise devrait être placée avant celle qui est caractérisée par ce dernier animal.

La classification de M. Lartet exclut de l'époque quaternaire la période pendant laquelle ont vécu l'éléphant antique et le rhinocéros de Merck, animaux dont les débris se rencontrent pourtant dans le gisement de Chelles, considéré par tous comme quaternaire.

M. G. de Mortillet proposa à son tour une autre classification, basée principalement sur les types d'instruments sortis des mains de l'homme. Voici le tableau qu'il donne dans son livre intitulé *Le Préhistorique.*

Tableau de la classification des temps quaternaires, par M. Gabriel de Mortillet.

NOMS.	CLIMATS.	ACTIONS GÉOLOGIQUES.	PALÉONTOLOGIE VÉGÉTALE.	PALÉONTOLOGIE ANIMALE.	INDUSTRIES.
Magdalénien.	Froid et sec.	Formation du diluvium rouge. Dépôt atmosphérique.	Mousses polaires en Wurtemberg.	Homme, race de Laugerie basse. Grand développement de la faune du nord : renne, saïga. Extinction de l'*Elephas primigenius*.	Gravures et sculptures. Instruments en os. Déchéance de la pierre. Beaucoup de lames. Burin caractéristique. Double grattoir.
Solutréen.	Température douce.	Très courte relativement. Continuation des terrasses. Retrait des glaciers.		Homme ? Chevaux très abondants. Développement du *Cervus tarandus, Elephas primigenius*, plus de rhinocéros.	Vers la fin, apparition des instruments en os. Perfection de la taille de la pierre. Pointes taillées sur les deux faces et aux deux bouts. Pointes à cran. Origine et large développement du grattoir.
Moustérien.	Froid et humide.	Formation des terrasses. Grande extension des glaciers. Exhaussement du sol.		Homme, race d'Engis et de l'Olmo. *Ovibos moschatus. Ursus spelæus ; Rhinocéros tichorhinus, Elephas primigenius.*	Pas d'instruments en os. Dédoublement de l'instrument chelléen. Pointes, racloirs, scies, retouchés d'un seul côté.
Chelléen.	Chaud et humide.	Lehn supérieur.Alluvions des hauts niveaux. Remplissage des vallées. Affaissement du sol.	Plantes du bassin méditerranéen dans la vallée de la Seine et de Cannstadt.	Homme, race de Néanderthal et de la Naulette. Développement des cerfs.Hippopotame. *Rhinocéros Merkii* (forme pliocène). *Elephas antiquus.*	Pas d'instrument en os. Un seul outil, l'instrument chelléen ; toujours en roche locale.

M. G. de Mortillet sépare complètement l'époque de la Madeleine de celle de Solutré : il attribue à la première un climat froid et sec, et à la seconde une température douce. Or, s'il est vrai que les instruments trouvés dans chacune de ces localités diffèrent d'une façon sensible, les paléontologistes, qui tiennent compte des animaux qui vivaient alors, nous disent que les deux époques n'en forment en réalité qu'une seule. Sur ces deux points, il s'est développé des industries différentes, qu'on peut regarder comme contemporaines. Cela est si vrai que tantôt on a placé l'époque solutréenne avant celle de la Madeleine, et tantôt après.

L'homme de l'époque de Chelles serait celui du Néanderthal, et, sur ce point, M. de Mortillet est d'accord avec M. de Quatrefages. Mais, jusqu'à ce jour, on n'a pas rencontré d'ossements humains dans les couches qui renferment des débris de l'éléphant antique et du rhinocéros de Merck. La race du Néanderthal ou de Canstadt, comme l'ont prouvé les découvertes faites à Spy, doit être reportée à l'âge du Moustier.

Quant aux industries, nous verrons qu'elles ne répondent pas toujours au tableau de M. de Mortillet.

Acceptée avec enthousiasme par ses disciples, sa classification fut, d'autre part, attaquée avec violence. M. Cartailhac nous paraît la juger le mieux, lorsqu'il dit : « Considérée comme provisoire et spéciale tout au plus à la Gaule, elle n'aurait rendu que des services. Mais, au lieu de la contrôler sans cesse et de la varier selon les pays, elle fut tenue pour la règle à laquelle inconsciemment on subordonna souvent les recherches, les observations, les résultats eux-mêmes. D'autre part, sous la pression des faits, il s'est produit dans l'esprit de savants et de lettrés qui s'intéressent à ces études, une réaction à son tour fort exagérée. »

Si l'on veut appliquer cette classification à tous les pays, on fera remonter à la même époque, par exemple, des

instruments fabriqués par nos ancêtres contemporains de
l'ours des cavernes, ceux que nous avons recueillis dans
les îles Canaries, et qui ne datent que du moyen âge, et
enfin ceux que taillent encore les Indiens de la Californie
et d'autres sauvages modernes ; tous ont la même forme
que ceux trouvés dans la grotte du Moustier, sur les bords
de la Vézère.

En réalité, les époques de l'auteur ne sont pas absolument tranchées et caractérisées chacune par un ou plusieurs types d'outils en pierre. Lorsqu'on trouve, par
exemple, une hache taillée en forme d'amande, c'est-à-
dire une hache semblable à celles qu'on rencontre dans
les sables de Saint-Acheul et de Chelles, on ne doit pas
la faire remonter forcément à l'époque acheuléenne ou
chelléenne ; les faits nous montrent chaque jour que si
l'instrument dont il s'agit a été souvent fabriqué, sur certains points de la France, lorsque vivaient chez nous l'éléphant antique et le rhinocéros de Merck, nous le trouvons
dans d'autres localités associé à des outils d'une époque
bien postérieure. On ne saurait trop insister sur ce point,
que la forme d'un instrument de pierre n'indique nullement son âge ; pour déterminer son ancienneté, il faut
tenir compte des conditions dans lesquelles il a été rencontré et des animaux que renfermait le gisement.

Malgré ces critiques, nous nous plaisons à reconnaître
les services qu'a rendus la classification de M. G. de Mortillet. Elle a permis aux archéologues de s'entendre
lorsqu'ils parlent d'un outil de tel ou tel type ; elle a
facilité le classement et la comparaison de milliers
d'objets recueillis dans toutes les parties du monde, et le
résultat des comparaisons qu'elle a rendues faciles n'a
pas laissé que d'être des plus fructueux.

Quelles que soient les difficultés qu'il y ait à établir
une bonne classification des temps quaternaires, une divi-
sion s'impose, nous le répétons, et nous n'essaierons pas
de créer de nouvelles époques. A l'exemple de M. Cartailhac,

nous adopterons, « en attendant mieux », une classification mixte qui repose à la fois sur les données archéologiques et géologiques; celle que nous empruntons à *La France préhistorique* de cet auteur ne diffère pas considérablement, en somme, de celle de M. de Mortillet. Elle s'en distingue surtout par deux points : les temps quaternaires y sont divisés en deux périodes, l'une chaude, caractérisée par l'éléphant antique et le rhinocéros de Merck, l'autre froide, pendant laquelle ont vécu le mammouth, le rhinocéros à narines cloisonnées, le renne et l'antilope saïga. A la première, correspond l'époque de Chelles, et à la seconde les époques de Solutré et de la Madeleine. L'époque du Moustier vient à cheval, pour ainsi dire, sur ces deux périodes et se distingue à peine, au point de vue de la date, des deux précédentes. En second lieu, les époques de la Madeleine et de Solutré sont rapprochées l'une de l'autre; car, nous l'avons dit, si l'industrie est différente dans les deux localités, les animaux qui ont laissé leurs traces dans les couches terrestres montrent que les deux industries ont dû être à peu près contemporaines.

Il est presque inutile de faire remarquer que, pas plus que les classifications proposées par MM. Lartet et de Mortillet, celle de M. Cartailhac ne saurait avoir la prétention de s'appliquer à tous les pays: elle est purement locale et n'est valable que pour la France, contrée dont nous nous occuperons presque exclusivement dans le reste de ce livre.

Tableau de la classification des temps quaternaires, par M. Émile Cartailhac.

DIVISIONS GÉOLOGIQUES.		PHÉNOMÈNES PHYSIQUES.	ÉLÉMENTS DE LA FAUNE.	DIVISIONS ARCHÉOLOGIQUES.	
				PÉRIODE.	ÉPOQUES.
Quaternaire proprement dit	supérieur	Froid et sec. Dépôts des cavernes.	Elephas primigenius. Rhinoceros tichorhinus. Cervus tarandus. Saïga tartarica.	De la pierre taillée ou paléolithique.	Madelénienne. Solutréenne.
	inférieur	Extension glaciaire. Continuation des mêmes régimes. Climat doux et humide, lit majeur des fleuves, dépôt d'alluvions.	Elephas antiquus. Rhinoceros Merckii.		Moustiérienne. Chelléenne.

Passons à l'examen de la plus ancienne de ces époques, de l'époque chelléenne.

II. Époque Chelléenne.

Les caractères physiques de l'homme de cette époque nous sont encore inconnus. Malgré le soin apporté dans ces dernières années aux fouilles faites dans les couches quaternaires qui renferment des débris d'éléphant antique et de rhinocéros de Merck, on n'a pas rencontré les restes de l'ouvrier qui taillait les milliers d'outils qu'on retire de ces couches. Nous ne savons donc rien de la race à laquelle il appartenait. Il se peut très bien qu'il présentât les caractères de la race de Canstadt, que nous décrirons à l'époque du Moustier, mais ce n'est là qu'une simple hypothèse.

Si l'homme lui-même nous est inconnu, il n'en est pas de même de ses mœurs et surtout de son industrie.

Les outils qui nous sont parvenus dénotent déjà une certaine habileté dans le travail de la pierre, ce qui donnerait à supposer que les individus qui les fabriquaient n'étaient pas les premiers êtres humains apparus à la surface de notre globe ; ils avaient profité de l'expérience acquise par leurs prédécesseurs. D'ailleurs, s'ils sont mieux travaillés que les silex tertiaires, les instruments de l'époque de Chelles reproduisent à peu près les formes de ceux dont il a été question dans le précédent chapitre ; ce sont des haches en forme d'amande, d'autres haches avec un talon naturel, des perçoirs, des racloirs, des lames, des disques, des percuteurs, etc. Ce qui les distingue surtout des objets tertiaires, ce sont, outre cette perfection plus grande de la taille, leurs dimensions plus considérables.

Les premières haches en forme d'amande ont été rencontrées, en 1799, par John Frère, auprès d'Hoxne, en

Angleterre, dans un gisement qui renfermait des ossements d'éléphant. Dans la Somme, notamment dans les
graviers de Saint-Acheul, on les trouve en quantité considérable : c'est de là que leur est venu le nom de
haches de Saint-Acheul, sous lequel elles étaient désignées
naguère et le sont encore fort souvent.

Ces instruments sont le plus souvent en silex ou pierre
à fusil. Pourtant, dans les localités où cette roche fait
défaut, on l'a remplacée par des quartzites, des galets et
même des calcaires très durs. Les premières qu'on rencontra furent comparées par les ouvriers à des langues
de chat, et la comparaison ne manquait pas de justesse.
Les savants, ne voulant pas employer une expression
aussi vulgaire, les désignèrent sous le nom de haches
amygdaloïdes, c'est-à-dire en forme d'amande, ou *lan-
céolées* (en forme de fer de lance). Bientôt les découvertes
devinrent si nombreuses qu'on crut devoir diviser ces
instruments en deux types : la *hache lancéolée courte*,
fréquente en Angleterre, et la *hache lancéolée allongée* ou
amygdaloïde, très abondante dans la vallée de la Somme,
où elle constitue à elle seule à peu près la moitié des
outils en silex qu'on rencontre. M. de Mortillet emploie
volontiers le mot de *coup-de-poing* chelléen, lorsqu'il
parle des instruments qu'on trouve à Chelles ; nous
verrons bientôt le motif qui l'engage à se servir de cette
appellation.

Quelle que soit la qualification qu'on croie devoir donner à la hache de Saint-Acheul, elle présente toujours le
même type fondamental. C'est un outil renflé sur ses
deux faces, terminé en pointe à une extrémité et en
demi-cercle à l'extrémité opposée (fig. 15). Le bout
arrondi est presque toujours quelque peu tranchant. Pour
lui donner cette forme, on a enlevé d'un bloc de pierre un
certain nombre d'éclats assez grands, et on a terminé le
travail par des *retouches*, c'est-à-dire en détachant des
éclats plus petits une fois l'objet ébauché.

La hache de Saint-Acheul atteint parfois 24 centimètres de longueur, mais elle est généralement plus petite; il est fréquent d'en trouver qui mesurent de 12 à 15 centi-

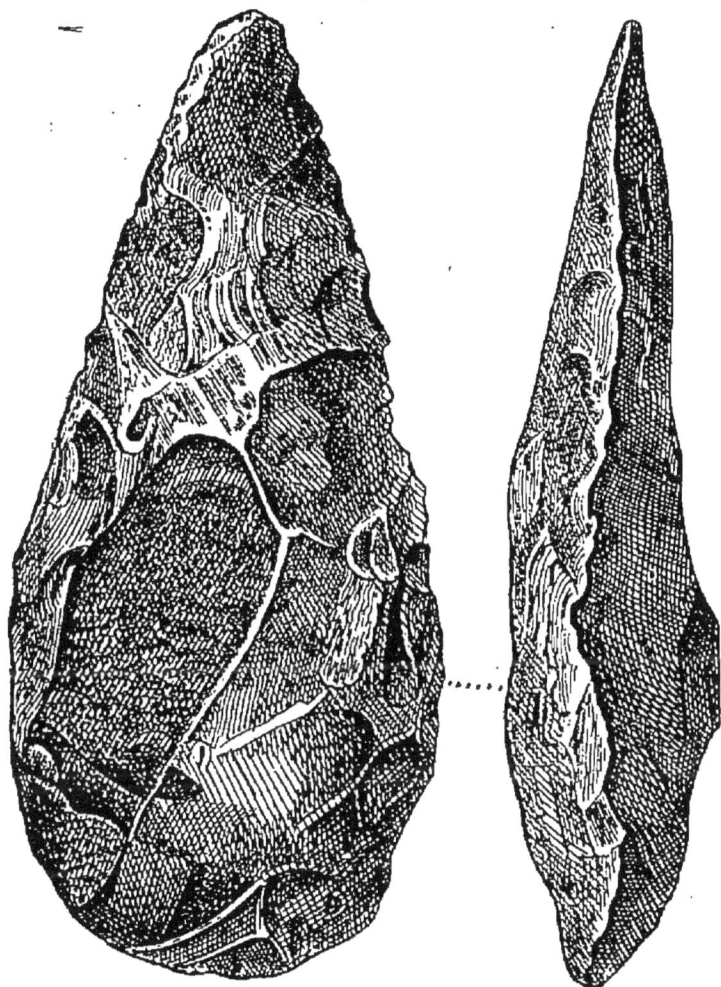

Fig. 15. — Hache de silex, en forme d'amande (type de Saint-Acheul).

mètres. Si l'on songe au poids du silex, on comprendra aisément que ce n'est pas précisément un instrument léger.

Les haches en forme d'amande ne varient pas seulement dans leur longueur; leur épaisseur et leur travail

6

sont aussi extrêmement variables. Tandis que les unes
sont très épaisses, les autres s'amincissent sans jamais
arriver, cependant, à être des instruments délicats. Il en
est auxquelles l'ouvrier a enlevé une multitude d'éclats et
d'autres où la surface naturelle du bloc de pierre a été
largement conservée.

Comment se servait-on d'un tel outil et à quel usage
était-il destiné ? A ces deux questions les réponses sont
diverses. Un certain nombre de haches peuvent être saisies
commodément de la main droite, tandis qu'il n'en est pas
de même si l'on essaie d'en faire usage de la main gauche.
On a dit que l'ouvrier leur avait donné intentionnellement
cette forme au moyen de la taille, et M. de Mortillet notamment en a conclu qu'on devait s'en servir sans les
emmancher. Nous verrons dans le dernier paragraphe
que des objets semblables, encore en usage chez quelques
sauvages modernes, sont cependant munis d'un manche.
Pour l'auteur que nous venons de citer, ce *coup-de-poing*
tenu directement à la main était un outil incomparable :
il servait à la fois de hache, de couteau, de scie, de
perçoir, de racloir, etc. D'autres personnes, et nous
sommes du nombre, tenant compte de ce que nous montrent les sauvages actuels, sans nier que la hache de
Saint-Acheul pût parfois avoir été maniée directement à
la main, pensent qu'elle était le plus souvent munie d'un
manche. Ainsi complétée, elle pouvait être utilisée comme
outil, à la façon de nos haches modernes, mais elle a dû
souvent servir d'arme de chasse ou de guerre. Malgré son
bord convexe légèrement tranchant, elle agissait plus, en
somme, par son poids qu'autrement.

Parmi les rognons de silex que ramassaient les hommes
de l'époque chelléenne, il s'en trouvait qui présentaient
une sorte de talon naturel. Dans ce cas, on se contentait
souvent de tailler l'extrémité opposée, de manière à lui
donner la forme d'une pointe, et on obtenait ainsi un outil
auquel on a appliqué le nom de *hache à talon*. Ce n'était

certainement pas une hache à proprement parler, car la surface coupante faisait défaut; ce n'était pas non plus une pointe de lance, ses dimensions habituelles ne permettant pas de lui supposer une telle destination. Nous sommes beaucoup plus disposé à le considérer comme un *perçoir* (fig. 15) analogue, à part la grandeur, à celui de l'époque tertiaire.

Les *racloirs* de l'époque de l'éléphant antique (fig. 14) ne sont pas non plus sans analogie avec ceux trouvés dans les sables miocènes de Thenay. Ils s'en distinguent surtout par leur face entièrement taillée et par les nombreuses retouches qui ont été pratiquées sur tous les bords, au lieu

Fig. 14. — Racloir trouvé dans les sablières de Chelles.

Fig. 15. — Perçoir de Saint-Acheul.

de ne se rencontrer que sur l'un d'eux. L'outil quaternaire présentait donc cet avantage de pouvoir être utilisé de plusieurs côtés et d'être encore en état de servir lorsqu'un de ses bords s'était émoussé.

Les *lames* (ou couteaux) sont plus longues et mieux taillées que celles dont nous avons parlé à propos des temps tertiaires. Mais, au fond, elles n'ont guère varié, et nous verrons par la suite que cet outil est resté presque le même tant que l'homme s'est servi de la pierre pour fabriquer ses instruments.

Pour compléter la liste des outils de pierre de nos ancêtres des premiers temps quaternaires, il nous faut citer le *percuteur* et des *disques* ou *rondelles*, de forme bizarre, dont on ne s'explique guère l'usage. M. Fraipont se demande quelle pouvait être leur destination. « Quelques-uns, dit-il, sont retouchés le long de leur bord et peuvent ainsi avoir servi encore de racloirs; mais la plupart ne sont absolument pas retouchés sur le bord. Ils ne paraissent pas être des nucléus, encore moins des pierres de fronde, comme on l'a quelquefois prétendu. Une dernière opinion a été émise : c'est que ces disques auraient pu, après avoir été chauffés, être placés dans de l'eau pour la faire bouillir; procédé employé, comme on le sait, par les Esquimaux et quelques autres peuples sauvages. Quant à nous, nous préférons nous abstenir de toute hypothèse. » C'est là évidemment le meilleur parti à prendre, car la dernière supposition n'est pas plus admissible que les autres. Rien n'indique que les disques aient été chauffés, et, en outre, s'il eussent été destinés à faire bouillir de l'eau, pourquoi les aurait-on taillés? La première pierre brute venue aurait rempli le même office. Quant au *percuteur*, c'était un simple caillou qui, tenu à la main, servait à frapper le silex pour en détacher des éclats. M. Leguay pensait que l'homme de cette époque possédait aussi un véritable marteau constitué par une pierre longue fixée dans un manche. La chose est fort vraisemblable; car, pour détacher d'un bloc de silex des fragments aussi volumineux que ceux qui constituent les instruments dont nous venons de parler, le marteau était beaucoup plus efficace qu'un caillou tenu à la main. En outre, au moyen du percuteur on n'enlève pas ces grands éclats dont on voit les traces sur les deux faces de quelques haches de Saint-Acheul; on n'y arrive qu'à l'aide d'un outil emmanché. Il est donc probable que les sauvages qui vivaient à Saint-Acheul, à Chelles, à Hoxne, etc., commençaient par détacher, des blocs dont ils voulaient faire un instrument, de grands éclats à l'aide d'un marteau en pierre, et qu'ils retouchaient l'objet ébauché en se servant du percuteur qui, lui, enlevait des éclats de moindres dimensions, sans que la forme générale de l'outil se trouvât sensiblement modifiée. En voulant faire tout le travail avec le marteau, ils auraient détaché de gros fragments qui auraient altéré la forme déjà obtenue.

Ainsi qu'on peut en juger, on a beaucoup exagéré lorsqu'on a écrit que l'homme de Saint-Acheul ne possédait qu'un instrument unique, « une sorte de hache ou de pointe en silex » qui lui servait à tous les usages. Nous venons de voir qu'il avait, au contraire, tout un outillage en pierre, et on doit même penser qu'il fabriquait d'autres objets, en bois et en peau. Les racloirs de silex servaient évidemment à racler quelque chose qui n'était pas de la pierre ; mais les traces de ces ustensiles n'ont pu résister à l'action du temps. Toutefois, M. Rutimeyer a découvert en Suisse, dans des charbons qui datent de l'époque interglaciaire, comme les sables de Chelles et de Saint-Acheul, « des morceaux de bois de sapin, un peu comprimés, taillés en pointe à une de leurs extrémités et portant les traces d'un lien qui les unissait en les entourant ». C'est grâce au charbon qu'a pu se conserver jusqu'à nous cette sorte de panier primitif qui n'aurait assurément pas laissé de traces s'il s'était trouvé enseveli dans les sablières de Chelles ou de Saint-Acheul, ou bien dans les alluvions, c'est-à-dire dans les endroits où ont été effectuées presque toutes les découvertes relatives à nos ancêtres des premiers temps quaternaires.

On s'est demandé si la première industrie quaternaire n'avait pas été importée chez nous par des gens venus d'un pays plus avancé que le nôtre au point de vue de la civilisation. Rien n'autorise à le croire, et, si l'on se rappelle ce que nous avons dit des outils de l'homme tertiaire, on sera convaincu qu'en réalité l'industrie de l'époque chelléenne n'est pas une industrie nouvelle, mais bien un perfectionnement de celle qu'on rencontre à une époque antérieure. D'un autre côté, ce sont toujours les races les plus civilisées qui importent leurs procédés industriels chez les nations moins avancées dans la voie du progrès. Or, nous ne voyons dans aucun pays du monde l'homme du début des temps quaternaires en possession d'une civilisation supérieure à nos ancêtres de la même époque. Il n'existe donc aucune raison plausible de supposer que telle population de l'époque ait civilisé les autres, puisque nous les voyons toutes au même point, sans qu'il soit possible de dire quelle est celle qui a la première fabriqué les outils que nous rencontrons partout.

Ce n'est pas, en effet, en France seulement qu'on a trouvé des haches en pierre du type de Saint-Acheul. Nous avons vu que les premières avaient été découvertes en Angleterre. On en a recueilli en Belgique, en Italie, en Espagne, en Algérie, en Égypte, dans la Judée, dans la Syrie, en Palestine, en Arabie et dans l'Indoustan. L'Amérique a eu également ses haches chelléennes, qui ont été rencontrées aux États-Unis et au Mexique. Nous pouvons même ajouter que, presque partout, elles ont été trouvées dans des couches un peu plus récentes que celle de l'éléphant antique. Il semblerait donc que nos ancêtres, loin d'avoir eu à prendre des leçons de leurs contemporains, les aient, au contraire, précédés dans la voie de la civilisation.

Quel était le genre de vie des hommes de Saint-Acheul ? Nos renseignements à cet égard sont assez bornés. On peut cependant penser, sans grandes chances d'erreur, qu'ils vivaient à l'air libre ou tout au moins n'habitaient pas les grottes qui n'étaient pas encore à découvert, les fleuves atteignant des niveaux très élevés et coulant à 50 et 50 mètres au-dessus de leur lit actuel. Ils devaient errer dans les plaines, sur les plateaux, le long des grands cours d'eau; c'est, en effet, sur ces différents points qu'on a rencontré les instruments de l'époque. Il semble, à en juger par la quantité d'outils recueillis dans les graviers de Chelles et de Saint-Acheul, que l'homme aimait à séjourner sur les berges des fleuves, pendant la saison des basses eaux.

Le besoin de vêtements ne se faisait encore guère sentir à cette époque, qui paraît correspondre à l'intervalle de deux périodes glaciaires. Un certain nombre d'observations tendent à démontrer que les glaces qui, plus tard, s'étendront de nouveau, avaient alors considérablement reculé. Dans le Cantal, par exemple, M. Rames a trouvé une hache en forme d'amande sur un plateau, à 900 mètres de hauteur, au milieu de blocs striés entraînés par les glaciers d'une époque plus ancienne. Or, comme il n'est pas admissible que l'homme vécût sur la glace, la trouvaille de M. Rames prouve que celle-ci avait fondu lorsque cette hache fut perdue par son propriétaire. D'ailleurs, au milieu des alluvions qui occupent le fond de la vallée située au pied du plateau dont il s'agit, M. Boule a découvert un instrument semblable, et nous savons que ces alluvions datent d'une époque relativement chaude. Enfin, d'autres considérations amènent encore à la même conclusion : les animaux qui vivaient à l'époque de Chelles, l'éléphant antique, le rhinocéros de Merck, l'hippopotame, etc., sont tous des animaux organisés pour un climat chaud. La température devait donc être douce, et l'homme pouvait se passer de maison et de vêtement.

Nous venons de parler des *armes* de l'époque interglaciaire ; plus haut, nous avons même signalé des pointes de lance et de javelot. On s'explique fort bien que, dès le début, l'être humain ait cherché à se créer des armes : elles lui étaient nécessaires non seulement pour se procurer des aliments au moyen de la chasse, mais encore pour se défendre contre ses ennemis, et il en avait d'aussi nombreux que redoutables. « Le pire ennemi de l'homme c'est l'homme », dit un adage populaire, qui était peut-être déjà vrai à l'origine de l'humanité ; mais, sans tenir compte de celui-là, les éléphants, les rhinocéros, les hippopotames, etc., constituaient des ennemis assez dangereux pour que nos ancêtres eussent tout d'abord cherché à s'en défendre.

Lorsqu'ils avaient abattu quelque grand mammifère, ils en utilisaient certainemement la chair pour leur nourriture ; comme à la période précédente, l'homme n'avait plus la ressource des grands animaux aquatiques venant s'échouer sur les rives des lacs, ces lacs ayant disparu, et il devait s'ingénier à suppléer à ces aubaines, qui ne s'offraient plus spontanément à lui. Le gibier ne manquait ni dans les plaines ni dans les fleuves. Il n'était donc pas nécessaire que l'homme parcourût de grandes distances pour pourvoir à son alimentation, et il pouvait être plus sédentaire que les misérables chasseurs qui vivent aujourd'hui dans les parages les plus désolés.

Les armes de l'homme de Saint-Acheul ne laissaient pas que d'être redoutables. Fixées au bout d'un pieu, les pointes constituaient une lance qui devait être terrible entre ses mains ; les haches en forme d'amande, une fois pourvues d'un manche, n'étaient pas moins meurtrières. Si, pour couper un arbre, elles n'offraient pas des qualités remarquables, pour abattre un animal elles constituaient, au contraire, une massue capable de donner la mort au plus grand mammifère. Qu'on juge du coup qu'on peut porter avec une masse de silex qui dépasse parfois 20 centimètres de longueur !

Ce que nous savons, en somme, de l'homme du début de l'époque quaternaire se borne presque à la connaissance de son industrie ; elle nous porte à croire que ce devait être un chasseur audacieux.

Il nous serait facile de montrer que la hache de Saint-Acheul, tout en ayant été d'un usage extrêmement répandu au commencement des temps quaternaires, n'a pas cessé d'être employée à des époques bien plus rappro-

chées. Qu'il nous suffise de dire que nous l'avons retrou-
vée nous-même dans les grottes occupées jusqu'au
xvᵉ siècle de notre ère par les anciens habitants des
Canaries, et que, de nos jours, les Australiens de l'ouest
et du nord s'en servent encore. Ces derniers en polissent
parfois l'extrémité la plus large de façon à lui donner
du tranchant, sans pour cela en modifier la forme générale ; mais il n'est pas rare non plus de la leur voir utiliser
simplement taillée, comme celle de l'époque chelléenne.
Ces tribus si arriérées nous indiquent la manière dont
l'instrument devait être utilisé par nos ancêtres : ils le
fixent par des lanières d'opossum à l'extrémité d'un bâton
fendu qui fait l'office de manche. On sait qu'entre leurs
mains, ces haches, ou *tomahawks*, constituent une arme
redoutable, dont ils se servent à la façon d'une massue.

Les renseignements que nous fournissent les Australiens viennent donc confirmer ce que nous avons dit de
la manière dont devaient être utilisées jadis les armes
qu'on trouve dans les ballastières exploitées à Chelles
par la compagnie des chemins de fer de l'Ouest, dans les
sables de la vallée de la Somme et dans une foule d'autres
régions.

V

L'ÉPOQUE DU MOUSTIER

I. *Faune.* — Les modifications dans le climat entraînent la disparition de mammifères anciens. — Les nouveaux animaux.

II. *L'homme de l'époque du Moustier.* — *Caractères physiques.* — La race de Canstadt ; ses caractères physiques. — Les rapprochements qu'on a établis entre l'homme de Canstadt et les grands singes.

III. *Industrie.* — L'industrie du Moustier a pris naissance à une époque très reculée. — Les outils plus anciens ont continué à servir. — Petit nombre des instruments en pierre spéciaux à cette époque ; leur mode de fabrication. — Les instruments en os.

IV. *Mœurs et coutumes.* — Mœurs de l'homme de Canstadt ; sa demeure, ses vêtements, sa nourriture. — Il vivait par petits groupes et n'avait pas de lieux de sépulture spéciaux. — Persistance du type et de l'industrie de l'époque du Moustier.

I. Faune.

Après que les graviers de Chelles se furent déposés, la température s'abaissa de plus en plus, sans cependant devenir partout uniforme. L'éléphant antique et le rhinocéros de Merck disparaissent non seulement de notre pays, mais de la surface du globe ; l'hippopotame abandonne nos contrées pour n'y plus revenir. Ils sont remplacés chez nous par d'autres espèces, qui ne varieront guère jusqu'à la fin des temps quaternaires. Le lecteur nous saura gré, sans doute, de lui énumérer les principaux animaux qui, à ces époques reculées, vivaient à côté de nos ancêtres. Nous empruntons à l'ouvrage de M. Cartailhac la liste des espèces, en nous contentant de traduire en langue vulgaire les noms scientifiques.

Les animaux qui vivaient alors chez nous sont les suivants :

Espèces éteintes . . . .
- Ours des cavernes.
- Lion antique.
- Rhinocéros à narines cloisonnées.
- Mammouth.
- Cerf à bois gigantesques.

Espèces reléguées . .

vers les régions occidentales.
- Ours terrible.
- Bœuf musqué.
- Cerf du Canada.

vers les régions méridionales . . . .
- Lion (race des cavernes).
- Hyène (race des cavernes).

vers les régions orientales.
- Antilope saïga.

dans les régions boréales . .
- Glouton.
- Renard des régions polaires.
- Lemming.
- Lagomys.
- Renne.

sur les hautes montages . .
- Marmotte.
- Chamois.
- Bouquetin.

Espèces actuelles des régions tempérées de l'Europe en train de disparaître . . . .
- Ours vulgaire.
- Lynx.
- Loup.
- Castor.
- Urus ou Bœuf primitif.
- Aurochs ou Bison d'Europe.
- Élan.
- Cheval, et toutes les autres qui vivent autour de nous.

La plupart de ces animaux étaient de fort grande taille. Au fur et à mesure que les conditions d'existence changeaient, les espèces anciennes s'éteignaient ou émigraient vers des régions plus en harmonie avec leur organisation. Il est bien certain qu'elles n'ont pas toutes disparu à la fois de notre pays, pas plus qu'elles n'avaient apparu en même temps ; mais il est si difficile de dire à quelle époque telle espèce se rencontre pour la première fois et à quelle époque elle cesse de se trouver chez nous qu'il est préférable, pour le moment, de ne pas tenter un tel travail, de nouvelles découvertes pouvant entièrement les modifier demain. Nous ne voulons pas prétendre que l'étude des animaux n'a plus d'intérêt pour la classification des temps quaternaires; nous croyons simplement qu'elle n'autorise pas encore à établir des divisions tranchées, basées sur l'apparition ou la disparition de tel ou tel type de mammifère.

Ces réserves faites, nous allons passer à l'examen de la seconde époque quaternaire, celle que les archéologues appellent époque du Moustier, du nom de la petite localité de la Dordogne où ont été rencontrés les premiers instruments en pierre caractéristiques de cette période.

II. L'homme de l'époque du Moustier

Nous connaissons l'homme qui vivait alors dans l'Europe occidentale. Pour la première fois, nous allons pouvoir nous faire une idée des caractères physiques de nos ancêtres. Il est fort possible que la race dont les restes ont été recueillis dans les couches de cette époque ait apparu plus anciennement. MM. de Quatrefages et Hamy la font remonter au début de l'époque quaternaire, et d'autres naturalistes reportent la date de son apparition à la fin des temps tertiaires. Pour se prononcer, il faut attendre des observations précises, indiscutables, car celles sur lesquelles on se base ne présentent pas les garanties qu'on est en droit d'exiger. Nous avons déjà dit dans quelles conditions avait été trouvé le crâne de Canstadt. (*Voyez* Chapitre II.)

Au sujet de l'âge du crâne du Néanderthal, il existe autant d'incertitude. Dans une carrière de calcaire qu'on exploitait, on trouva cette pièce, en 1856, au milieu de limon qui avait formé, dans une anfractuosité, une couche de 1 m. 50 d'épaisseur. Cette couche ne renfermait aucun ossement d'animal qui pût en indiquer l'ancienneté. On ne la supposa pas moins très ancienne, et on pensa qu'elle avait été déposée, au début de l'époque quaternaire, par les eaux de la Düssel, qui coule aujourd'hui à 18 mètres plus bas. Ce qui lui fit attribuer cette antiquité, c'est que, dans une caverne voisine, en apparence semblable à la première, on recueillit des os d'ours des cavernes.

Il est fort possible que le limon qui renfermait le crâne humain fût beaucoup plus récent. Sur le plateau situé au-dessus de la carrière se trouve un limon identique, que les eaux peuvent parfaitement avoir entraîné, à travers quelque fissure, dans l'anfractuosité où fut recueillie la tête. D'ailleurs, la découverte est due à des ouvriers qui ne firent aucune observation précise et ne prirent pas la moindre précaution. Nous en avons la preuve dans ce fait, que le crâne devait être accompagné du squelette complet, et que tout avait été dispersé lorsque arriva le professeur Fuhlrott, qui ne put recueillir que la voûte crânienne et quelques gros os. Il n'est donc pas permis de se prononcer d'une façon certaine sur l'âge de ces ossements humains.

Toutes les découvertes faites avant ces dernières années laissent subsister la même incertitude. Au contraire, les recherches méthodiques de M. Piette dans la grotte de Gourdan, et celles de MM. de Puydt et Lohest dans la grotte de Spy, ont démontré que la race de Canstadt vivait à l'époque du Moustier, c'est-à-dire à une époque déjà éloignée du début des temps quaternaires. Qu'elle ait vécu antérieurement, rien, nous le répétons, ne s'y oppose, mais, jusqu'à ce jour, le fait n'est pas démontré.

Quoi qu'il en soit, cette race mérite de nous arrêter un instant, non seulement parce qu'elle nous fournit des renseignements sur le plus ancien type humain que nous connaissions, mais encore à cause de la singularité des caractères qu'elle nous montre.

Son nom lui a été imposé par MM. de Quatrefages et Hamy, qui ont voulu rappeler que le premier fossile

humain avait été trouvé auprès du village de Canstadt.
D'autres ánthropologistes la désignent sous le nom de race
de Néanderthal, la tête rencontrée dans cette localité présentant, exagérés, les caractères du premier de ces
crânes. Les deux mots s'appliquent donc à un seul et
même type.

La race de Canstadt était d'une taille au-dessous de la
moyenne, qui ne dépassait guère celle des Lapons modernes.
Les os dénotent une vigueur peu commune et des muscles
extrêmement développés. La brièveté des membres inférieurs, due à un raccourcissement notable de la jambe, et
certaines autres dispositions anatomiques, obligeaient les
hommes de Néanderthal à se tenir dans une attitude légèrement fléchie. Si l'on prend, en effet, leur fémur et qu'on
mette son extrémité inférieure dans la position qu'il
occupait par rapport au tibia, ce qui est facile au moyen
des surfaces articulaires, on voit que la cuisse et la jambe,
au lieu de se prolonger en ligne droite, forment un angle
dont le genou occupe le sommet. C'est là, on le sait, l'attitude des grands singes qui se rapprochent le plus de
l'homme, lorsque, appuyés sur un bâton, par exemple, ils
essaient de se tenir dans la station verticale.

Les caractères de la tête ne sont pas moins remarquables. Dès l'époque de sa découverte, le crâne de Néanderthal avait fortement appelé l'attention des savants par
son aspect exceptionnel. Quelques-uns le regardèrent
comme ayant appartenu à un idiot ou à un malade. Mais
il n'était pas seul de son type, et cette opinion était difficilement acceptable. Sa capacité n'était pas compatible
avec l'idiotie, qui résulte d'un cerveau atrophié. En outre,
M. de Quatrefages a parfaitement montré que des personnages connus, qu'on n'a jamais songé à considérer
comme des idiots, avaient présenté la même conformation
crânienne. Il est donc impossible de soutenir que le sauvage de Néanderthal fût un être dépourvu d'intelligence.
D'un autre côté, Schaaffhausen a dit, avec raison, qu'on ne

saurait citer une maladie capable de donner à un crâne la forme dont il s'agit.

La découverte faite au mois de juin 1886, par MM. Marcel de Puydt et Max Lohest dans la grotte de Spy, en Belgique, est venue donner raison à MM. de Quatrefages et Schaaffhausen. Ils ont rencontré, dans cette caverne, deux squelettes humains assez complets, qui ont été étudiés et décrits avec le plus grand soin par MM. Fraipont et Lohest. Les deux têtes de Spy offrent les caractères de celle du Néanderthal fort accusés; il serait bien extraordinaire que les deux individus rencontrés dans cette caverne fussent l'un et l'autre idiots ou malades. Empressons-nous d'ajouter que cette opinion n'est plus acceptée par personne. Il a fallu en prendre son parti : la tête de Néanderthal, si bizarre qu'elle puisse sembler au premier abord, représente bien le type crânien de nos ancêtres de l'époque du Moustier.

C'est à la belle description des deux savants belges que nous devons les détails qui précèdent sur la taille et la disposition des membres inférieurs des hommes de la race de Canstadt; c'est à eux aussi que nous sommes redevables de connaître entièrement les caractères de la tête. Auparavant, on ne possédait que des crânes incomplets, qui avaient bien permis d'esquisser la physionomie générale du type, mais qui ne fournissaient guère de renseignements sur les traits de la face. Aujourd'hui, cette lacune est comblée, et nous pouvons nous représenter d'une manière précise la tête qu'avaient ces hommes d'autrefois.

Qu'on se figure une tête assez large, longue et considérablement aplatie, avec un occiput très saillant, terminée en avant par un front extrêmement fuyant, et on aura une idée exacte de la voûte crânienne des individus de cette race. La face, relativement peu élevée, montre de grands yeux logés dans des orbites presque aussi hauts que larges, des pommettes saillantes, un nez large et court, la lèvre supérieure très longue, des mâchoires un peu proémi-

nentes et un menton aussi fuyant que le front. Mais, ce
qui imprime à cette face un caractère singulier, ce sont
les énormes arcades sourcilières qui surmontent les yeux.
La physionomie devait avoir quelque chose de bestial ou
tout au moins d'étrangement sauvage (fig. 16).

La femme de cette époque présentait les mêmes carac-

Fig. 16. — Homme et femme de la race de Canstadt, d'après la reconstitution
qui a figuré à l'Exposition universelle de 1889.

tères que l'homme, mais considérablement atténués. La
différence entre les deux sexes est assez grande pour que
M. G. de Mortillet ait fait, dans son tableau, une race spéciale des types d'Engis et de l'Olmo, race qui aurait vécu
postérieurement à l'autre. A la suite d'une étude attentive,
MM. de Quatrefages et Hamy ont été amenés à ne voir
dans ces crânes à caractères adoucis que le type féminin
de la race dont les têtes de Canstadt, de Néanderthal et
de Spy nous ont fait connaître le type masculin.

L'être humain de l'époque du Moustier serait difficilement regardé de nos jours comme un type de beauté. Ses

caractères étranges le rapprochent à certains égards des singes anthropomorphes (à formes humaines) ; pourtant c'est bien un homme. MM. Fraipont et Lohest, assez enclins à partager l'opinion de ceux qui veulent y voir une transition entre les anthropomorphes et les races humaines actuelles, nous disent loyalement : « Entre l'homme de Spy et un singe anthropoïde actuel, il y a encore un abîme. »

On ne saurait contester, cependant, l'importance que présente, au point de vue du transformisme, la découverte faite en Belgique. Elle nous montre nos ancêtres offrant tous les grands caractères qui sont spéciaux à l'humanité, mais présentant aussi quelques ressemblances avec les grands singes actuels. Les différences sont pourtant considérables, et on ne saurait confondre les uns avec les autres. L'homme de l'époque du Moustier est bien un être humain. Mais, dit-on, la race de Canstadt n'a pas été la première qui ait vécu à la surface du globe ; ses ancêtres devaient encore se rapprocher plus de l'anthropoïde que l'homme de Spy. C'est vouloir aller trop vite en besogne ; en science, il faut savoir attendre les faits avant de tirer des déductions. Jusqu'à ce jour, nous ne connaissons absolument rien des caractères physiques de nos ancêtres antérieurs à la race de Canstadt ; tout ce qu'on pourrait conjecturer à leur sujet n'aurait que la valeur d'une pure hypothèse.

Laissons donc de côté le champ des suppositions, et abordons l'examen de l'industrie des hommes de l'époque du Moustier.

III. Industrie.

Nous avons vu plus haut que les instruments de pierre de l'époque de Chelles étaient généralement taillés sur leurs deux faces ; il n'en est plus habituellement de même à l'époque du Moustier. « Ce qui distingue d'une manière

très nette l'industrie des deux époques, dit M. G. de
Mortillet, c'est que l'instrument chelléen est retouché des
deux côtés, sur les deux faces, tandis que les pièces mou-
stériennes ne le sont que sur une face. La face inférieure
reste toujours unie, ne présentant que le plan de l'éclat.
La face supérieure seule est plus ou moins retouchée.
Cela semble différencier tellement les deux industries
que, de prime abord, on ne comprend pas bien comment
elles peuvent découler l'une de l'autre. La chose pourtant
est bien naturelle. L'instrument chelléen n'est autre chose
que le caillou naturel taillé et perfectionné.

Pour le perfectionner davantage, on le taillait sur les
deux faces. En taillant, on faisait partir les éclats qui présentaient, d'un côté, le plan d'éclatement uni, et étaient
plus ou moins irréguliers sur le dos. Ce sont ces éclats
qui, repris et améliorés, ont donné naissance à l'industrie
moustérienne. »

En réalité, cette industrie a dû prendre naissance dès
que l'homme a commencé à tailler la pierre. Les éclats
qui se détachaient des blocs de silex, il les utilisait s'ils
étaient susceptibles de l'être, comme le faisaient, il y a
quelques années, les Indiens de Californie. S'il se donnait
la peine de tailler certains blocs sur leurs deux faces,
c'est qu'il pouvait de cette façon leur donner plus facilement la forme qu'il désirait, et aussi qu'il cherchait à
fabriquer des instruments agissant au moins autant par
leur poids que par leur tranchant, ce qu'il ne trouvait pas
dans de simples éclats, relativement légers. L'expérience
lui apprit évidemment que, si les lourds outils de pierre
constituaient d'excellentes massues, les objets minces
étaient des armes non moins redoutables; car, par suite
même de leur minceur, elles pouvaient pénétrer plus facilement dans les chairs. Aussi s'ingénia-t-il à fabriquer
des outils de peu d'épaisseur, et, pour cela, il détacha des
blocs de silex les plus grands éclats qu'il put obtenir.
Mais ces éclats avaient une forme quelconque, et, pour arri-

ver à en faire des pointes, des racloirs, etc., il fallut les retoucher; cette opération se pratiqua le plus souvent sur une seule face.

Il ne faudrait pas croire, cependant, comme on en serait tenté en lisant l'ouvrage de M. G. de Mortillet, que tous les outils de l'époque du Moustier fussent taillés d'un seul côté. En France, en Angleterre, en Belgique, on a rencontré dans des grottes, dans des vallées, des instruments contemporains de ceux recueillis dans la grotte du Moustier, qui sont taillés, les uns sur une seule face, les autres sur les deux. Plus d'une fois, on a même trouvé, à cette époque, de ces haches en forme d'amande qu'on regarde comme caractéristiques de l'époque précédente. Ce fait n'a pas lieu de nous étonner, et on le voit se reproduire à toutes les époques : chaque fois que l'homme a perfectionné son outillage, il n'a pas délaissé complètement les instruments dont il s'était servi auparavant.

Aussi devons-nous nous attendre à rencontrer à l'époque du Moustier une partie de l'industrie que nous avons vue entre les mains de l'homme de Chelles. Outre les haches ou pointes du type de Saint-Acheul, nous trouvons encore des lames, des disques, des percuteurs et des marteaux en pierre exactement comparables à ceux de la période antérieure, quoiqu'ils soient, en général, un peu mieux travaillés. Mais les haches ou pointes, tout en étant mieux taillées que celles de Chelles ou de la Somme, sont généralement de plus petites dimensions. Il semble qu'on ait réservé les cailloux un peu volumineux, ceux qui pouvaient fournir de beaux éclats, pour fabriquer les outils nouveaux, retouchés sur une seule face, et qu'on ait continué à façonner, d'après le type ancien, les petites pierres qui n'auraient donné que des éclats de dimensions trop restreintes pour permettre de les retailler. En enlevant à ces petits éclats des fragments pour les amener à la forme voulue, l'ouvrier n'aurait obtenu que des outils trop réduits pour être utilisés.

Quoi qu'il en soit, les instruments nouveaux, qui donnent à l'industrie de l'époque du Moustier son cachet spécial, ne sont taillés que d'un seul côté. Ils sont d'ailleurs peu variés et affectent la forme de pointes ou de racloirs. Ces deux formes, très faciles à reconnaître dans les types extrêmes, passent insensiblement de l'une à l'autre. Il est certains instruments qu'on hésite à classer parmi les racloirs ou parmi les pointes. Nous nous contenterons de dire deux mots des pièces les plus typiques.

La pointe du Moustier (fig. 17) a la base habituellement droite, disposition qui a été obtenue en brisant le bloc de silex pour avoir un plan sur lequel on pût frapper avec le marteau, afin d'en détacher des éclats. Quelques lames ont été enlevées à la surface du nucléus ou bloc-matrice, puis, d'un coup sec appliqué sur le plan de frappe, on a détaché l'éclat destiné à former la pointe. Pour lui donner sa forme définitive, on a enlevé, sur les bords, une foule de petits éclats en se servant d'un caillou ou percuteur, comme nous le ferions avec un briquet. Presque toujours l'extrémité pointue a été retouchée avec plus de soin que le reste de la pièce, et parfois le voisinage de la base est à peu près brut; ce qui démontre bien que l'instrument devait servir par le bout.

L'éclat ne se détachait certainement pas toujours du bloc d'une façon à peu près régulière. Si l'un des bords était trop épais, on se contentait de retoucher le bord opposé et on obtenait un racloir. Plus d'une fois, on essaya de retailler à petits coups le bord plus épais, pour fabriquer une pointe; mais si la tentative ne donnait pas de résultat, on passait à l'autre bord, et on avait ainsi un de ces instruments dont on ne sait vraiment pas s'ils « doivent être rapportés aux racloirs ou aux pointes ».

A l'époque du Moustier, on a encore signalé, parmi les outils de silex, des scies retouchées d'un seul côté, comme la plupart des pointes et des racloirs. Il ne s'agit en réalité que de racloirs, sur le bord desquels on a enlevé des éclats d'une certaine dimension, qui ont laissé entre eux des saillies comparables aux dents d'une scie. Que ces objets aient servi à scier, la chose est non seulement possible, mais même probable ; car l'homme devait avoir besoin de scie pour façonner les manches de ses outils. Quelques savants, avons-nous dit plus haut, sont convaincus que la hache de Chelles ou de Saint-Acheul était

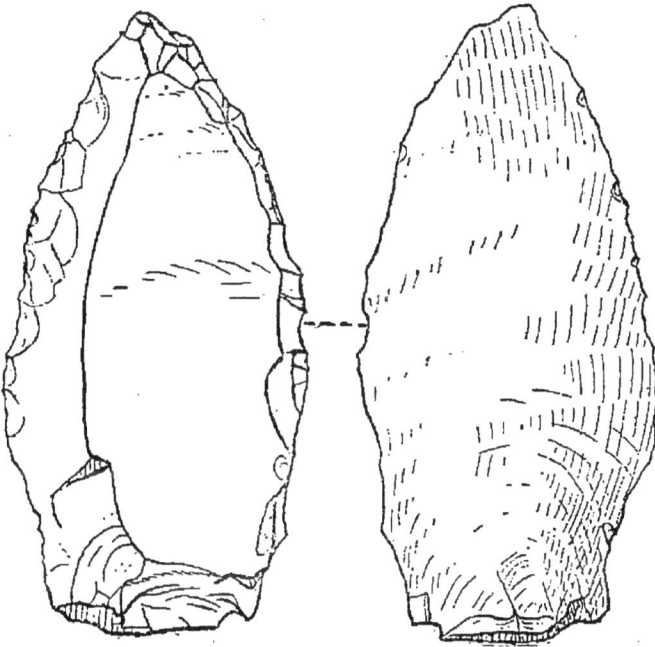

Fig. 17. — Pointe en silex du type du Moustier. Grotte de Reilhac (Lot), d'après MM. Boule et Cartailhac.

tenue directement à la main, qu'on l'employait à la manière d'un *coup-de-poing*, sans lui adapter aucune emmanchure. Cette manière de voir ne saurait être soutenue lorsqu'il s'agit de la pointe du Moustier : simplement tenue à la main, elle ne constituerait pas une arme bien redoutable. Emmanchée, au contraire, au bout d'une hampe, elle donne une lance dont l'effet est des plus puissants. Son extrémité relativement aiguë, sa minceur, lui permettent de traverser la peau de grands animaux et d'entrer profondément dans les chairs, en déterminant des blessures mortelles. Sans manche, on concevrait à peine son utilité. Aussi les archéologues s'accordent-ils à attribuer une hampe à la pointe du Moustier. On a même prétendu que le bois devait en être arrondi avec soin, basant cette opinion sur l'existence d'un grand racloir, qui présente des retouches sur un de ses bords très fortement concave. On suppose que, par sa forme même, cet outil ne pouvait servir qu'à arrondir des manches en bois, et l'explication n'a rien d'invraisemblable.

Les instruments dont il vient d'être question, dit M. de Mortillet, constituaient à eux seuls toute l'industrie de l'époque ; l'homme ne savait pas encore fabriquer des outils en os. Ce fait a, à ses yeux, une assez grande importance pour qu'il le note dans sa classification des époques quaternaires. Cette allégation, permise il y a un certain nombre d'années, ne saurait être maintenue aujourd'hui. En effet, comme le dit fort bien M. Julien Fraipont, « en Angleterre, en Allemagne, en Belgique, en France même, on a recueilli des instruments en os dans des grottes dont les dépôts meubles contenaient ou des traces de l'industrie moustérienne, ou des restes de la faune du quaternaire inférieur, ou les deux éléments à la fois. Aussi, la plupart des auteurs qui s'occupent de préhistorique considèrent-ils que l'industrie de l'os est aussi ancienne que l'industrie de la pierre.

M. G. de Mortillet conteste encore aujourd'hui ces faits, avec une persistance que nous ne comprenons pas. Tout récemment encore, il a mis en doute la contemporanéité des objets en os et en ivoire, recueillis dans la grotte de Spy avec des silex du type moustérien et des restes de la faune de l'âge du mammouth, par MM. Max Lohest et de Puydt.

Nous avons l'espoir que M. G. de Mortillet et son école se rendront enfin à l'évidence des faits pour ce nouveau cas de la grotte du Docteur. »

On voit, soit dit en passant, combien M. Cartailhac a raison de reprocher à l'école dont parle M. Fraipont de considérer comme générale et définitive une classification qui aurait besoin d'être contrôlée sans cesse, et qui, de même que les autres tentatives faites dans la même voie, ne doit être regardée que « comme provisoire et spéciale tout au plus à la Gaule ».

Les instruments en os de l'époque du Moustier, connus jusqu'à ce jour, n'offrent pas une grande variété de formes. Ce sont des esquilles d'os, des stylets de cheval, dont une extrémité a été affilée par le frottement ou par le raclage, et qui ont servi de poinçons ou d'alènes. L'usure, le polissage qu'on observe à un bout ne peuvent laisser subsister aucun doute : les objets dont il s'agit ont sûrement été utilisés par l'homme. *A priori*, on ne voit d'ailleurs aucune raison pour refuser à l'être capable de tailler un caillou pour en faire une pointe comme celles du Moustier, voire même de Chelles, l'intelligence suffisante pour comprendre le parti qu'il pourrait tirer d'une esquille d'os ou d'un stylet de cheval déjà naturellement pointu. Il avait là des armes, des outils tout faits, et ce qui serait extraordinaire, ce serait qu'il ne les eût pas utilisés.

IV. Mœurs et coutumes.

Cet homme, dont nous venons de décrire succinctement les caractères physiques et de faire connaître l'outillage, se trouvait dans des conditions bien différentes, à certains points de vue, de celles dans lesquelles avaient vécu ses ancêtres. Le climat, notamment, était devenu plus rigoureux, et cette circonstance devait fatalement influer sur sa manière de vivre. Aussi voyons-nous l'homme de l'époque du Moustier rechercher les grottes, qui lui servaient à la fois de refuge contre les redoutables mammifères dont il était entouré, et d'abri contre les intempéries.

Pour se préserver du froid, il se couvrait des dépouilles des animaux dont il réussissait à s'emparer. Les racloirs lui servaient à préparer les peaux, et les alènes en os à y percer des trous pour fixer ensemble deux morceaux à l'aide d'une lanière, d'un fragment de tendon ou de tout autre substance.

Dans sa nourriture entrait évidemment la chair des animaux qu'il abattait. Mais, avec sa lance, armée de la pointe que nous connaissons, il ne devait pas terrasser les éléphants, les rhinocéros, les grands carnassiers, chaque fois que la faim le pressait. Il lui fallait d'abord les approcher d'assez près et, si nombreux qu'ils fussent, la chose ne devait pas toujours être facile. Aussi devait-il souvent en être réduit à manger des végétaux sauvages ou même des racines. Certains caractères de la tête, notamment la direction et l'usure des dents, plus considérable sur les incisives que sur les molaires, confirment cette manière de voir.

Tout ce que nous savons de la race de Canstadt nous montre qu'elle vivait par petits groupes isolés, réduits peut-être à une seule famille. En effet, on n'a jamais rencontré à la fois que les restes d'un très petit nombre d'individus : à Néanderthal, à Eguisheim, à Canstadt, les débris humains appartenaient à un seul sujet; à Spy, deux individus se trouvaient dans la même grotte; à Castenedolo, enfin, en admettant l'authenticité si discutée de cette découverte, quatre individus nous auraient laissé leurs restes sur le même point; mais, là encore, il peut s'agir d'une famille unique, puisque les squelettes proviennent d'un homme, d'une femme et de deux enfants.

Quand nous aurons ajouté que rien ne semble prouver jusqu'ici que l'homme de l'époque du Moustier eût des lieux de sépulture, comme nous en trouverons plus tard, nous aurons résumé à peu près tout ce que nous savons de la plus ancienne race humaine dont les restes soient parvenus jusqu'à nous.

Nous commençons, cependant, à savoir ce qu'est devenue la race de Canstadt. Lorsque des hommes appartenant à un type différent ont fait leur apparition dans notre pays, elle n'a pas disparu de la surface du globe et elle n'a même pas cédé entièrement aux nouveaux venus les territoires qu'elle occupait dans l'Europe occidentale. Certaines découvertes autorisent à penser qu'elle a vécu chez nous, à l'état de dissémination, pendant tout le reste de l'époque quaternaire, et que, sur plus d'un point, elle s'est croisée avec ceux qui étaient venus lui disputer le sol. Ces conclusions sont justifiées par les faits que nous avons cités plus haut : de temps en temps, on voit réapparaître au milieu de la population moderne des individus qui présentent au plus haut point les caractères de la race de Néanderthal. Les preuves de ce genre ont été relevées à toutes les époques et dans toute l'Europe. Ces faits démontrent bien que nos vieux ancêtres ont laissé des traces de leur sang dans la population qui leur a succédé.

De nos jours encore, on rencontre une population entière qui offre, dans la tête, tous les caractères que nous ont montrés les hommes de l'époque du Moustier. C'est en Australie, dans la tribu d'Adélaïde, qu'il faut aller chercher ces représentants modernes de la plus ancienne race connue. Les Australiens dont il s'agit ne sont guère plus civilisés que ne l'était la race dont nous venons de parler : errants, sans demeures fixes, ils continuent à fabriquer des outils en pierre des plus rudimentaires.

L'industrie du Moustier n'a pas plus disparu que les caractères physiques de la race de Canstadt. En France, on recueille à chaque instant des instruments taillés sur une seule face, qu'on rattache sans hésitation à l'époque du Moustier, lorsqu'on ne tient compte que de leur forme. Rien cependant n'autorise à les faire remonter à l'époque qui a succédé à celle pendant laquelle vivaient l'éléphant antique et le rhinocéros de Merck. On peut même affirmer qu'un grand nombre de ces outils datent de notre époque géologique ; nous avons nous-même récolté, dans un dolmen de Seine-et-Oise, situé sur la commune des Mureaux, un beau spécimen de pointe dite moustérienne ; nous en avons rencontré d'autres qui ne remontent qu'au moyen âge dans l'archipel canarien. Enfin, tout le monde sait maintenant que les Néo-Calédoniens continuent à armer leurs lances d'une pointe taillée exactement sur le même type que celles qui ont été trouvées dans la grotte du Moustier.

Nous avons là un nouvel exemple de ce que valent les classifications. Excellentes pour classer les matériaux et en faciliter l'étude, elles ne représentent en réalité que des divisions quelque peu arbitraires. Les industries, les races qui ont été florissantes à une époque, sur tel point plus ou moins limité, ne se sont pas éteintes complètement à un moment donné, et, de nos jours même, on retrouve l'industrie du Moustier aussi bien que celle de Chelles, exactement comme on rencontre encore le type de nos premiers ancêtres.

VI

L'ÉPOQUE DE SOLUTRÉ

I. Age de la station de Solutré.

Nous avons dit plus haut les difficultés qu'on éprouvait
à classer les diverses époques des temps quaternaires;
nous avons cité, comme exemple, les époques de Solutré
et de la Madeleine, placées tantôt dans un ordre et tantôt
dans l'autre. Les industries sont différentes, mais l'examen
des mammifères ne permet guère de dire quelle est celle
qui a pris naissance la première. Il est même fort possible
qu'elles se soient développées à la même époque, sur des
points différents. Si nous plaçons en première ligne l'in-

dustrie de Solutré, c'est surtout parce que, jusqu'ici, nous avons étudié à peu près exclusivement le travail de la pierre, et qu'elle nous permettra de montrer quel degré de perfection il a atteint pendant les temps quaternaires, avant de nous occuper de ces beaux instruments en os qui ont servi à caractériser l'époque de la Madeleine.

Ce qui semble établi, c'est que les deux époques dont il s'agit sont postérieures à celle du Moustier. En effet, à Laugerie-Haute, dans la Dordogne, et à Solutré même, on a rencontré l'industrie dite moustérienne au-dessous de celle de Solutré. En outre, à Vilhonneur, dans la Charente, et à Laugerie, l'industrie de la Madeleine est superposée à cette dernière, ce qui doit faire supposer qu'elle est plus récente, au moins dans ces localités.

A Solutré, il est bien difficile de préciser l'âge des couches qui ont fourni les remarquables instruments de pierre que nous allons décrire plus loin. Sur ce point, l'homme a vécu fort longtemps, et les assises qui renferment les débris de son industrie et ses restes eux-mêmes n'ont pas été à l'abri de tout remaniement. Les premières fouilles pratiquées dans cette station, dès 1867, par M. H. de Ferry, avaient bien mis à jour de merveilleux outils en silex qui avaient été trouvés à côté d'ossements d'animaux de l'époque quaternaire ; on n'hésita pas, tout d'abord, à faire remonter les instruments à cette époque. Mais bientôt des remaniements furent constatés dans les couches, et l'âge de la station de Solutré donna lieu à de vives discussions. Il eût été impossible de se mettre à peu près d'accord, si de nouvelles recherches n'eussent été entreprises.

Aidés par une subvention du conseil général de Saône-et-Loire, département dans lequel se trouve le village de Solutré, M.M. Arcelin et l'abbé Ducrost reprirent les fouilles du regretté M. de Ferry ; en 1876, ils firent connaître les résultats de leurs investigations.

L'ancienne station de Solutré est située au pied d'une

haute falaise et occupe la couche supérieure d'un éboulis formé, pendant l'époque quaternaire, par les détritus de toutes sortes provenant de l'escarpement voisin. Dans la partie qui contient des traces de l'homme, MM. Arcelin et Ducrost ont reconnu cinq zones d'âges différents, toujours superposées dans le même ordre.

A la partie inférieure, se trouve une couche formée d'ossements brisés, parfois brûlés, provenant de deux espèces de lions, de l'hyène des cavernes, de l'ours des cavernes, de l'ours arctique, du mammouth, du renne, du cerf du Canada, du cheval, du bœuf primitif, etc. Au milieu de ce fouillis d'os, se rencontrent des silex taillés, parmi lesquels on peut citer des haches du type de Saint-Acheul et des pointes du Moustier, des percuteurs, des lames, des grattoirs et des racloirs de toutes sortes, des éclats en nombre considérable. Il y a donc là un mélange de faunes aussi bien qu'un mélange d'industries.

La couche qui se voit au-dessus est formée par les débris de centaines de mille chevaux, ce qui lui a fait donner le nom de *magma de cheval*. On y recueille également quelques os de mammouth et de renne et de très beaux éclats de silex.

Au-dessus, une zone, qui a fourni fort peu de débris, est en contact avec une quatrième couche renfermant des foyers remplis de cendres, de charbons, d'os de cheval et de renne en partie calcinés. C'est à ce niveau que se rencontrent les beaux instruments de pierre qui caractérisent l'époque solutréenne et les ossements humains dont nous allons dire deux mots. Enfin, la couche supérieure renferme à la fois des objets en pierre polie, des objets en bronze, des outils en fer et des sépultures d'âges très différents.

Malgré l'ordre constant qu'affectent ces zones, des remaniements partiels ont eu lieu à Solutré, cela est indiscutable. La couche supérieure a été profondément bouleversée à une époque sans doute récente. La seconde couche, en partant de la surface du sol, n'a pas été non plus à l'abri de remaniements : les sépultures qu'elles renferment sont, en effet, situées tantôt au-dessus des foyers, tantôt au milieu des cendres et des charbons, et tantôt au-dessous. Ce fait semble donner raison aux savants qui regardent les squelettes humains comme ayant été enterrés là à une époque relativement récente.

C'est, nous venons de le voir, la couche contenant les squelettes humains qui renferme en même temps les instruments de pierre caractéristiques de l'époque solutréenne. Or, si les remaniements qu'on y constate autorisent à mettre en doute l'âge des ossements humains, ils permettent également de douter de celui des armes et des outils. On répondra bien que la couche a été entamée pour y déposer les cadavres, mais qu'elle existait auparavant avec les objets qu'on y rencontre. Le raisonnement peut être juste; mais il suffit que le dépôt ait été bouleversé, même sur quelques points limités, pour qu'on se tienne sur une réserve prudente.

Les faits observés à Langerie-Haute et à Vilhonneur et auxquels nous avons fait allusion plus haut, semblent démontrer qu'en effet l'époque solutréenne est plus récente que celle du Moustier et plus ancienne que celle de la Madeleine. Il est si commun, pourtant, de voir des civilisations absolument distinctes exister simultanément dans des pays parfois peu éloignés les uns des autres, qu'il ne faut pas trop se hâter de généraliser.

II. Ossements humains.

D'un autre côté, si on considérait les ossements humains trouvés à Solutré comme contemporains de la couche qui les renfermait, il faudrait, en se plaçant au point de vue de l'anthropologie pure, rajeunir l'âge de cette couche. Les hommes de Solutré appartiennent à deux types différents : l'un, celui de Cro-Magnon, prospérait surtout en France à l'époque de la Madeleine, et nous nous en occuperons plus loin. L'autre doit être rapproché d'une race trouvée à Grenelle, et cette race semble avoir vécu chez nous à une époque postérieure. A Grenelle, en effet, on a rencontré, superposés dans les sablières, les types de Canstadt, de Cro-Magnon et un autre type (celui qui se retrouve à Solutré), auquel MM. de Quatrefages et Hamy ont donné le nom de *Race brachycéphale* (à tête courte) *de Grenelle*. La race de Canstadt, qui gît à la partie inférieure, est la plus ancienne; celle de Grenelle, qui se trouve en dessus, est la plus récente des trois, plus rapprochée de nous, par conséquent, que la race de Cro-Magnon qui florissait à l'époque de la Madeleine. En se plaçant à ce point de vue, on serait donc amené à conclure que la couche qui contient à la fois des hommes de Cro-Magnon et des hommes de Grenelle est plus récente que les couches qui ne contiennent que le premier de ces types.

Mais, ce que nous avons dit des remaniements peut tout concilier. La deuxième couche de Solutré est réellement antérieure à l'époque de la Madeleine, ainsi que la plupart des instruments qu'elle renferme ; les ossements humains extraits de la même zone sont, au contraire, postérieurs à cette époque, comme l'anthropologie avait permis de le penser, car ils ont été introduits là à une époque moins ancienne.

Quoi qu'il en soit, disons deux mots de cette race brachycéphale de Grenelle, que les spécimens recueillis à Solutré soient ou non contemporains des instruments trouvés dans la couche.

Comme son nom l'indique, cette race a la tête courte, arrondie, avec un front bien développé, qui n'a plus rien de comparable avec le front fuyant de la race de Canstadt. Les arcades sourcilières sont encore fortes, sans rappeler toutefois celles des têtes de Néanderthal ou de Spy. Les pommettes sont larges, le nez saillant et relevé du bout, la mâchoire supérieure projetée en avant; la mâchoire inférieure, très haute, montre des angles déviés en dehors et un menton bien accusé.

Cette race atteignait une taille de 1ᵐ,62, c'est-à-dire à peu près la moyenne des populations de nos jours (1ᵐ,65); mais rien dans les membres ni dans la tête ne lui donne cet aspect étrangement sauvage que nous a montré l'homme de Canstadt.

III. Industrie.

A en juger par le peu que nous savons de la race de Grenelle, elle n'était pas fort industrieuse, et il est très probable que ce n'est pas elle qui a taillé les beaux silex de Solutré. Peut-être faut-il attribuer ces merveilleux instruments à l'autre type rencontré dans la même station, à la race de Cro-Magnon, que nous verrons, à l'époque de la Madeleine, produire de véritables chefs-d'œuvre. Il se pourrait encore fort bien que ni l'une ni l'autre de ces deux races n'eût poussé à un si haut degré de perfection la taille de la pierre, et que nous ne connaissions pas le véritable ouvrier qui a façonné les armes et les outils de l'époque solutréenne.

Les instruments de l'époque de Solutré sont déjà fort variés. En laissant de côté les couches inférieures, qui doivent être contemporaines de l'une des époques que nous avons décrites précédemment, la station du Mâconnais nous montre, dans la zone où ont été trouvés les squelettes humains, un outillage bien plus complet et bien plus parfait que celui qui était entre les mains de l'homme de Saint-Acheul ou du Moustier. Des progrès considérables s'étaient accomplis dans le travail de la pierre depuis le début des temps quaternaires, et on est étonné du chemin parcouru par nos ancêtres pendant la durée de la période glaciaire. Malgré les doutes que peuvent laisser sur leur âge réel les couches de Solutré, il semble, en effet, bien certain que l'industrie solutréenne remonte réellement à l'époque quaternaire ; car, même en considérant la race de Grenelle comme contemporaine de la couche, ce qui est fort hypothétique, cette race vivait chez nous avant le commencement de notre époque géologique.

A Solutré, l'homme n'avait pourtant pas entièrement renoncé aux instruments anciens. On trouve là les percuteurs, les lames, les racloirs des époques antérieures, mieux travaillés pour la plupart, mais identiques au fond. Les éclats tranchants continuaient à être utilisés comme couteaux ; les fragments pointus servaient à percer ou à armer l'extrémité de lances ou de flèches. Mais l'être humain qui vivait alors était essentiellement chasseur et il avait probablement déjà des instincts guerriers. Aussi apporta-t-il tous ses soins à perfectionner ses armes, dédaignant un peu, semble-t-il, les outils vulgaires. Nous voyons pourtant apparaître un nouveau type de grattoir, infiniment plus soigné que les racloirs de Chelles ou du Moustier.

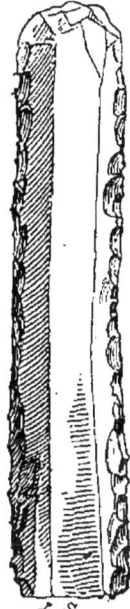

Fig. 18. — Grattoir en silex de l'époque de Solutré.

C'est un long éclat de silex (fig. 18), parfois aussi grand que les lames employées en guise de couteaux, qui est le plus souvent retaillé à petits coups sur ses deux bords et qui a pu, par suite, servir à racler par ses côtés les plus longs. Mais, en outre, une de ses extrémités, la plus large, est soigneusement retouchée ; un ou plusieurs éclats en ont été enlevés pour obtenir un biseau, qu'on a affilé en détachant une multitude de tout petits fragments. Nous sommes donc en présence d'un nouvel outil, qui gratte toujours par

une extrémité, et qui souvent peut aussi racler par ses
bords.

Cet outil seul ne donne pas encore une idée de l'habileté des ouvriers qui taillaient le silex à l'époque de
Solutré. Ils attachaient probablement un certain amour-
propre à posséder les armes les plus belles et les mieux
travaillées. Cette indifférence re-
lative qu'ils montrent lorsqu'il
s'agit d'autres objets nous apprend, comme le remarque fort
justement M. de Quatrefages,
« que pour eux, le fini du travail
avait surtout pour but de les rendre plus redoutables en accrois-
sant leur pouvoir de pénétra-
tion ».

Les pointes de Solutré (fig. 19)
étaient parfois de petites dimensions, lorsqu'elles étaient destinées à armer l'extrémité d'une
flèche ou d'un javelot; mais, quand
elles devaient servir à des lances,
elles atteignaient des dimensions
tout à fait extraordinaires. On en
connaît qui dépassent 20 centimètres de longueur. Leur forme
rappelle le plus souvent celle des
feuilles de noyer, de laurier ou

19. — Pointe de lance en
silex de Solutré.

de plantain; elles sont minces, effilées et parfaitement symétriques. Les pointes de flèches ont été soignées d'une
façon toute particulière, et M. H. de Ferry « a fort bien
montré que la forme générale, le poids, l'angle d'ouverture, etc., étaient calculés de manière à s'adapter aux diverses distances de tir, aux nécessités de la chasse. Toutes
ces armes retaillées à petits coups sur leurs deux faces
présentent en outre un fini d'autant plus remarquable

qu'il ne se rencontre au même degré dans aucune autre partie de l'outillage. » (de Quatrefages).

On se demande comment on a pu arriver à tailler des deux côtés, sans les rompre, des plaques de silex aussi minces et aussi longues. M. L. Leguay, si compétent dans la matière, pensait que la pièce était posée sur un établi ou un appui, et qu'elle était taillée par contre-coup à l'aide de deux outils différents : « une pointe ou un ciseau, et une masse ou marteau, sans doute en bois, afin de modérer les coups pour ne pas briser la pièce, ce qui devait arriver quelquefois ».

Pour tailler par ce procédé un silex aussi délicatement que le sont ceux de Solutré, il faut non seulement une grande habitude, mais une adresse surprenante. Avec notre outillage perfectionné, il est bien peu d'ouvriers assez habiles pour fabriquer, à l'aide de petits coups, une pointe de lance comparable à celle dont nous parlons. Il est donc fort probable que le procédé opératoire ne se bornait pas à ce que dit M. Leguay dans les lignes qui précèdent, et lui-même l'a reconnu en 1881.

A cette époque, les Fuégiens qui avaient été amenés au Jardin d'acclimatation taillaient, dans des morceaux de verre, des instruments qui n'étaient pas sans analogie, au point de vue de la facture, avec les armes de Solutré. On étudia la façon dont ils travaillaient le verre, et on se souvint que d'autres populations modernes taillaient le silex de la même manière. Les Esquimaux, observés par les archéologues scandinaves, les Indiens de la Basse-Californie, étudiés par M. de Cessac, fabriquaient, eux aussi, des armes et des outils comparables aux instruments quaternaires de l'époque de Solutré. Or, toutes ces populations n'emploient la percussion que pour dégrossir leurs outils et en ébaucher la forme. Le travail s'achève en soulevant de petits éclats au moyen d'un poinçon en matière dure, généralement un os brisé, dont on presse fortement l'extrémité sur les aspérités de la pièce ébauchée. Ce travail se fait avec une facilité beaucoup plus grande qu'on ne le supposerait au premier abord, et nous avons vu M. de Cessac fabriquer très rapidement, par ce procédé, des pointes en verre ou en quartz aussi minces et aussi finement travaillées que les plus belles armes solutréennes ; il s'aidait, pour cela, d'un fragment d'os de baleine, comme il l'avait vu faire aux Indiens de Californie.

M. Leguay n'hésita pas à admettre le même procédé de taille pour un bon nombre d'objets préhistoriques en silex, notamment pour la plupart des beaux silex recueillis en Danemark, pour les belles lances qu'il avait récoltées à la Varenne-Saint-Hilaire et aussi pour les pointes de Solutré.

On ne comprendrait pas comment nos ancêtres quaternaires auraient pu fabriquer des armes qui remplissent d'admiration tous ceux qui les voient, s'ils n'avaient mis en œuvre le procédé encore employé par les Esquimaux, les Indiens de Californie et les habitants de la Terre de Feu. Remarquons que la chose eût été d'autant plus difficile que les pointes de Solutré sont taillées dans toute leur étendue, aussi bien à l'extrémité qui était introduite dans la hampe qu'au bout opposé.

Ce n'étaient pas seulement des pointes de lance ou de flèche en forme de feuilles de saule, de laurier ou de plantain, que façonnaient avec tant de soin les hommes de cette époque. Ils avaient inventé une pointe en silex présentant un cran sur l'un de ses bords (fig. 20) ; c'est la première ébauche des pointes barbelées qui prendront un si grand développement plus tard. Cette arme nouvelle devait être beaucoup plus meurtrière que la simple feuille de laurier. La pointe pouvait être retenue dans la plaie par le cran, ou bien elle déchirait les chairs en sortant.

Nous avons, avec intention, omis de parler jusqu'ici d'un outil de silex de l'époque solutréenne qu'on a désigné sous le nom de *burin*. Cet instrument a servi, présume-t-on, à travailler l'os, et nous avons cru devoir réserver sa description pour le moment où nous viendrions à nous occuper des objets en os. Le burin est une sorte de pointe, affectant souvent la forme d'une feuille et se terminant par une extrémité taillée en biseau. Même à l'époque de Solutré, cet outil était loin de présenter le fini des autres objets en silex, et on s'explique aisément le fait s'il ne servait réellement qu'à buriner l'os. Il n'avait besoin que d'offrir une pointe appropriée à cet usage, quelle que fût la forme du reste de l'instrument. On se contentait donc d'enlever quelques éclats à la pièce et on s'arrêtait dès qu'on avait obtenu la pointe voulue. Il est certain qu'avec des outils de ce genre, on pouvait aisément graver l'os et même sculpter des sujets en relief, comme le prouve une expérience faite par M. Leguay.

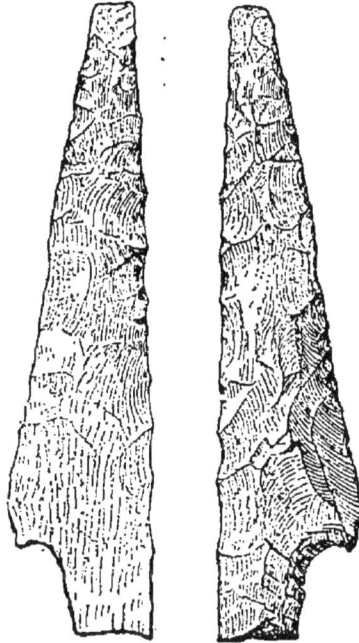

Fig. 20. — Pointe à cran de la grotte de Reilhac (époque de Solutré).

Ce qui a conduit à penser que les pointes terminées par un biseau étaient des burins, c'est qu'elles se rencontrent presque toujours avec des os travaillés. Il en est ainsi à Solutré, où on a trouvé de nombreux objets en os, notamment des poinçons, des sifflets, etc., quelques-uns présentant des ébauches de gravure ou de sculpture. Avec des outils du même type que ceux de cette station, on a même rencontré une pointe à cran en os, exactement comparable à celles en silex dont nous venons de parler.

IV. Mœurs de l'homme de Solutré.

L'homme de cette époque devait vivre à peu près à la façon de ses prédécesseurs. Le milieu n'avait guère changé; c'étaient à peu près les mêmes animaux et le même climat. M. G. de Mortillet attribue bien à l'époque de Solutré une température douce; mais il cite lui-même, comme mammifères caractéristiques, le renne, qui n'est pas précisément un animal des pays tempérés, puisqu'il vit en Laponie, et le mammouth, cet éléphant si bien protégé contre le froid par son épaisse toison, et qui s'accommode si peu d'un climat chaud que nous le voyons émigrer vers le nord dès que la température se réchauffe dans notre pays. Il est donc très probable que, pendant les trois derniers quarts de la période quaternaire, le climat de l'Europe occidentale était froid et sec, comme le dit M. Cartailhac, et comme le croient la plupart des géologues, tout en restant soumis à quelques variations assez peu étendues.

L'être humain par conséquent devait continuer à rechercher des abris. A Solutré, la station est pourtant située en plein air; mais elle se trouve au pied d'une haute falaise, qui l'abrite dans une certaine mesure. Il est fort possible, d'ailleurs, que la tribu qui fréquentait ces parages possédât ses habitations dans quelques grottes du voisinage. Comme à l'époque du Moustier, comme à l'époque de la Madeleine, l'homme de Solutré vivait sans doute en troglodyte, c'est-à-dire qu'il se réfugiait dans les cavernes naturelles qu'il rencontrait sur le bord des vallées. Les faits observés à Villhonneur, dans la grotte du Placard, et dans d'autres localités où les débris de l'industrie humaine ont été trouvés au fond de cavernes, viennent complètement à l'appui de cette manière de voir. Nous allons donner, dans un instant, l'explication de ce qui s'est passé à Solutré, et montrer pourquoi on trouve sur ce point tant de traces de l'homme à l'air libre.

S'ils avaient besoin de grottes pour s'abriter, nos ancêtres d'alors ne devaient pas avoir une moindre nécessité de vêtements, quoique nous n'ayons encore à cet égard aucune donnée précise. Cependant, si l'on tient compte du climat et des instincts chasseurs de la population, il est probable qu'on ne s'éloignera pas beaucoup de la vérité en supposant que le vêtement se composait, à cette époque, de la peau des animaux abattus par ces armes si redoutables dont nous venons de parler. Nous savons d'une manière sûre que la peau était soigneusement enlevée; sur les parties où elle vient s'appliquer presque directement sur les os, les tendons ont été coupés à l'aide d'une lame tranchante qui a entamé l'os. Cette opération n'aurait pas été pratiquée s'il ne s'était agi que de détacher la chair destinée à être mangée; dans ce cas, nos indigènes se seraient attaqués aux masses musculaires les plus fortes, aux cuisses de l'animal, par exemple, et auraient abandonné les parties qui ne leur offraient, pour employer une expression vulgaire, que la peau et les os. Nous verrons bientôt que l'existence de vêtements en peau à l'époque de la Madeleine est aujourd'hui absolument démontrée, les découvertes récentes ne pouvant laisser aucun doute à cet égard. Ce qui s'est passé à cette époque a dû se passer à celle de Solutré qui, nous l'avons dit, ne devait pas en être séparée par un long espace de temps.

Nous sommes beaucoup mieux renseignés sur les mets dont l'homme de Solutré faisait sa nourriture habituelle. Son alimentation était surtout animale, et c'est pour s'emparer facilement du gibier qu'il apportait tant de soins à la confection de ses armes. Maniés par des mains robustes, les lances, les flèches et les harpons ne laissaient rien à désirer sous le rapport de la sûreté des coups qu'ils portaient. Et nos chasseurs de Solutré ne savaient pas seulement frapper fort, ils savaient aussi viser juste;

autrement nous ne comprendrions pas toute la diversité
de formes, de poids, d'angle d'ouverture, que nous ont
montrée les pointes en silex de cette époque : s'ils n'en
avaient pas connu l'utilité, les ouvriers n'auraient assurément pas cherché à obtenir tous ces détails.

Leur armement permettait sans aucun doute à des
chasseurs aussi émérites de se procurer du gibier en
quantité suffisante pour n'avoir pas à redouter la famine
ou à se contenter de racines, comme le faisaient souvent
leurs ancêtres. Ce n'étaient pas, d'ailleurs, les animaux qui
manquaient, et même certains d'entre eux étaient déjà
extrêmement abondants. Tel était, par exemple, le cheval.

Le cheval entrait assurément pour une bonne part
dans l'alimentation des hommes de Solutré, et l'on commet-
trait une grosse erreur si l'on croyait que l'hippophagie
est une coutume moderne. Avant que cet animal ne fût
domestiqué, il formait, dans nos contrées, des troupeaux
nombreux auxquels les sauvages, qui s'étaient souvent
contentés d'hippopotame, de lion, d'éléphant, d'ours, etc.,
ne pouvaient manquer de donner la chasse. Le cheval
abattu, on en utilisait la viande et on avait même grand
soin de ne pas laisser perdre la moelle de ses os. Tout
cela ne constitue plus une simple hypothèse, mais un fait
parfaitement acquis. Les entailles qu'on remarque sur
une multitude d'os de cheval ont été produites par les
lames de silex dont l'homme se servait pour détacher la
chair, et les os à moelle ont presque tous été brisés intentionnellement, d'une façon déterminée, afin d'en extraire
le précieux aliment. Ainsi, dans le Trou de Chaleux, en
Belgique, « où le nombre d'animaux mangés et surtout de
chevaux est si considérable, et où ils sont représentés par
d'innombrables restes, on n'a trouvé d'os à moelle entier
qu'un canon de cheval, un radius de bœuf, un fémur et
un humérus de sanglier et un cubitus d'ours pour la
grande faune. Tous les autres ossements de ces animaux,
têtes et os des membres, ont été tellement brisés, qu'il

faut avoir une grande habitude de leur étude pour pouvoir retirer de la plupart d'entre eux les données indispensables à leur détermination spécifique et même anatomique précise.... On comprend que ces éclats d'ossements portent la marque de l'action qui les a séparés, et l'on y doit une attention spéciale. On ne peut conclure avec certitude qu'ils ont été brisés de main d'homme que quand ces marques des coups sont constatées. » (Ed. Dupont.) Or, ces marques ont été constatées à tant de reprises différentes qu'il faut bien se rendre à l'évidence et reconnaître que l'homme brisait les os de cheval comme ceux des autres animaux, pour en extraire la moelle.

A Solutré, le nombre des chevaux entassés par les chasseurs d'autrefois s'élève à plus de cent mille. Ce chiffre, a-t on dit, paraît incompatible avec l'état sauvage d'un animal dont la chasse est si difficile. On a été conduit naturellement à se demander si l'homme ne l'avait pas déjà domestiqué. M. Toussaint, alors chef du service d'anatomie à l'École vétérinaire de Lyon, a publié, en 1875, un long mémoire intitulé : *Le cheval dans la station préhistorique de Solutré*. Il cherche à démontrer que les animaux de l'espèce chevaline, dont on trouve les restes à l'époque solutréenne, présentent dans leur squelette des caractères qui ne peuvent être que le résultat de la domestication. Il s'ensuivrait que le cheval était alors élevé comme animal de boucherie et qu'on l'abattait lorsqu'on avait besoin de viande. Empressons-nous d'ajouter que M. Toussaint n'a pas rallié beaucoup de savants à son opinion, et que des hommes d'une compétence indiscutable, comme M. Piétrement, se sont servis de ses propres arguments pour réfuter sa thèse.

En somme, que représente ce chiffre de plus de cent mille chevaux trouvés à Solutré? C'est ce que va nous apprendre M. André Sanson. En réponse au mémoire de M. Toussaint, il dit : « Il m'est impossible de considérer comme démonstratifs les arguments à l'aide desquels il a voulu établir que ces chevaux étaient entretenus à l'état domestique. Celui tiré du nombre ne pourrait avoir une valeur que si nous connaissions exactement la durée de la station humaine, c'est-à-dire le temps qui s'est écoulé pendant qu'elle a été habitée, et aussi l'importance de la tribu qui l'habitait. Nous avons, à cet égard, le choix entre les siècles et les milliers d'années. Il y a des dissidences sur la durée de l'époque de la pierre polie; il n'y en a point au sujet de celle de la pierre taillée : tout le monde s'accorde à la considérer comme très longue. En supposant qu'il fallût en moyenne 500 grammes de viande pour la nourriture journalière d'un habitant, et que le nombre des habitants fût de 100, c'est 50 kilogrammes qui eussent été consommés par jour, soit 18 250 kilogrammes par an. Pour fournir ces 18 250 kilogrammes, il faut 121 chevaux, à raison de 150 kilogrammes de viande comestible par cheval. A ce compte, huit cent vingt-six ans suffisent pour atteindre les 100 000 chevaux dont les débris existent à Solutré, d'après M. Toussaint. Si vous doublez la population, vous réduisez de moitié le nombre des années. »

Ce raisonnement si simple, si clair, montre bien que le chiffre de 100 000 chevaux mangés par l'homme à Solutré n'est pas, en somme, aussi surprenant qu'il le paraît au premier abord. Il est permis, d'ailleurs, de supposer que la tribu du Mâconnais a vécu plus de 826 ans dans ces parages. En admettant même l'hypothèse de M. Sanson, la question se réduit à ceci : les chasseurs d'une tribu de 100 habitants, armés comme l'étaient ceux de Solutré, pouvaient-ils s'emparer de 121 chevaux sauvages dans une année? Poser la question, c'est la résoudre.

Rien ne nous dit que la lance, la flèche ou le javelot aient seuls servi à s'emparer de ces animaux. De nos jours, les Cafres capturent les grands animaux sauvages en les poussant entre des haies, disposées en entonnoir, qui viennent aboutir à des fosses recouvertes de branchages, dans lesquelles tombe la proie. Peut-être, comme le suppose M. Arcelin, la tribu de Solutré a-t-elle eu recours à un procédé analogue. Elle pouvait chasser les chevaux sur le sommet de la falaise abrupte qui domine la station et les forcer à se jeter dans le précipice.

Cette hypothèse, qui n'a rien d'invraisemblable, expliquerait certains faits, l'existence, par exemple, des os du tronc dans le magma de Solutré. Les troglodytes de cette époque semblent, en effet, avoir eu la coutume de dépecer leur gibier sur place et de n'emporter dans leurs demeures que les membres et la tête des animaux, c'est-à-dire les parties qui pouvaient leur fournir de la moelle. Si les chevaux de Solutré venaient se précipiter dans l'endroit où on trouve leurs débris, il est tout naturel d'y rencontrer les ossements de toutes les parties de leur corps.

Quoi qu'il en soit de cette question tout à fait secondaire, il reste parfaitement établi qu'à cette époque de la période quaternaire, l'homme tirait un grand parti du cheval sauvage auquel il donnait la chasse. Il utilisait sans doute certaines parties de l'animal à un autre usage qu'à son alimentation. Ainsi, dans le Trou de Chaleux on a recueilli cent cinquante-sept vertèbres caudales de cheval; sur ce chiffre, on n'a rencontré qu'en nombre extrêmement minime les quatre premières vertèbres de la queue. Il est donc à peu près certain que les chasseurs coupaient souvent la queue des animaux qu'ils abattaient et qu'ils l'apportaient dans leurs cavernes, non pas pour s'en nourrir, car elle ne leur aurait rien fourni au point de vue alimentaire, mais pour se procurer du crin. Cette hypothèse, émise par M. Dupont, repose sur ce fait que les quatre premières vertèbres caudales, c'est-à-dire celles qui correspondent à une partie où ne s'insèrent pas les crins, font presque toujours défaut; c'était donc l'extrémité de la queue que recherchait l'homme, et il s'en faisait sans doute des parures ou des trophées.

L'abondance du cheval a dû influer considérablement

sur les mœurs et les coutumes des chasseurs d'autrefois.
Ils étaient à peu près assurés de se procurer des aliments
pour eux et leurs familles, et ils trouvaient des loisirs
qu'ils consacraient à perfectionner leur outillage. Tandis
que les tribus misérables, qui vivent dans un milieu aride,
où le gibier est rare, progressent avec la plus extrême
lenteur, celles, au contraire, qui trouvent abondamment
à leur portée les éléments nécessaires à leur existence
marchent rapidement dans la voie du progrès. Dès
qu'elles ont le nécessaire assuré, elles s'occupent du
superflu, et l'on voit apparaître les premiers rudiments de
l'art. L'homme de Solutré en était arrivé à ce point; il
burinait quelques os, et M. H. de Ferry a même rencontré
une petite statuette taillée dans un rognon siliceux,
représentant une femelle de mammifère à pieds bifurqués.
Quoique la tête fasse défaut et qu'il ne soit pas possible
de déterminer l'animal d'une manière précise, il se
pourrait que ce fût le renne.

Au moment où nous en sommes arrivés, nous devons
nous attendre à voir l'humanité s'éloigner rapidement de
l'état si misérable dans lequel nous l'avons vue vivre
jusqu'à présent.

VII

L'EPOQUE DE LA MADELEIN

A l'époque de La Madeleine, les données se multiplient. Nous avons sur l'homme qui vivait alors, sur ses caractères physiques, sur son industrie, son art, ses coutumes, et jusque sur ses croyances, des renseignements nombreux, qui permettent d'en retracer l'histoire presque complète.

Au sujet du climat, les auteurs sont à peu près d'accord. M. Cartailhac, comme M. G. de Mortillet, pense qu'il était froid et sec. Relativement aux animaux qui vivaient dans ces temps-là, l'accord n'est pas aussi absolu. Pourtant on peut dire avec certitude que le renne était extrêmement abondant dans notre pays et qu'il a joué un rôle au moins aussi important que le cheval à l'époque de Solutré.

Nous ne ferons pas l'historique des découvertes qui se rapportent à l'époque de La Madeleine; elles sont si nombreuses que cela nous entraînerait beaucoup trop loin.

La civilisation qu'elles nous dévoilent était répandue en France, en Angleterre, en Belgique, en Suisse, en Allemagne; on peut même la suivre, quoique sensiblement modifiée, jusqu'en Pologne et aux environs de Saint-Pétersbourg.

Les hommes auxquels elle est due appartenaient-ils partout à la même race? c'est ce qu'il est encore difficile d'affirmer. Nous allons voir, cependant, que le type des ouvriers qui fabriquaient, dans la Dordogne, toutes ces armes, tous ces outils, tous ces ornements dont nous aurons à nous occuper; que la race à laquelle appartenaient les artistes quaternaires du sud-ouest de la France s'est répandue sur une immense étendue de territoire. Étudions d'abord les caractères physiques de ces ouvriers.

I. La race de Cro-Magnon.

C'est dans la vallée de la Vézère, dans une grotte peu profonde, un *abri sous roche*, comme disent les spécialistes, auprès du village des Eyzies (Dordogne), que MM. Ed. Lartet et Christy découvrirent, en 1858, les premiers objets caractéristiques de l'époque de la Madeleine; c'est dans le même abri, connu sous le nom de Cro-Magnon, que des ouvriers rencontrèrent plus tard les premiers ossements humains appartenant à la race qui vivait alors. Du nom de l'abri où ont été faites les premières découvertes a été tiré celui de la race.

Les gens de Cro-Magnon étaient des individus d'une bien belle taille : les hommes atteignaient en moyenne 1 m. 78, et il y en avait de plus grands. Le vieillard trouvé dans l'abri dont il vient d'être question avait environ 1 m. 82 ; celui rencontré à Menton par M. Rivière, et dont le squelette complet figuré tel qu'il a été découvert dans les galeries du Muséum d'histoire naturelle, mesure 1 m. 85 de hauteur. Entre les deux sexes, il existait une différence notable : la femme n'avait que 1 m. 66. Cette taille est pourtant encore élevée, car elle dépasse la moyenne des populations qui vivent actuellement à la surface du globe, en comprenant dans cette moyenne tous les individus, sans distinction de sexe.

S'ils étaient grands, les hommes de Cro-Magnon étaient en même temps robustes. Leurs os sont d'une vigueur exceptionnelle; pour en donner une idée, nous citerons un exemple. L'os de la cuisse, le fémur, présente en arrière une ligne rugueuse qui donne attache à des muscles dont l'action est de fléchir la jambe sur la cuisse Comme dans tout le reste du corps, plus ces muscle sont développés et plus l'attache est forte. Or, chez les hommes de la race de Cro-Magnon, cette *ligne âpre* est tellement développée qu'elle forme une véritable colonne, et que le fémur de ce type a reçu le nom bien mérité de *fémur à colonne*. Dans tout le squelette, nous pourrions signaler des preuves comparables de robusticité.

Un caractère bien remarquable nous est présenté par le tibia. Le plus volumineux des deux os de la jambe présente ordinairement trois faces, séparées par autant de bords : l'une regarde en dehors, l'autre en dedans et la troisième en arrière. Or les gens de Cro-Magnon ont le tibia tellement aplati que la face postérieure disparaît plus ou moins complètement et qu'il n'en reste que deux. Le bord antérieur devient très aigu, tranchant, et c'est ce qui a fait donner à l'os le nom de *tibia en lame de sabre*. Les savants l'appellent *tibia platycnémique*. Cet aplatissement si remarquable n'influe d'ailleurs en rien sur le volume de l'os, qui reste aussi robuste que s'il présentait ses trois faces habituelles. Les muscles du mollet trouvaient autant de place pour leurs insertions, mais au lieu de s'étaler en largeur, ils se développaient en arrière.

Un grand nombre d'autres particularités anatomiques se rencontrent sur le squelette de cette race ; leur énumération nous entraînerait à des détails techniques que nous devons éviter. La tête offre pourtant des caractères si particuliers qu'il nous faut en faire une courte description.

Les anthropologistes disent qu'une tête est *harmonique* lorsque le crâne et la face sont en même temps allongés, ou bien lorsque le crâne est court et la face peu développée en hauteur. Cette harmonie est la règle pour les populations qui vivent aujourd'hui. Les hommes de Cro-Magnon avaient une tête *dysharmonique* au plus haut point : avec un crâne extrêmement allongé d'avant en arrière, ils offraient une face large et très peu élevée.

La voûte du crâne présente un aspect spécial : si on la regarde par le haut, on remarque qu'elle affecte la forme d'un pentagone, forme qu'elle doit à la saillie notable de ses bosses pariétales. En l'examinant de profil, on observe un front remarquablement développé et une courbe d'une régularité frappante dans toute la région antérieure. Mais, vers le sommet, la tête s'aplatit considérablement et offre un vaste méplat qui se prolonge sur la partie supérieure de l'occiput. Celui-ci se porte ensuite brusquement en arrière, en formant une saillie des plus remarquables au-dessus de la nuque. La base du crâne, au lieu d'être plus ou moins renflée, est sensiblement aplatie. Ajoutons, enfin, que ce crâne est d'une capacité plus grande que celui des Parisiens modernes.

La face n'offre pas des traits moins particuliers. Les yeux, surmontés d'arcades sourcillières encore assez fortes, étaient largement fendus en travers, mais peu ouverts, comme le prouvent des orbites larges, peu élevés et de forme rectangulaire. Les pommettes sont également fort développées en largeur, mais le reste de la face se rétrécit d'une manière bien frappante. Ainsi, dans cette figure large, le nez se montre saillant et étroit, et la mâchoire supérieure contraste par son étroitesse avec le haut de la face, en même temps qu'elle se projette en avant. La mâchoire inférieure, extrêmement robuste en arrière, porte un menton saillant et légèrement triangulaire.

« En somme, dit M. de Quatrefages, chez les hommes

Fig. 21. — Homme et femme de Cro-Magnon, d'après la reconstitution qui en a été faite pour l'Exposition universelle de 1889.

de Cro-Magnon, un front bien ouvert, un grand nez étroit et recourbé, devaient compenser ce que la figure pouvait emprunter d'étrange à des yeux probablement petits, à des masseters très forts, à des contours un peu en losange. A ces traits, dont le type n'a rien de désagréable et permet une véritable beauté (fig. 21), cette magnifique race joignait une haute stature, des muscles puissants, une constitution athlétique. Elle semble avoir été faite, à tous

9

égards, pour lutter contre les difficultés et les périls de
la vie sauvage. »

La race de Cro-Magnon a joué un rôle considérable
dans l'histoire de l'humanité. À l'époque de La Madeleine,
elle paraît avoir eu son centre principal dans le Périgord,
mais elle rayonnait, au nord, jusqu'en Belgique et même
en Hollande ; à l'est, jusqu'à la Meuse et peut-être au
delà ; au sud, jusqu'à la terre de Labour, en Italie. Plus
tard, quand le renne émigra vers les régions septentrionales et que de nouvelles races humaines vinrent
disputer le sol de notre pays à ces hommes qui l'occupaient à la fin des temps quaternaires, une partie de leurs
tribus émigrèrent dans divers sens. Une de ces migrations
se dirigea vers le sud-ouest, franchit les Pyrénées, se
répandit dans toute la péninsule ibérique, gagnant peu à
peu le sud, où elle prospérait encore à l'époque du bronze.
La mer ne l'arrêta pas : nous la retrouvons en Algérie, où
elle a laissé de nombreuses traces jusqu'à l'époque de
l'occupation romaine, dans le Maroc et jusque dans
l'archipel Canarien, où la race s'est conservée à un état
de pureté relatif jusqu'au quinzième siècle. Partout où
ils ont vécu, les hommes de Cro-Magnon ont laissé des
traces de leur sang jusque dans la population moderne.
En France, il n'est pas rare de rencontrer des individus offrant les caractères de cette vieille race ; en
Espagne, le fait s'observe aussi fréquemment ; dans le
nord de l'Afrique, le type est commun parmi les Kabyles ;
aux Canaries, enfin, nous avons pu nous-même, comme
dans le Maroc, examiner de nombreux individus vivants
qui présentent la taille, la conformation crânienne et les
traits des anciens chasseurs de renne de la vallée de la
Vézère. Ajoutons qu'il existe encore une population entière
qui offre, dans la tête, un grand nombre de caractères du
type primitif : nous voulons parler des Basques de Zaraus.

Il est bien évident que, pour avoir laissé tant de traces
jusqu'à notre époque, la race de Cro-Magnon devait for-

mer, dès les temps quaternaires, non pas quelques tribus peu nombreuses, mais une population déjà assez dense et douée d'une grande vitalité. C'est aussi ce que prouvent les nombreux débris qu'elle a laissés dans les cavernes qu'elle habitait jadis.

II. Industrie.

Une race aussi bien conformée, dotée d'un crâne aussi volumineux et, par suite, d'un cerveau aussi développé, ne pouvait être qu'une race intelligente. Or, les populations bien douées sont toujours industrieuses et marchent rapidement dans la voie du progrès, à moins qu'elles ne se trouvent placées dans un milieu exceptionnellement défavorable. Tel n'était pas le cas pour la race de Cro-Magnon. Malgré le froid qui régnait alors, la végétation était bien loin d'être suspendue, et d'innombrables animaux prospéraient dans les vallées. Le chasseur d'alors était donc certain de se procurer aisément le nécessaire, pourvu qu'il possédât un armement suffisant. Il lui restait des loisirs, pour appliquer ses remarquables facultés intellectuelles à perfectionner son outillage, à se procurer du bien-être et même à s'occuper du superflu. Nous allons voir les résultats auxquels étaient arrivés les hommes de Cro-Magnon.

Au point de vue industriel, de profondes modifications se produisirent. Ces individus, si aptes pourtant à travailler la pierre, dédaignèrent quelque peu le silex, ou du moins ils ne paraissent pas avoir été préoccupés du désir de donner à leurs outils en pierre ce fini si remarquable que nous avons observé sur les instruments de Solutré. Ils cherchèrent plutôt à en multiplier les formes, à créer des types nouveaux. C'est qu'une industrie nouvelle, l'industrie de l'os, prit à cette époque un développement considérable, et que les ouvriers avaient besoin d'un outillage bien plus complet, bien plus varié que leurs ancêtres, pour exécuter les chefs-d'œuvre que nous allons passer en revue.

Quoique moins finis que ceux de Solutré, les outils en silex de La Madeleine n'en dénotent pas moins une grande habileté, une sûreté d'exécution remarquable et surtout une étonnante sagacité. D'un bloc de silex, d'un *nucléus*, pour employer le mot consacré, l'ouvrier détache une lame longue et mince; il possède un couteau (fig. 22). S'il veut un grattoir (fig. 23), il détache une lame semblable, et à l'aide de petits chocs ou de pressions exercées au moyen d'une substance dure, il enlève de petits fragments à une extrémité et parfois sur les bords, comme nous l'avons vu

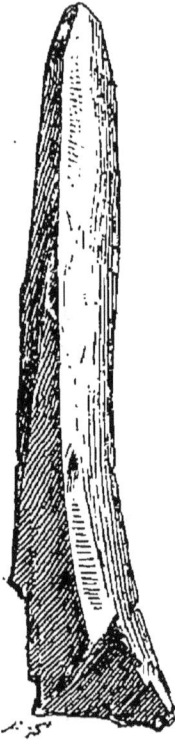

22. — Couteau de La   Fig. 23. — Grattoir de   Fig. 24. — Burin de
Madeleine   La Madeleine.   La Madeleine.

précédemment. Désire-t-il une scie? un coup lui procurera une autre lame à laquelle il enlèvera, sur un bord, une série d'éclats réguliers qui laisseront entre eux autant de dents. S'agit-il de fabriquer un burin? quelques coups appliqués avec habileté à l'extrémité de la lame suffiront à obtenir une pointe en biseau, parfaitement appropriée au travail de l'os (fig. 24). L'ouvrier sait l'outil qu'il lui faut, et il le façonne sans la moindre hésitation. Il a besoin

uniquement d'instruments qui lui permettent de scier
l'os ou le bois de renne, de le tailler, de le graver, de le
sculpter et de le polir. Parfois il aura à percer un os, une
dent, une coquille, pour s'en faire soit un ornement, soit
un outil. Le perçoir, il l'obtiendra en retouchant soigneusement l'extrémité d'un éclat, de manière à lui donner
la forme d'une pointe ; le reste de l'objet ne servant qu'à
le maintenir ne sera pas retaillé. En somme, la partie utile
de l'outil est seule l'objet des soins de l'ouvrier; le reste
lui importe peu. Cet outillage spécial ne doit pas servir,
en effet, directement aux besoins de la vie : il n'est destiné
qu'à faciliter et à perfectionner la fabrication des instruments usuels en os ou en bois de renne. De tous les outils
de silex que nous venons de nommer, le couteau fait seul
exception à cette règle; aussi est-il plus soigné que les
autres. Du côté de son extrémité la plus large, des retouches
ont souvent été pratiquées, de manière à obtenir un étran-
glement qui avait sans doute pour but de permettre de fixer
solidement la lame sur un manche. Des pointes de flèches très petites, triangulaires ou aplaties, à bout fort
aigu, sont, avec le couteau, presque les uniques instruments en silex qui n'étaient pas destinés à travailler l'os.

Des objets en os extrêmement nombreux, et de formes
les plus diverses, se rencontrent dans les stations de
l'époque de La Madeleine; ce sont eux qui impriment à
cette époque son cachet spécial. Le bois des cervidés,
notamment celui du renne, était journellement utilisé
pour la fabrication d'instruments très variés. On conçoit
facilement cette prédilection de l'homme de Cro-Magnon
pour les outils en os et en bois de renne; ces substances
offrent une dureté et une résistance suffisantes pour les
usages auxquels on les destinait, et elles se laissent façonner
avec une toute autre facilité que le silex. D'un autre côté,
étant donnée l'abondance du renne à l'époque de La
Madeleine, étant donné aussi que l'homme tuait journellement quelques-uns de ces animaux pour en faire sa

nourriture, il est certain que cette matière première, susceptible de recevoir toutes les formes imaginables, ne lui faisait pas défaut.

Il nous serait difficile de donner ici une description complète de tous les objets en os ou en bois de renne de

E.BECHER CEL.

Fig. 25.   Fig. 26.   Fig. 27.
Pointes et poinçon en os de l'époque de La Madeleine.

l'époque de La Madeleine; nous nous bornerons à en décrire les principaux types, pour que le lecteur puisse se faire une idée de l'industrie humaine un peu avant la fin des temps quaternaires.

Les pointes de lance et de flèche se faisaient presque toutes en bois de renne. Elles sont tantôt cylindriques et

terminées en pointe à une extrémité, tantôt barbelées
d'un côté ou des deux côtés à la fois (fig. 25 et 26). Le
nombre, la forme de ces barbelures varient à l'infini ; dans
la plupart des cas, elles sont sillonnées de petites canne-
lures, que quelques auteurs ont considérées comme destinées à recevoir une petite quantité de substance vénéneuse. La base en est, tantôt pointue, tantôt taillée en biseau ou bien fendue ; le procédé employé pour les fixer au
bois n'était donc pas toujours le même. Certaines d'entre
elles sont regardées comme des harpons ; elles sont
rondes ou aplaties, et armées de crochets récurrents exactement semblables à ceux des petites pointes qui, à
cause de leurs faibles dimensions, n'ont pu servir à
armer que l'extrémité de flèches. Au-dessous de la partie
barbelée, les harpons présentent une ou deux saillies qui
servaient probablement, d'après M. Ed. Lartet, « à fixer
ces armes dans une hampe creuse, par une demi-révolu-
tion qui engageait le bouton dans un cran ou échancrure
transversale ». Dans ces cas, la base se termine en pointe,
mais d'autres fois elle est creuse et pouvait recevoir à son
intérieur l'extrémité appointie de la hampe.

Toutes ces armes faisaient évidemment des plaies ter-
ribles. Les crochets récurrents dont elles sont munies
déchiraient les chairs à leur sortie, ou bien retenaient la
pointe dans la blessure, qui ne pouvait plus se cicatriser.

Certains petits morceaux de bois de renne sont travaillés en forme de fuseaux un peu recourbés. Il est fort possible qu'ils aient servi de hameçons. Attachés par le milieu
au bout d'une corde et munis d'appâts, ils se mettent en
travers de la bouche ou du tube digestif des poissons qui
peuvent parfaitement être capturés par ce procédé. Nous
avons trouvé, aux Canaries, des objets comparables, quoiqu'un peu perfectionnés, qui ont été utilisés en guise de
hameçons par les anciens habitants des îles.

Telles étaient les armes à l'aide desquelles les hommes
de La Madeleine s'emparaient du gibier ou du poisson.

Mais de l'os ou du bois de renne, ils tiraient bien d'autres objets. Avec le bois de renne ou l'ivoire du mammouth, ils fabriquaient des poignards dont le manche était souvent orné de sculptures. Des poinçons (fig. 27), des lissoirs, ont été fréquemment rencontrés dans les grottes de cette époque. Des sortes de spatules ou de cuillers ont, à tort ou à raison, été regardées comme des cuillers à moelle ; ce serait à l'aide de ces instruments que l'homme, toujours friand de la substance médullaire, l'aurait extraite des os après les avoir brisés.

Les aiguilles en os sont extrêmement communes à l'époque de La Madeleine (fig. 28). M. Piette en a rencontré récemment des paquets entiers empâtés dans le limon des grottes. Elles ne diffèrent de nos grosses aiguilles actuelles, dont elles ont à peu près les dimensions, que par leur forme généralement aplatie. Elles portent un petit chas si régulier « que les personnes mêmes, dit Lubbock, qui sont convaincues de l'antiquité de ces objets auraient pu penser qu'il était impossible de faire un trou semblable avec une pierre, si cet observateur consciencieux (M. Lartet) n'en avait pas fabriqué une semblable avec les instruments mêmes qu'on a trouvés avec ces aiguilles. »

Fig. 28. — Aiguille en os de l'époque de La Madeleine.

En dehors des instruments proprement dits, dont il vient d'être question, on connaît des phalanges de renne percées d'un trou, qui rendent un son comparable à celui d'un sifflet, et des plaques d'os marquées d'encoches en nombre très variable. On a appliqué aux premières le nom de *siffets de chasse* et aux secondes celui de *marques de chasse*, supposant ainsi qu'elles servaient à compter le nombre des pièces de gibier abattues par un chasseur.

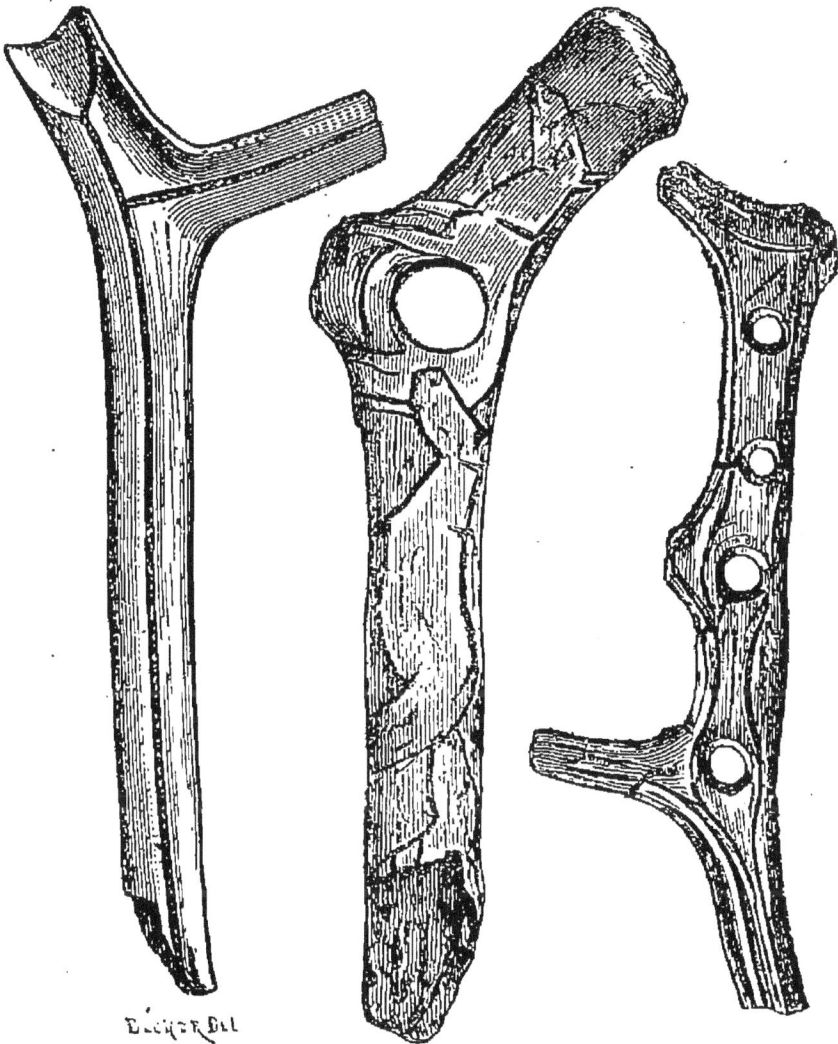

Fig 29. — Bâton de com-
mandement moderne
des Indiens du fleuve
Mackenzie.

Fig. 30 et 31. — Bâtons de commandement
de l'époque de La Madeleine.

Ce sont là, on le conçoit, des déterminations quelque peu hypothétiques.

Il nous faut consacrer quelques lignes à un singulier

objet en bois de renne, qui se rencontre assez fréquemment dans les grottes de l'époque de La Madeleine. C'est un fragment assez long de bois de renne, percé d'un ou de plusieurs trous circulaires, très réguliers, et orné soit de simples stries, soit de figures géométriques, soit de gravures ou de sculptures figurant des animaux divers (fig. 30 et 31). Lartet et Christy ont regardé ces bizarres objets comme des insignes de chefs, et leur ont donné le nom de *Bâtons de commandement*. M. Pigorini les considère, au contraire, comme des mors ayant servi à atteler le renne, qui, dans cette supposition, aurait été domestiqué dès cette époque. L'interprétation donnée par ce savant a été vivement contestée, et il semble, en effet, qu'on doive l'abandonner, tandis que celle proposée par Ed. Lartet et Christy compte toujours de nombreux partisans. On trouve, chez des sauvages modernes, des objets qui offrent de grandes ressemblances avec ceux dont il s'agit. Les Indiens de l'Amérique du nord, qui vivent sur les bords du fleuve Mackenzie, font usage d'un insigne fait en bois de renne décoré de gravures, auquel il ne manque, pour être identique à ceux de l'époque de La Madeleine, que les trous que portent ceux-ci (fig. 29).

Nous aurions encore à signaler de nombreuses gravures et sculptures, d'une exactitude parfois surprenante ; mais nous renvoyons au chapitre suivant tout ce qui concerne l'art quaternaire. Nous parlerons des objets de parure en usage chez les hommes de Cro-Magnon, lorsque nous aurons fait connaître leur genre de vie.

III. Genre de vie, mœurs.

Dans quelques pages écrites de ce style simple, clair et attrayant dont il a le secret, M. de Quatrefages nous fait un tableau merveilleux du genre de vie et des mœurs de l'homme de Cro-Magnon. Ce tableau, d'ailleurs, n'a rien de fantaisiste ; c'est l'interprétation fidèle d'une multitude de faits connus, que les données acquises sur les sauvages modernes ont permis d'expliquer. La plupart des renseignements qui vont suivre sont empruntés à l'*Espèce humaine*, de notre éminent maître.

Les sauvages de l'époque de la Madeleine continuent à pourvoir à leurs besoins par la chasse et la pêche ; mais les nouvelles armes que nous voyons entre leurs mains, armes plus légères et plus sûres que celles de leurs ancêtres, annoncent un changement dans leur régime. « Ils continuent, il est vrai, à chasser la grosse bête quand elle se présente ; quelques rares mammouths, survivant aux modifications climatériques qui s'accentuent, tombent encore sous leurs coups ; le cheval contribue aussi souvent à leurs repas. Toutefois le renne prédomine de beaucoup dans les débris de leur cuisine. Il y est associé aux restes de petits mammifères, comme le lièvre et l'écureuil. Les oiseaux entrent pour une part assez considérable dans l'alimentation. Avec les ossements tirés de la seule grotte de Gourdan, si habilement explorée par M. Piette, M. Alph. Edwards a pu en déterminer vingt espèces distinctes. Enfin, les hommes de l'âge magdalénéen se sont nourris aussi de poisson ; mais la pêche était encore pour eux une sorte de chasse. Ils n'employaient évidemment pas le filet et ne harponnaient que les grandes espèces, le saumon dans le Périgord, le brochet dans les Pyrénées.

Transporter à leur demeure habituelle les grands animaux qui tombaient sous leurs coups eût été trop pénible, même pour nos robustes chasseurs. Aussi les dépeçaient-ils sur place, abandonnant au moins le squelette du tronc. On ne trouve guère, dans les cavernes, que les os de la tête et des membres ; encore sont-ils à peu près toujours fracassés. Comme tous les sauvages, les troglodytes de la Vézère étaient friands de cervelle et de moelle. Les os qui renferment cette dernière ont été évidemment fendus d'une manière méthodique, de façon à ménager le contenu. M.M. Lartet et Christy pensent même qu'on employait un ustensile particulier pour manger ce mets délicat. Une sorte de spatule en bois de renne, à manche conique et richement sculpté, creusée et arrondie à son extrémité, a été regardée par eux comme une *cuiller à moelle*.

La quantité considérable de charbons et de cendres trouvés dans les stations de la Vézère ne permet pas de douter que le feu ne servît à la cuisson des aliments. Mais son mode d'emploi est quelque peu problématique. On n'a trouvé aucune trace de poterie chez ces chasseurs, et rien n'indique qu'ils aient connu le *four* des Polynésiens. Ils devaient donc agir comme les peuplades sibériennes qui, à la fin du siècle dernier, n'avaient que de la vaisselle de cuir ou de bois, et n'en faisaient pas moins bouillir l'eau qu'elle contenait en y jetant des cailloux fortement chauffés.

Rien n'autorise à penser que l'homme de Cro-Magnon ait été cannibale. On ne trouve pas dans ses débris de cuisine ces os longs, fendus pour en extraire la moelle, qui n'eussent pas manqué d'être mêlés à ceux des grands animaux, si la chair humaine avait fait partie même accidentellement de ses repas. Toutefois M. Piette a trouvé à Gourdan de nombreux débris de crâne humain, portant l'empreinte des couteaux de silex et la trace de coups qui semblent les avoir brisés. Des axis, des atlas en grand nombre, des mâchoires brisées ou entières, accompagnent ces fragments de la boîte crânienne. Ces faits peuvent justifier l'opinion de M. Piette. Les guerriers de Gourdan, après avoir tué un ennemi, en rapportaient sans doute la tête dans leur demeure, la scalpaient et peut-être mêlaient la cervelle à quelque breuvage, comme font aujourd'hui quelques tribus des îles Philippines. Mais ils ne mangeaient pas la chair du vaincu, dont le cadavre décapité était probablement abandonné sur le champ de bataille. »

Ainsi, M. de Quatrefages n'admet pas, comme M. Piette, que l'homme de La Madeleine ait été réellement anthropophage ; il est disposé toutefois à regarder les débris humains qu'on rencontre dans certaines cavernes comme les restes « d'individus tués dans les champs, et dont les chasseurs de Gourdan auraient rapporté seulement les têtes dans la grotte. » Eh bien ! M. Piette s'était trompé en affirmant que, dans la grotte de Gourdan, on ne trouvait que des fragments d'os de la tête, associés parfois aux premières vertèbres du cou ; M. Hamy a montré que, dans la collection même de cet infatigable chercheur, il existait « des portions d'os longs » provenant de ce gisement. Il ne faut donc pas admettre sans réserve que les hommes de cette contrée avaient l'habitude de décapiter leurs ennemis, et d'en apporter la tête dans leurs demeures pour en manger la cervelle.

D'ailleurs, les stries signalées sur les os du crâne, et que plusieurs personnes attribuent à des instruments de silex, ne sont pas aussi fréquentes que le croyait M. Piette ; un grand nombre de ces prétendues entailles ne sont que des sillons creusés par les artères, ainsi que nous avons pu nous en convaincre nous-même. Cependant nous avons vu quelques stries, notamment sur des os de la grotte de Bruniquel (Tarn-et-Garonne), qui ne sauraient en aucune façon être regardées comme des sillons artériels ; mais le fait est rare et ne démontre pas d'une manière certaine l'anthropophagie. Ces stries pourraient tout aussi bien résulter de la préparation de trophées de guerre, comme le remarque fort justement M. Hamy ; « cette hypothèse expliquerait même, dans une certaine mesure, les stries observées sur certaines portions de crânes et que plusieurs personnes compétentes attribuent à des instruments de silex. Je crois cependant bien plus volontiers que ces empreintes résultent de quelque rite funéraire, analogue au *nettoyage des os* qui précède, à la Nouvelle-Zélande, à Célèbes, etc., l'inhumation du squelette. »

Il ne faut donc pas trop se hâter de tirer des conclusions des faits signalés par M. Piette. Dans l'état actuel de nos connaissances, rien, comme le dit M. de Quatrefages, n'autorise à penser que l'homme de Cro-Magnon se soit nourri de chair humaine ; rien, non plus, ne *démontre* qu'il ait mêlé la cervelle de ses ennemis à quelque breuvage, et il vaut mieux se tenir encore sur une prudente réserve.

On a prétendu également que « les tribus de la Vézère n'avaient aucune demeure fixe et vivaient à l'état nomade, visitant tour à tour les rivages des deux mers, chassant dans la montagne, pendant la belle saison, le gibier du moment, et se réchauffant l'hiver sous des climats plus doux. Nous ne saurions adopter cette hypothèse. La faune de plus en plus nombreuse que renferment les débris de cuisine dénote une population qui, à mesure qu'elle grandit de toute manière, utilise de mieux en mieux les ressources de la contrée. Ces mêmes débris ont donné à Lartet des ossements de rennes de tout âge, y compris de jeunes faons. Notre maître à tous en a conclu que l'homme restait sur place pendant toute l'année, et nous croyons qu'il était dans le vrai. Certes, l'homme de Cro-Magnon, de La Madeleine, de Gourdan, a dû se tenir toujours à portée du renne, dont il tirait sa nourriture, ses armes, ses vêtements. Mais les migrations de cet animal, sous l'influence d'un climat maritime à variations peu considérables, ne pouvaient être fort étendues ; et, pour ne pas le perdre de vue, les troglodytes du Périgord ou des Pyrénées n'ont pas eu à faire des expéditions comme celles des Peaux-Rouges à la poursuite des bisons.

Cette vie à demi-sédentaire n'excluait pas les voyages et même les voyages d'outre-mer. Parmi les coquilles fossiles trouvées à Laugerie-Basse, il en est qui n'ont pu venir que de l'île de Wight. Or, à l'âge du renne, il n'existait plus de communication par terre entre la France et l'Angleterre. Comme l'a fait remarquer M. Fischer, la présence de ces coquilles dans une station continentale suppose une navigation.

Mais était-ce bien l'homme de la Vézère qui allait chercher lui-même ces objets de parure au delà du détroit ?

Il est difficile de croire que ces tribus montagnardes aient traversé la mer. Il est bien plus probable que ce voyage était accompli par des contemporains chez lesquels un long séjour sur la côte avait développé les instincts navigateurs. C'étaient eux sans doute qui rapportaient des îles anglaises ces coquilles regardées comme des bijoux précieux. Elles passaient ensuite de main en main par voie d'échange et arrivaient jusqu'aux vallées du Périgord. Un *trafic* de cette nature peut seul expliquer la présence d'une huître de la mer Rouge dans la grotte de Thayngen, explorée par M. C. Mayer, près de Schaffhouse. On sait, du reste, qu'un commerce tout semblable amenait de nos jours des coquilles de l'océan Pacifique jusque chez les tribus de Peaux-Rouges habitant les bords de l'Atlantique. » (De Quatrefages.)

Ce commerce, ces voyages des hommes de l'époque de La Madeleine ne sauraient être mis en doute. A Cro-Magnon, à une distance de la mer d'environ soixante lieues en ligne droite, on a trouvé plus de trois cents coquilles marines (*littorina littorea*) provenant de l'océan Atlantique. Dans la même région, à Laugerie-Basse, on a rencontré d'autres coquilles marines qui vivent, au contraire, dans la Méditerranée. A Gourdan, au centre des Pyrénées, M. Piette a trouvé des coquilles venant de l'une et de l'autre de ces deux mers; il a recueilli également une pierre ponce ayant servi à polir les aiguilles, qui semble provenir des terrains volcaniques d'Agde.

Que les chasseurs de renne fussent voyageurs ou bien que les objets dont il s'agit fussent échangés de tribu en tribu, passant ainsi de main en main pour arriver à une grande distance de leur lieu d'origine, les deux hypothèses sont admissibles. Certaines observations tendent même à démontrer « que l'homme quaternaire du Périgord, comme le dit M. de Quatrefeges, quittait parfois ses montagnes et allait jusqu'au bord de la mer. » En effet, on a trouvé, loin de l'Océan, un dessin représentant un homme avec

le bras étendu vers une baleine dont l'image est très
reconnaissable. Pour figurer ce cétacé, il fallait que
l'artiste l'eût vu. Au milieu des Pyrénées, dans les grottes
de Gourdan et de Duruthy, on a découvert des gravures
de phoques d'une très grande fidélité. L'auteur du dessin
avait certainement vu lui-même cet animal et avait, par
conséquent, voyagé à une certaine distance de son lieu
de résidence.

Quoi qu'il en soit, il semble bien qu'il faille attribuer
une vie à *demi sédentaire* aux hommes de Cro-Magnon.
Ces gens avaient sûrement une prédilection pour les
grottes, et tout le monde est d'accord sur ce point : ils
vivaient presque toujours en *troglodytes*, à l'entrée des
cavernes, dans les grottes peu profondes et les abris
formés par quelques escarpements rocheux (fig. 52), au
bord des rivières poissonneuses. Or, tout, dans ces demeures, indique un séjour prolongé. L'homme tenait déjà
à son habitation, et il ne devait en changer que pressé
par la nécessité ; l'abondance du gibier ne le mettait guère
dans cette obligation.

Ces chasseurs n'habitaient cependant pas exclusivement
les grottes situées sur le bord des vallées. De temps en
temps, on rencontre sous la pelouse de nos prairies ou les
broussailles de nos bois des instruments de l'époque, des
pierres de foyer et des cendres en abondance. Avec
M. Cartailhac, nous sommes tenté de voir là la preuve que
des huttes, des villages existaient sur ces points, mais
qu'ils « ont disparu avec tous leurs matériaux péris-
sables ». Les seuls indices qui en restent sont ceux que
nous venons d'énumérer.

Nous avons signalé, parmi les ustensiles communs à
l'époque de La Madeleine, des aiguilles en os percées d'un
chas. Or, suivant la remarque de M. de Quatrefages, on
ne fabrique pas des aiguilles comme celles-là sans avoir
quelque chose à coudre. « Ce fait seul emporte l'idée de
vêtements. La chasse fournissait la matière première.

Fig. 52. — Abri sous roche de Bruniquel
(Tarn-et-Garonne).

10

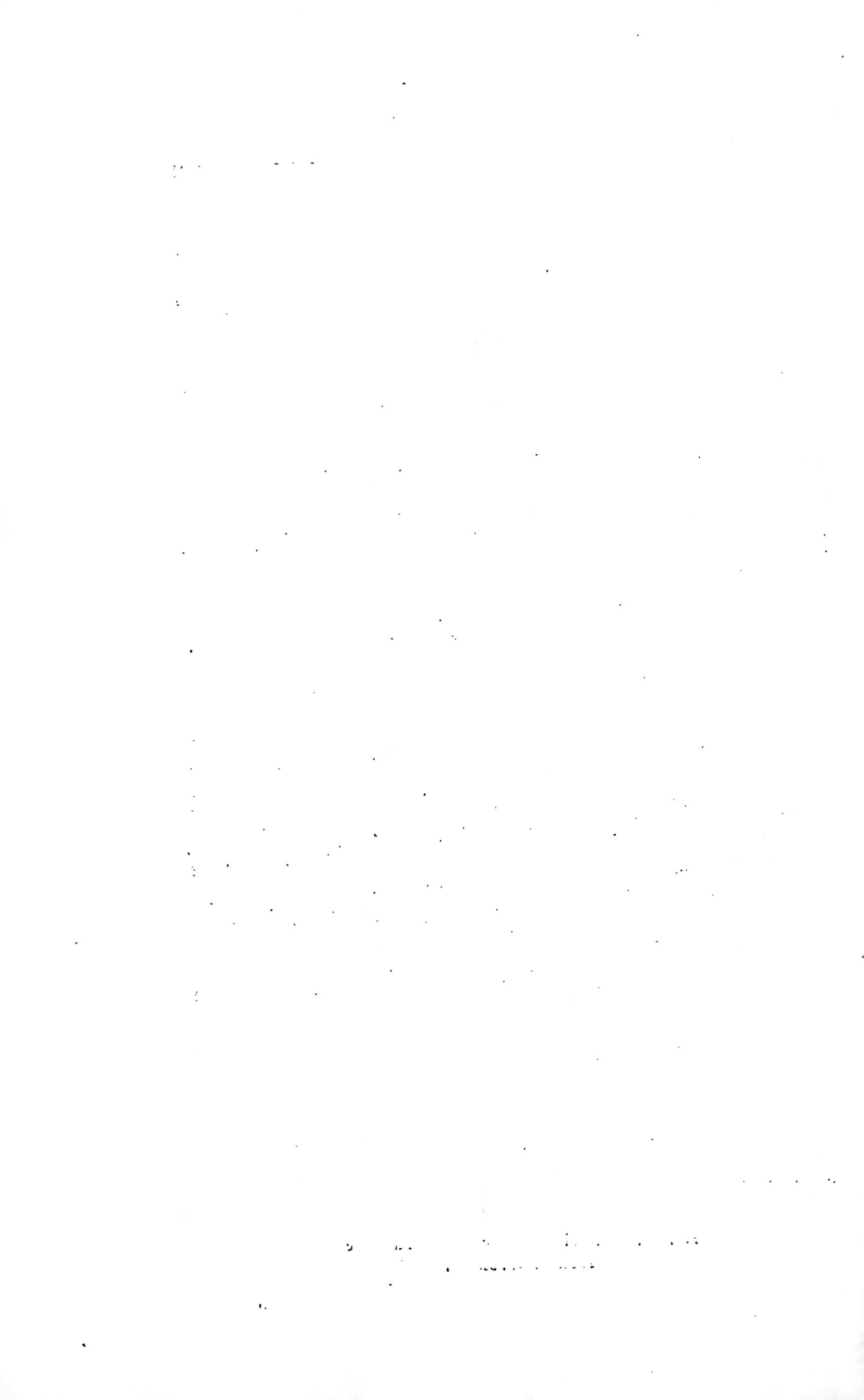

L'art de préparer les peaux doit avoir été porté chez les tribus de cet âge aussi loin que chez les Peaux-Rouges, à en juger par les nombreux *grattoirs* et *lissoirs* qu'on trouve dans leurs stations. Les traces, laissées par les couteaux de silex sur les points où s'insèrent les longs tendons des membres chez le renne, montrent comment on se procurait le fil. Les vêtements, une fois cousus, devaient être ornés de divers manières, comme ils le sont chez les sauvages de nos jours. Sur le squelette découvert à Laugerie-Basse, par M. Massénat, on a trouvé une vingtaine de coquilles percées, disposées par paires sur diverses parties du corps. Il ne s'agissait donc ici ni de colliers, ni de bracelets, mais d'ornements distribués d'une manière à peu près symétrique sur un vêtement. Le squelette de Menton, mis à jour par M. Rivière, a présenté des faits analogues. »

Ajoutons que l'existence de vêtements en peau est encore démontrée par ce fait que, dans la terre qui se trouvait autour de la région lombaire du squelette de Menton, un examen minutieux a montré la présence de poils qui pouvaient prévenir soit d'une peau de renne, soit d'une peau d'antilope saïga.

Les coquilles marines dont nous avons parlé, et que l'homme d'alors devait regarder comme des bijoux précieux, ne lui servaient pas seulement à orner ses vêtements. Le squelette de Menton en a la tête complètement entourée; elles appartiennent toutes à la même espèce (*Nassa neritea*) et sont toutes percées d'un trou qui avait permis de les enfiler dans une sorte de résille, tout à fait comparable à celle dont font encore usage les pêcheurs napolitains. Cette même coquille, également perforée, s'est rencontrée en nombre très considérable autour des reins des squelettes d'enfants qui devaient porter un pagne comme ceux usités chez beaucoup de tribus sauvages actuelles.

« Le goût de la parure, si prononcé de nos jours chez les populations les plus sauvages comme les plus civilisées,

existait donc chez les tribus troglodytiques de l'époque
quaternaire. On a, du reste, de nombreuses preuves de ce
fait. Dans une foule de stations, on a trouvé les éléments
de colliers, de bracelets, etc. Le plus souvent, des
coquilles marines, parfois fossiles et empruntées aux
couches tertiaires, composaient ces ornements. Mais
l'homme de Cro-Magnon y joignait des dents de grands
carnassiers; il taillait aussi dans le même but des
plaques d'ivoire, certaines pierres tendres ou dures, et
même façonnait en argile des grains qu'il se contentait
de laisser durcir au soleil. Enfin, il se tatouait ou tout au
moins se peignait avec des oxydes de fer ou de manganèse,
dont on a trouvé à plusieurs reprises de petites provisions
dans diverses stations et qui ont laissé leur trace sur les
os de quelques squelettes, de celui de Menton par
exemple. » (De Quatrefages.)

Cette coutume est encore rendue probable par la découverte de mortiers de petite taille, qui devaient servir
à broyer les morceaux de limonite ou de sanguine qu'on
a rencontrés çà et là, et qui constituaient les substances
colorantes employées à cette époque.

Nos renseignements vont encore plus loin. Nous connaissons la façon dont l'homme de Cro-Magnon portait la
chevelure, au moins dans certains cas. On a trouvé, sculptée sur une côte, une figure représentant un homme qui
lance un javelot à un aurochs; ses cheveux sont relevés
en une sorte de toupet qui se dresse au-devant de la tête.

Les troglodytes de l'époque de La Madeleine étaient-ils
exclusivement chasseurs, ou bien avaient-ils déjà domestiqué quelques animaux? Nous avons vu plus haut ce
qu'il fallait penser de la prétendue domestication du
cheval à l'époque de Solutré. Les raisons invoquées en
faveur de la domestication du renne par les troglodytes
de la Vézère ne sont guère plus démonstratives. On a bien
cité quelques gravures, quelques sculptures, qui vien-
draient à l'appui de cette manière de voir. La plus remar-

quable à cet égard est sans contredit celle découverte par M. Piette, et qui montre un renne portant au cou l'apparence d'un licol. Mais il se pourrait que l'homme eût capturé quelques rennes vivants, qu'il les eût même apprivoisés, sans pour cela avoir domestiqué l'espèce. D'ailleurs, la domestication de cet animal est impossible, d'après tous les voyageurs qui ont fréquenté les pasteurs de rennes, sans le chien. Or, le chien n'existait pas à l'état domestique ; car il eût rongé les os abandonnés par son maître et on constaterait les traces de ses dents sur les reliefs des repas, ce qui n'a jamais été observé. On ne saurait, cependant, se prononcer encore d'une façon catégorique sur cette question.

On peut, avec plus de raison, supposer qu'il existait une hiérarchie parmi les tribus de cette époque. Les poignards en ivoire, à manche orné de sculptures, étaient des armes de parade, sans doute destinées aux chefs. Les bâtons de commandement dont nous avons parlé peuvent fort bien avoir été des insignes, comme chez les Indiens du fleuve Mackenzie. «Toutefois n'est-on pas allé un peu loin en regardant le nombre des trous comme indiquant la dignité du possesseur, en admettant par conséquent que ces tribus reconnaissaient des chefs de cinq grades distincts? »

M. de Quatrefages pense qu'on peut être beaucoup plus affirmatif en ce qui concerne les croyances religieuses de l'homme de Cro-Magnon. Pour lui, la croyance à une autre vie est absolument démontrée par des faits dont nous allons résumer les principaux. Les morts étaient soigneusement ensevelis ; on leur laissait tout ce qui servait à la parure et on déposait auprès d'eux des objets qui, sans doute, pouvaient leur être utiles dans l'autre vie. M. Cartailhac croit que les cadavres déjà complètement décharnés étaient encore l'objet de soins. Les os, religieusement recueillis, étaient peints en rouge au moyen d'une poudre de fer oligiste, comme on l'observe sur le squelette de

Menton; les cadavres d'enfants ne recevaient pas cette peinture. Les rites variaient donc suivant l'âge du défunt et aussi de tribu à tribu. « Il est désormais hors de doute que les troglodytes de la race de Cro-Magnon ensevelissaient leurs morts, et que cet ensevelissement était accompagné de pratiques attestant leur croyance à une autre vie. »

Dans plusieurs stations de la France et de la Belgique, on a rencontré de nombreux objets qu'on regarde comme des amulettes. Si ce sont réellement des talismans, il est évident qu'il faudrait y voir une nouvelle preuve de la croyance à des êtres supérieurs.

Mais quelles étaient les conceptions mythologiques de nos sauvages quaternaires? A ce sujet, nous ne saurions former la moindre conjecture plausible, dans l'état actuel de nos connaissances. M. Piette prétend bien qu'ils avaient découvert le dieu solaire, retrouvé plus tard par les Égyptiens et les Gaulois. Il en voit la démonstration dans l'existence, sur une amulette et sur un bâton de commandement, de rayons divergents partant d'un centre commun, qui ne peuvent figurer que le soleil. Si c'est bien le soleil qu'on a voulu représenter, rien ne prouve que les habitants de Cro-Magnon aient adoré cet astre. Seuls les soins donnés aux morts et l'usage des amulettes pourraient, à la rigueur, faire admettre la croyance à une autre vie et à des êtres supérieurs.

Il nous reste à décrire les productions artistiques des chasseurs de renne. Mais déjà le lecteur peut voir combien sont nombreux les renseignements que nous possédons sur ces hommes dont l'histoire a pu être reconstituée, malgré la longue suite de siècles qui s'est écoulée depuis l'époque à laquelle ils vivaient dans notre pays.

VIII

L'ART QUATERNAIRE

I. Historique.

Ces hommes, dont nous venons de retracer rapidement l'histoire, n'étaient pas seulement d'intrépides chasseurs et d'habiles ouvriers; ils étaient encore doués de remarquables instincts artistiques. Les œuvres qu'ils nous ont laissées témoignent presque toutes d'un sérieux

esprit d'observation, et il en est parmi elles qui sont d'une
fidélité surprenante; plusieurs peuvent, à juste titre, être
regardées comme de véritables œuvres d'art.

Le nombre des gravures et des sculptures de l'époque
quaternaire que l'on connait aujourd'hui est considérable.
Les premières furent découvertes en 1855, dans la grotte
de Savigné (Vienne), par notre regretté ami, M. Joly-
Leterme. Il rencontra, gravées sur le canon postérieur
d'un cervidé, deux figures d'animaux : la première, in-
complète, était cachée en partie par une mince couche
de stalagmite qui fut respectée et qui n'en laissait distinguer que très imparfaitement les formes. Dans la seconde,
dit M. E. Lartet, « l'artiste a eu indubitablement l'intention de représenter un animal du genre cerf. Par ses
formes un peu lourdes, par la grosseur et le port de son
cou, il se rapprocherait du renne plus que du cerf proprement dit; mais dans le renne la femelle étant, comme
le mâle, pourvue d'appendices frontaux, il faudrait que
le moment choisi pour l'exécution de ce dessin eût été
celui de la chute du bois. Quoi qu'il en soit, ce dessin,
bien que sorti d'une main moins sûre en apparence que
celui de la tête d'ours commun de Massat, dénote cependant quelques notions de l'art. Ainsi on y retrouve l'emploi des hachures, soit pour l'indication des ombres,
soit à une autre intention. Un trait à double courbure,
placé en haut de la cuisse, semblerait destiné à marquer
la saillie d'un muscle. »

Certes, cette pièce n'est plus, à l'heure actuelle, une
des plus belles connues; elle ne saurait pourtant être
considérée comme l'enfance de l'art, car les hachures, le
trait indiquant une saillie d'un muscle, sont déjà des
artifices qui dénotent une certaine expérience. Nous l'a-
vons décrite surtout à cause de son intérêt historique, et
parce qu'elle est rapidement devenue classique.

Depuis cette époque, les découvertes se sont multipliées
au point qu'il est devenu difficile d'en faire une énumé-

ration complète. Nous citerons donc un peu au hasard les noms de MM. Garrigou, Peccadeau de l'Isle, Ed. Lartet et Christy, l'abbé Landesque, le marquis de Vibraye, Massénat, L. Lartet et Chaplain-Duparc, etc. Une place spéciale doit être réservée à M. Piette, l'habile chercheur qui possède la plus merveilleuse collection de gravures et de sculptures préhistoriques qui soit entre les mains d'un particulier, et dont les objets, qui ont figuré à l'Exposition universelle de 1889, ont si vivement attiré l'attention de tous ceux qui s'intéressent à ces questions.

Pour se retrouver au milieu de toutes ces richesses, il est nécessaire d'établir un classement. Nous examinerons successivement les gravures sur pierre et sur os, puis les sculptures sur os, sur ivoire ou sur bois de cervidés.

Il ne sera peut-être pas mauvais, avant de commencer cet examen, de constater que pas un seul indice ne peut faire croire que l'art ait été introduit chez nous par des étrangers, comme il est permis de le supposer pour certaines industries qui font leur apparition plus tard. Disons aussi que cet art quaternaire n'a duré qu'une époque et qu'il semble avoir été complètement oublié ensuite. Les artistes modernes ne sont pas les descendants directs des artistes de l'époque de La Madeleine : au début de notre époque géologique, un temps d'arrêt ou, pour mieux dire, un recul énorme s'est manifesté sous l'influence de causes en partie ignorées. L'homme, au point de vue artistique, a recommencé ses tâtonnements du début, et il lui a fallu du temps pour atteindre le niveau que nous allons constater.

Ce n'est pas d'emblée, cependant, que les chasseurs de renne sont arrivés à cette perfection relative. Les premiers essais remontent au delà de l'époque de La Madeleine, et le lecteur se rappelle que M. H. de Ferry a rencontré à Solutré une petite statuette taillée dans un rognon siliceux. Mais il doit aussi se souvenir que, dans

cette station, l'existence de la race de Cro-Magnon a été
mise hors de doute. C'est la même race qui florissait,
dans notre pays, à l'époque dont nous nous occupons; il
est donc assez naturel de lui attribuer les instincts artistiques dont nous connaissons les premières manifestations. D'ailleurs, ce que nous avons dit de son intelligence
et de son industrie rend cette hypothèse des plus plausi-
bles : ses armes, ses outils en os révèlent souvent une
véritable élégance de formes, qui prouve que, jusque
dans la confection des objets les plus usuels, l'homme de
Cro-Magnon se préoccupait un peu du côté artistique.

II. Gravure.

Parmi les gravures sur pierre, il en est de plusieurs
sortes : les unes ne comprennent que de simples traits
plus ou moins réguliers, tracés sur des roches relativement tendres ; d'autres représentent des animaux, qui ne
sont pas toujours faciles à déterminer. Ainsi, un poisson
gravé sur un fragment de leptinite trouvé aux Eyzies
(Dordogne) est assez grossièrement exécuté; une tête sur-
montée de bois étalés, figurée sur un morceau de schiste
micacé provenant du même endroit, ne saurait être rapportée avec quelque certitude à telle ou telle espèce de
ruminant; un animal gravé sur un fragment de schiste
quartzeux, paraît être un cheval, sans qu'il soit possible
d'être affirmatif à cet égard.

On conçoit fort bien les difficultés que l'homme de
Cro-Magnon éprouvait à exécuter des gravures sur pierre
à l'aide des outils qu'il avait en sa possession. Nous
avons décrit son burin en silex, qui semble avoir été le
seul instrument qu'il ait employé à cet usage. Il ne pouvait donc songer à tracer ses dessins sur des roches
dures, et celles qu'il employait n'offraient pas assez de
résistance pour lui permettre de donner à ses œuvres

une netteté satisfaisante. Pourtant, dans quelques cas, il a su vaincre ces difficultés. L'ours des cavernes, par exemple, que M. Garrigou a trouvé gravé sur un schiste de la grotte de Massat (Ariège), est d'une exécution remarquable (fig. 53). Il s'agit, disons-le en passant, d'un animal depuis longtemps disparu, et, pour en tracer un portrait aussi exact, il a fallu que l'artiste l'ait vu pendant sa vie. Nous avons là une nouvelle preuve de la

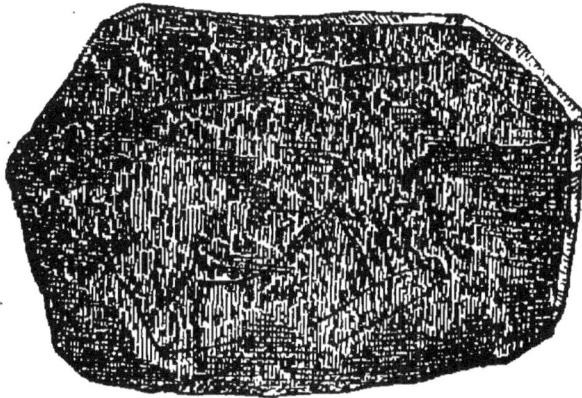

Fig. 53. — Ours des cavernes, gravé sur un schiste.
Grotte de Massat (Ariège).

contemporanéité de l'homme et d'une espèce éteinte ; nous signalerons, dans ce chapitre, beaucoup de faits de ce genre.

Une autre pièce, devenue classique, n'est pas moins remarquable au point de vue de l'exactitude du dessin ; nous voulons parler du combat de rennes figuré sur une plaque de schiste découverte par M. de Vibraye. Il est possible, comme le veut M. Carthailhac, que l'artiste ne se soit pas proposé de représenter des animaux dans l'attitude du combat, et qu'il ait simplement superposé plusieurs croquis sur la même pierre ; il n'en est pas moins vrai que les rennes sont figurés avec une grande fidélité. L'un d'eux a les pattes en l'air et se trouve, par conséquent, dans l'attitude d'un animal terrassé ; un autre flaire une femelle. « Cette composition compliquée, dit

M. G. de Mortillet, rendue avec un véritable sentiment des situations, est pourtant exécutée avec une extrême naïveté. Chaque animal est tracé comme si les autres n'existaient pas. Ainsi, des pattes du renne terrassé qui devraient être masquées par le corps de la femelle, sont bel et bien représentées quand même. »

Ce qu'on ne peut s'empêcher de noter, c'est que les deux beaux dessins dont nous venons de parler sont l'un et l'autre gravés sur une sorte d'ardoise, c'est-à-dire sur une roche qui se prêtait admirablement à ce genre de travail. Ce fait vient à l'appui de ce que nous disions plus haut, à savoir que l'imperfection des gravures sur roche tient surtout aux mauvaises qualités de la pierre. Quand l'homme de La Madeleine rencontrait une roche offrant à peu près les mêmes avantages que l'os, il savait, avec son burin de silex, tracer des images fidèles.

Quoi qu'il en soit, les gravures sur pierre sont fort rares. Cela tient-il à ce qu'on ne les a pas toujours cherchées avec assez de soin? le fait est très possible. A Bruniquel, M. Peccadeau de l'Isle fit passer à l'eau courante tous les galets extraits du gisement, et il rencontra une très belle série de pierres gravées.

Les gravures sur os sont bien autrement nombreuses que celles sur pierre; elles sont aussi infiniment plus communes que les sculptures. Le sujet représenté est presque toujours facilement reconnaissable; on peut aisément établir des catégories basées sur la nature des sujets traités.

Une première série comprend des dessins géométriques; ce sont des lignes droites diversement combinées, formant des hachures, des zigzags, des chevrons, des quadrillages; des lignes courbes ou ondulées, des festons, des mamelons, etc.

Ces dessins décorent soit des pendeloques, soit des objets usuels, comme des poinçons ou des lissoirs en os. Les sillons que nous avons rencontrés sur les barbes des

pointes de flèches et des harpons, et que Gratiolet et
Lartet regardaient comme des rainures destinées à recevoir une substance vénéneuse, n'étaient peut-être que
des ornements de ce genre.

On a rencontré souvent des plaques d'os portant des
encoches disposées en séries, séparées les unes des autres
par un intervalle; s'agit-il de marques de chasse, comme
on l'a prétendu, ou se trouve-t-on en présence d'une
ornementation très simple? c'est ce qu'il est difficile de
décider.

Nous avons dit que les dessins dont nous parlons se
voyaient fréquemment sur des pendeloques; on les
observe aussi communément sur des fragments d'os de
formes diverses, qui ne présentent pas de trous permettant de les porter suspendus. Ces fragments sont parfois
travaillés et décorés avec le plus grand soin, témoin une
plaquette trouvée dans la station de Bruniquel (Tarn-et-
Garonne). L'artiste lui a donné une forme presque régulièrement circulaire, avec une petite échancrure d'un
côté. Il a ensuite découpé patiemment tout le pourtour
en une multitude de petites dents, qui donnent à l'objet
l'aspect d'une scie circulaire. Puis, de l'échancrure
située sur le bord, il a tracé, à l'aide d'une pointe de
silex, une raie presque droite, qui traverse la rondelle
au milieu et qui porte de chaque côté une vingtaine de
petits traits courts partant obliquement, par paires, d'un
sommet commun.

Que pouvaient bien signifier ces os gravés? Nous serions assez tenté d'y voir des amulettes, tout à fait comparables à celles qu'on rencontre entre les mains de
presque toutes les populations primitives des temps
modernes. Nous ne voyons guère d'autre explication
plausible qui leur soit applicable.

Si les dessins géométriques sont communs sur les os
de l'époque de La Madeleine, les dessins d'imitation ne
sont pas moins abondants. L'artiste d'alors représentait

de préférence les animaux qui vivaient autour de lui ;
il les figurait partout, sur des morceaux d'os à peine
raclés pour offrir une surface polie, sur des poignards,
sur des pendeloques, sur des bâtons de commandement.
Très rarement, il a essayé de tracer des figures humaines ;
plus rarement encore il a esquissé des plantes.

Les végétaux ne sont guère représentés que par une
fleur à neuf pétales gravée sur une pointe de sagaie de
La Madeleine (Dordogne), par une longue branche garnie
de ses feuilles qui orne un bois de renne trouvé à Veyrier
(Savoie) et par un petit nombre d'autres dessins. « Trois
fleurs seulement, dit M. Joly, figuraient dans les vitrines
de l'Exposition de 1867. A ce nombre est venue s'ajouter,
depuis, la fougère gravée sur un bâton de commandement
trouvé dans la station du mont Salève, par MM. Favre et
Thioly.

« Enfin, M. Cazalis de Fondouce a vu à La Salpêtrière
(Gard) la figure d'un sapin (*abies excelsior*), dessinée à
la pointe de silex sur un os plat de *cervus tarandus*
(renne). Soit dit en passant, ce fait, joint à d'autres observés par le même auteur, prouve donc que l'homme a
chassé le renne en plein Bas-Languedoc, sur les confins
de la Provence, à quelques lieues seulement de la mer
Méditerranée. »

« Les représentations d'animaux, au contraire, sont au
nombre de plus de trois cents. Il est presque toujours
possible de déterminer l'animal représenté. Tous les
détails caractéristiques de l'espèce, de l'âge, du sexe,
sont admirablement rendus. Ils révèlent un profond
esprit d'observation, un sentiment exquis de la nature.
Plusieurs de ces dessins sont supérieurs aux illustrations
de quelques-uns de nos livres d'histoire naturelle, et il
faut avouer que plus de la moitié des copies qu'on a
faites de ces œuvres pour les publier sont au-dessous des
originaux. Ce fait est tout à l'éloge des artistes primitifs. » (Cartailhac.)

Les poissons sont représentés par un bon nombre de spécimens; la truite et le brochet s'y reconnaissent très bien. Sur un long morceau de bois de renne provenant de la station de Montgaudier (Charente), on voit un dessin très élégant, nettement et finement gravé, qui montre, à côté de phoques, des truites et des anguilles de grandeur fort exagérée par rapport aux autres animaux. Le même fait se reproduit sur plusieurs os trouvés par MM. Lartet et Christy dans la Dordogne : l'artiste n'avait pas l'habitude de tenir compte des dimensions relatives de ses modèles. Sur une corne de cerf de la grotte de Lortet (Hautes-Pyrénées), on voit aussi, au milieu d'une file de cerfs, des poissons repliés d'une façon bizarre, pour remplir l'espace libre entre les pattes des ruminants.

Les reptiles et les oiseaux ne figurent qu'à titre d'exception parmi les dessins de l'homme de Cro-Magnon, et nous n'en dirons rien, sinon qu'ils sont très imparfaitement exécutés. Ce sont des serpents, des batraciens (têtards de grenouilles), le coq de bruyère, le cygne et l'oie.

Les mammifères sont extrêmement nombreux. Le renne est l'animal le plus souvent gravé sur les objets des chasseurs du Périgord. Le cheval au repos ou au galop est aussi figuré très fréquemment, sans être toujours bien réussi. L'hippopotame, le mammouth, le rhinocéros, le sanglier, l'aurochs, l'urus, le cerf, le bouquetin, l'antilope saïga, le chamois, le renard, le loup, l'ours, le lynx, la loutre, le lapin, etc., toute la faune de l'époque a été représentée par la gravure. Il nous faut dire quelques mots des plus importantes de ces pièces, afin de donner aux lecteurs une idée des connaissances et des procédés artistiques de nos ancêtres.

Le renne est figuré tantôt dans son entier, tantôt partiellement. Lorsque l'animal n'est pas entièrement dessiné, c'est la tête qui est généralement représentée. Parfois le dessin est assez grossier, et il arrive de voir manquer les bois; mais le fait est assez rare. A Bruniquel, aux Eyzies, à Laugerie, dans la Dordogne, on rencontre une quantité considérable de gravures de rennes, souvent très fidèles. Mais le plus beau spécimen, peut-être, a été découvert en Suisse, à Thaïngen. L'animal est représenté avec une exactitude et même une hardiesse qui fait croire que l'artiste n'en était pas à son coup d'essai. Le renne est en train de brouter, dans une attitude pleine de vérité.

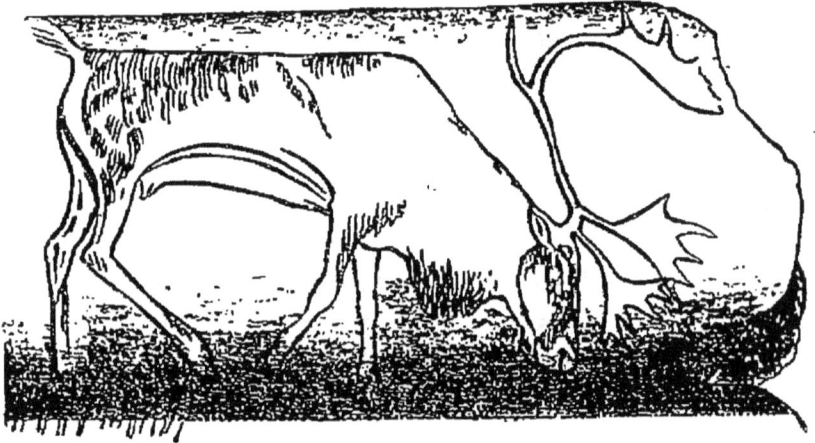

Fig. 54. — Renne broutant, gravé sur un bois de cet animal.
Grotte de Thaïngen (Suisse).

Il a bien la tête un peu large, les oreilles un peu courtes; mais, suivant la remarque du professeur Hain, de Zurich, ces caractères peuvent cependant avoir été très fidèlement rendus par l'artiste qui copiait un animal vivant dans de misérables conditions. C'est ce que montre le ventre efflanqué de la pauvre bête, qui dénote en effet que sa faim n'était pas toujours satisfaite. Lorsqu'il n'a que de maigres pâturages pour se nourrir, le renne acquiert tous ces caractères, que l'artiste a saisis et exprimés avec une vérité réellement surprenante. C'est un vrai tableau qu'a exécuté le graveur d'os de la Suisse.

Deux mots des autres mammifères. A Laugerie-Basse,

dans la commune de Tayac (Dordogne), M. Hardy a trouvé un dessin représentant une biche, gravée sur une rondelle d'os avec une telle perfection, que tous les caractères spécifiques sont des plus reconnaissables. Dans la chasse à l'aurochs de M. Massénat, l'animal est très beau de forme et de mouvement. Sur l'extrémité d'un andouiller de bois de cerf, provenant de la grotte de Massat (Ariège), M. Ed. Lartet a reconnu la tête de l'ours actuel très fidèlement représentée, et dont les parties ombrées sont nettement indiquées par des hachures.

Une pièce tout à fait hors ligne est l'image du mammouth (fig. 55) découverte à La Madeleine (Dordogne), en 1864, par M. E. Lartet. « C'est bien l'espèce perdue, le mammouth quaternaire, qui se trouve esquissé sur une grande plaque d'ivoire des Eyzies. Ses défenses recourbées, ses longs poils sont hardiment tracés. Les proportions sont exactes, l'attitude vraie. » (Cartailhac.) En 1806, on trouvait dans la mer Glaciale, près de l'embouchure de la Léna, un de ces animaux que le froid avait conservé avec sa peau, sa chair et ses os; en 1864, on recueillait, dans le voisinage de la baie de Iénisséi, des restes d'un autre individu. Il a donc été possible de reconstituer avec la plus grande vérité l'éléphant dont on rencontrait les ossements dans presque toute l'Europe, et on a pu se rendre compte de l'exactitude de l'œuvre exécutée par l'artiste de la Dordogne. En dehors des caractères énumérés par M. Cartailhac, l'animal présentait un front large et bombé et des oreilles petites ; de longs poils lui couvraient la tête et le corps ; ils lui formaient sur le cou et le dos une épaisse crinière, qui pendait jusqu'aux genoux et ressemblait à celle du lion ; ceux de la tête atteignaient jusqu'à 0m,98 de longueur. Or, comme le dit le professeur Brandt, tous ces détails ont été rendus avec plus d'exactitude par le graveur quaternaire que par le commerçant russe qui avait dessiné d'après nature le mammouth trouvé, en 1806, dans la mer Glaciale.

Un dernier fait achèvera de donner une idée de la fidélité de ces dessins. On a découvert chez nous une gravure
représentant une antilope dont on n'avait pas encore
signalé les restes dans les terrains quaternaires de la
France; M. P. Gervais y reconnut l'image du saïga, aujourd'hui confiné dans l'Oural et la Tartarie. On pouvait
déjà affirmer que cet animal avait jadis vécu dans notre
pays; car, pour le représenter avec cette exactitude, il fallait que l'artiste d'autrefois l'eût eu sous les yeux. Cette
conclusion s'est trouvée confirmée par la découverte

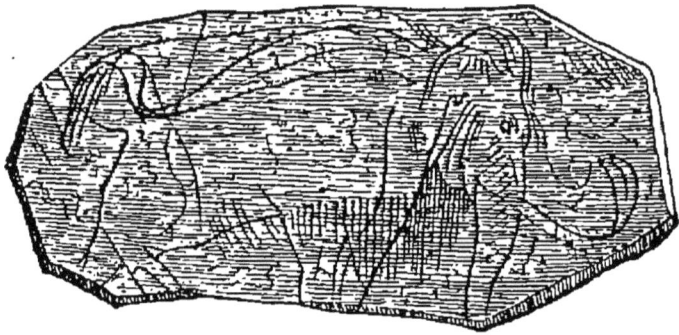

Fig. 55. — Mammouth gravé sur une plaque d'ivoire. La Madeleine (Dordogne).

d'ossements de saïga dans plusieurs cavernes de l'époque
quaternaire.

Ces artistes si habiles pour copier un animal isolé,
étaient quelque peu maladroits lorsqu'il s'agissait d'en
grouper plusieurs. Parfois les graveurs alignaient en file des
animaux d'une même espèce, et, dans ce cas, ils les représentaient tous à peu près de la même grandeur, sans se
préoccuper des différences de taille qui résultaient du
sexe ou de l'âge. S'ils plaçaient sur une seule ligne des
animaux d'espèces diverses, ils n'avaient pas plus souci de
leurs dimensions relatives et faisaient des veaux, des chamois ou des oies de la même taille qu'un cheval. Une tête
de cheval, gravée sur un os provenant de Laugerie-Basse,
qui se trouve dans le musée de Saint-Germain, est

presque aussi grosse qu'un renne tout entier. Dans certains groupes, de petits animaux atteignent même des dimensions relativement colossales; ainsi, sur un fragment de corne de renne rencontré à La Madeleine, on voit d'un côté un petit bonhomme placé entre deux têtes de cheval plus grosses et presque aussi longues que lui, et une anguille trois fois plus grande que l'homme (fig. 57). Parfois encore on observe un mélange de têtes et d'animaux ébauchés, les uns dirigés dans un sens, les autres dans un autre; certaines esquisses sont traversées par les pattes d'une autre bête dont on ne voit ni le corps ni la tête. Ne s'agirait-il pas, dans ce dernier exemple, qui nous est fourni par une pièce trouvée à Lortet (Hautes-Pyrénées), d'une série d'*études* exécutées, comme le croit M. Cartailhac, par des artistes qui voulaient se perfectionner dans l'art du dessin et de la gravure? « Ils avaient, dit-il, la passion de l'art, et en toute occasion ils se mettaient à tracer des dessins qu'ils abandonnaient ou détruisaient sans regrets, ayant atteint leur but, une satisfaction personnelle.... Tel est le secret de la présence de tant de gravures et de sculptures dans presque toutes les stations si nombreuses où les tribus et les familles ont laissé des traces de leurs foyers, de leur séjour, de leur industrie. »

Il est bien certain que ces sauvages n'atteignaient pas d'emblée le degré de perfection que nous montrent un bon nombre de leurs œuvres; leurs belles gravures n'ont pas été exécutées sans tâtonnement. Sur un morceau d'omoplate trouvé à Laugerie-Basse (Dordogne), l'artiste a voulu figurer un cheval au trot; tenant son silex d'une main ferme, il en a gravé une esquisse qui ne l'a pas satisfait complètement. Il a alors corrigé certains détails; les jambes, par exemple, sont dessinées plusieurs fois (fig. 56), l'ouvrier cherchant à obtenir et l'exactitude et un type idéal. « En examinant cette pièce, dit judicieusement M. Cartailhac, je ne puis m'empêcher de songer à ces crayons

de nos peintres qui procèdent de la même manière pour
le dessin de leurs tableaux. »

De nos jours, l'artiste, après avoir obtenu son trait dé-
finitif, efface ses traits de crayon inutiles ou les fait disparaître sous une couche de peinture ; le graveur quaternaire agissait de même. Les lignes superflues, tracées en
creux, ne s'effaçaient pas toutefois avec la même facilité,

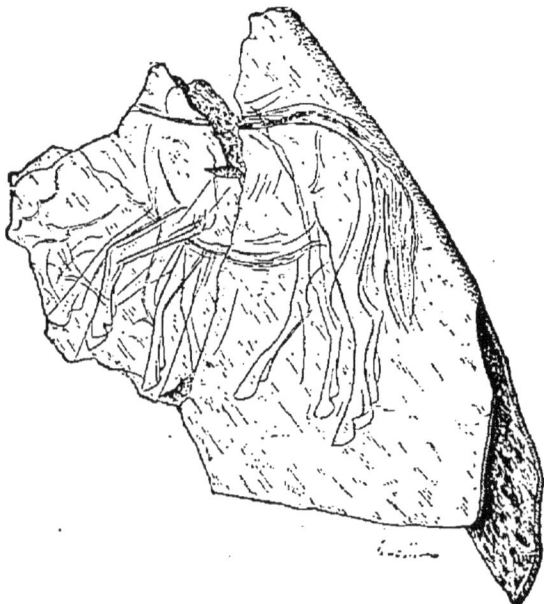

Fig. 56. — Cheval gravé sur un morceau d'omoplate. Laugerie-Basse (Dordogne).

mais notre homme avait trouvé un moyen aussi simple
qu'ingénieux. Avec son burin, il creusait plus profondément le dessin qu'il voulait conserver, puis, en raclant,
il faisait disparaître les lignes superficielles. C'est ce que
montre bien nettement le cheval dont nous venons de
parler : ses contours définitifs sont indiqués par un trait
plus profond que les autres. Ceux-ci n'ont pas disparu, il
est vrai, mais c'est que l'artiste n'avait pas achevé son
œuvre. Un simple grattage n'aurait laissé sur la plaque
osseuse qu'une image nette, d'une vérité et d'une allure
que ne désavouerait pas un dessinateur moderne.

Remarquons, à ce propos, que les premières esquisses,

si elles n'ont pas la vérité du dernier trait, sont loin cependant d'être tracées d'une main hésitante et maladroite, et ne rappellent en rien les grossiers dessins de nos écoliers. Comme le dit M. G. de Mortillet, cette enfance de l'art est loin d'être de l'art d'enfant.

Ces artistes, si habiles pour représenter des animaux, se montaient gauches et embarrassés quand il s'agissait de reproduire la forme humaine. Le contraste entre les figures de mammifères et les représentations humaines est trop grand pour être accidentel. M. de Quatrefages suppose qu'il doit tenir à quelque idée superstitieuse.

Les gravures figurant des êtres humains sont d'ailleurs extrèmement rares. Comme pour les autres mammifères, l'artiste a dessiné l'homme parfois dans son entier et parfois incomplètement; c'est alors la tête ou le bras qui sont représentés. Dans ce dernier cas, on a noté une chose bien surprenante : la main se termine par quatre doigts seulement, et c'est toujours le pouce qui fait défaut. Nous ne chercherons pas à expliquer ce fait, qui ne nous paraît susceptible d'aucune explication plausible.

C'est à La Madeleine (Dordogne) que MM. E. Lartet et Christy ont vu pour la première fois l'homme représenté au trait sur un bâton de commandement, entre deux têtes de chevaux et une anguille. Nous avons déjà dit qu'en comparaison des animaux qui l'accompagnent, l'homme est d'une taille minuscule. Ajoutons que la figure est à peine indiquée, et que les mains et les pieds n'ont pas été dessinés par l'artiste (fig. 57).

La femme enceinte, découverte à Laugerie-Basse par l'abbé Landesque, laisse presque autant à désirer. La tête a disparu ; les bras et les jambes sont fort mal dessinés et d'une petitesse ridicule si on les compare au tronc. Les seins sont vaguement indiqués ; l'abdomen, excessivement développé, a fait penser que le graveur avait voulu représenter une femme dans l'état de grossesse ; le corps paraît couvert de poils. Des bracelets ornent le seul bras

visible, et au cou se voit un collier de grosses perles. En
avant des jambes de la femme, se trouvent les deux pattes
postérieures d'un renne, dont le reste du corps a disparu
avec le morceau enlevé. Par leur remarquable exécution,
elles forment un contraste frappant avec la représentation
humaine, si mal traitée. L'artiste qui a dessiné ces pattes
d'animal était assurément assez habile pour tracer une

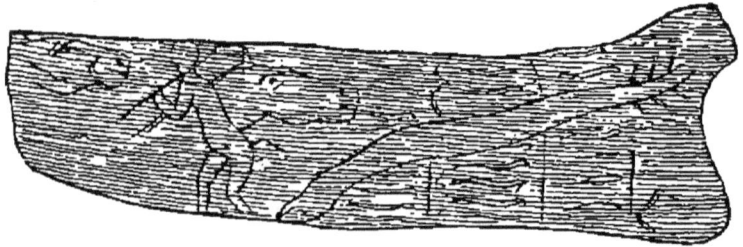

Fig. 37. — Bois de renne gravé, découvert à La Madeleine (Dordogne).

femme plus naturelle, s'il n'avait été arrêté par quelque
raison qui nous échappe.

L'homme chassant l'aurochs, trouvé à Laugerie-Basse
par M. Élie Massénat, est, comme le dit l'auteur de la
découverte, le plus beau dessin de forme humaine de
l'époque quaternaire qui ait été trouvé jusqu'à ce jour.
Mais, si parfait qu'il soit, il est loin de pouvoir être com-
paré à l'aurochs qui fuit devant lui. Quelle différence
entre cet homme raide, sans proportions, sans vérité, et
l'aurochs, superbe de pose et d'exécution !

Le bonhomme de La Madeleine, la femme enceinte et
le chasseur d'aurochs de Laugerie-Basse sont complètement nus, car on ne saurait considérer comme un vêtement les parures de la femme. Cependant, nous avons
vu qu'à cette époque l'être humain portait assurément
un costume. Il est assez curieux de constater que l'artiste
n'ait pas voulu représenter ses sujets habillés et qu'il ait
préféré l'*académie*,

Toutes les gravures que nous venons de passer en

revue nous ont montré des œuvres d'une valeur très inégale. Il serait intéressant de pouvoir les classer chronologiquement et de suivre les progrès de l'art à l'époque quaternaire; c'est une tâche impossible à accomplir. D'ailleurs, la chose fût-elle possible, qu'il resterait sûrement de grandes lacunes; ce que nous connaissons de dessins gravés par l'homme de l'âge de La Madeleine ne représente assurément qu'une faible partie de ce qu'il a produit. Nous devons donc nous contenter d'enregistrer les faits, sans nous lancer dans des hypothèses pour expliquer l'inégalité entre les diverses pièces, au point de vue de l'exécution, et sans les attribuer à des différences d'école, comme on a voulu le faire. Il est fort possible qu'il y ait surtout des différences individuelles, tel individu étant mieux doué sous le rapport artistique que son voisin.

Ce que nous avons dit suffit à montrer que, parmi nos vieux ancêtres, le goût de l'art avait déjà pris naissance, et que les artistes de La Madeleine ont déployé un talent qui les place bien au-dessus non seulement de leurs prédécesseurs, mais d'une foule de sauvages actuels. Leurs œuvres artistiques laissent souvent à désirer; souvent aussi le graveur fait preuve d'une imprévoyance étonnante, lorsque, par exemple, il décore un instrument avant d'avoir façonné l'outil lui-même, ce qui l'oblige parfois à détruire une partie de son travail; mais il n'en reste pas moins prouvé que, dès l'époque quaternaire, l'homme de Cro-Magnon développait ses aptitudes les plus élevées.

III. Sculpture.

Les sculptures de l'époque de La Madeleine ne sont pas moins remarquables que les gravures, et elles vont nous montrer, chez les artistes de ces temps reculés, des qualités nouvelles. Nous avons dit que le graveur était parfois d'une imprévoyance étonnante, lorsqu'il décorait un instrument avant de l'avoir façonné. On voit, par exemple, des bâtons de commandement qui ont été ornés de chevaux placés en file; le trait terminé, il a fallu percer le trou qui caractérise les objets de cette nature, et l'ouvrier, qui n'avait pas prévu l'emplacement de la perforation, a dû enlever la tête d'un des animaux qu'il avait préalablement dessinés.

Le sculpteur, au contraire, avant d'exécuter son travail, se rend bien compte de la destination de l'objet qu'il va façonner. S'il s'agit d'un poignard en corne ou en ivoire, et qu'il veuille en orner le manche d'un renne en ronde bosse, il aura bien soin d'en disposer les pattes et les bois de manière à ce que ces parties ne gênent pas la main qui saisira l'arme.

Pour sculpter, il fallait à l'homme quaternaire des os offrant une certaine épaisseur; les omoplates, les côtes, qui lui ont si souvent servi pour ses gravures, ne lui permettaient pas d'obtenir des reliefs suffisants, et il ne les sculptait pas. Le bois de renne était la substance qu'il employait de préférence; assez souvent il utilisait aussi l'ivoire du mammouth, et ces choix sont parfaitement justifiés. Il lui fallait, en effet, une matière première assez solide, pour lui permettre de donner de la netteté à son œuvre, et en même temps pas trop dure, pour qu'il pût la travailler avec ses outils de silex; c'est pour ces motifs, sans doute, qu'il a dédaigné la pierre.

Les sculptures de l'époque de La Madeleine sont de plusieurs sortes; parfois, elles constituent des bas-reliefs ou demi-bosses; souvent, ce sont des rondes bosses ou sculptures véritables. Les deux genres peuvent d'ailleurs se rencontrer sur la même pièce, comme nous le verrons. On trouve encore une sculpture toute spéciale, intermédiaire entre les deux genres précédents : ce sont deux demi-bosses appliquées l'une contre l'autre, comme les

têtes de loup et de renne que M. Massénat a rencontrées
à Laugerie-Basse.

A part un très petit nombre d'exceptions, les sculptures que nous connaissons représentent des mammifères
ou des êtres humains. Pourtant, dans ces dernières
années, M. Piette a découvert au Mas d'Azil (Ariège) un
certain nombre de pièces figurant l'une un cygne triple,
agencé de façon à ce que le même corps serve pour
trois têtes différentes, l'autre une sorte de sphinx, qui
n'est pas sans analogie avec les sphinx classiques de
l'Égypte. A Laugerie-Basse, M. Massénat a recueilli une
pièce non moins singulière, au sujet de laquelle on a émis
des opinions que nous ne voulons pas discuter ici.

Nous venons de nommer le Mas d'Azil. Qu'il nous soit
permis, avant de décrire les principales figurines animales ou humaines, de faire une petite digression. A
l'époque où cette localité n'avait pas encore fourni à son
heureux explorateur, M. Piette, toutes les richesses que
nous avons admirées à l'Exposition, celui-ci prétendait
que, pendant les temps quaternaires, il y avait eu en
France non seulement un art véritable, mais même des
Écoles d'art. La Dordogne, qui avait alors fourni plus de
sculptures que tous les autres pays réunis, avait été la
véritable école des sculpteurs. Ses propres découvertes
nous ont montré qu'il existait dans l'Ariège des artistes
non moins habiles à tailler l'os. Cet exemple prouve qu'il
ne faut pas trop se hâter de tirer des déductions des faits
se rapportant à cette époque quaternaire, que nous ne
connaissons encore qu'imparfaitement, malgré les immenses progrès accomplis depuis quelques années.

Le renne paraît encore le mammifère que les artistes
représentaient le plus volontiers. On connaît plusieurs
manches de poignard sur lesquels a été sculpté cet animal, dont le bois avait fourni la matière première de ces
œuvres remarquables. Mais le plus beau spécimen est assurément le renne sculpté en ivoire trouvé à Bruniquel (Tarn-

et-Garonne) (fig. 38). L'animal formait le manche d'un
poignard dont la lame brisée faisait corps avec la poignée.
L'artiste nous a donné dans cette œuvre la mesure de son
talent. L'animal, représenté avec la plus scrupuleuse
exactitude, a le mufle relevé de façon que ses cornes
retombent sur les épaules et s'appliquent le long du dos;
les pattes de devant se replient sans effort sous le ventre,

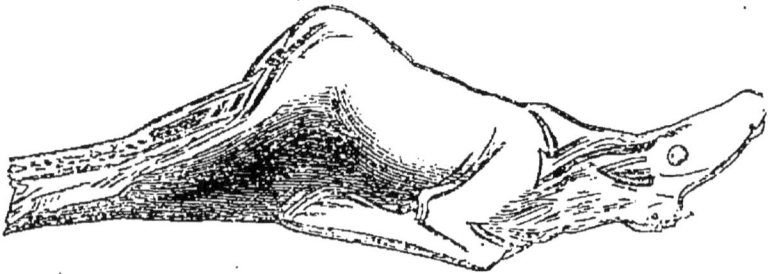

Fig. 58. — Manche de poignard sculpté en forme de renne.
Bruniquel (Tarn-et-Garonne).

comme si l'animal effectuait un saut. Les pattes postérieures, au contraire, sont allongées dans la direction de
la lame qu'elles rattachent ainsi au manche. Rien de
plus naturel que la pose du renne, qui montre avec quelle
intelligence l'artiste à su adapter la posture de l'animal,
sans la violenter, aux nécessités que lui imposait la destination de l'arme qu'il voulait façonner. Ce n'est cependant qu'une ébauche, mais une ébauche qui dénote un
réel talent.

Le mammouth a été aussi reproduit en relief, mais
parfois assez grossièrement. Un fragment de bois de
renne trouvé à Montastruc (Lot-et-Garonne), par M. Peccadeau de l'Isle, représente imparfaitement l'animal, que ses
défenses recourbées permettent cependant de reconnaître. Une autre statuette en ivoire, découverte à Bruniquel (Tarn-et-Garonne), n'est guère plus soignée. Il
n'en est pas de même de la tête de mammouth habilement sculptée sur un bâton de commandement, malheu-

reusement brisé, dont la partie perdue devait représenter le corps de l'animal, et que M. de Vibraye a trouvé à Laugerie-Basse (Dordogne).

Une autre statuette, représentant probablement l'aurochs, brisée en partie, recueillie au Mas d'Azil par M. Piette « montre que le sculpteur savait aussi isoler les jambes, respecter l'attitude naturelle, graver tous les détails extérieurs de l'animal et faire une œuvre de grande allure que l'art classique ne désavouerait pas. » (Cartailhac.)

Les dernières fouilles de cet explorateur ont mis à jour d'autres pièces encore plus surprenantes. Il en est deux notamment qui méritent une mention spéciale : nous voulons parler de deux têtes d'animaux figurées sans la peau, en bas-relief, sur des bois de renne. L'un ne porte pas d'autres sculptures ; le second, au contraire, montre en outre deux têtes d'herbivores, sculptées chacune en ronde bosse à l'extrémité d'un andouiller. Ces deux représentations de pièces anatomiques donnent une idée de l'esprit d'observation des artistes quaternaires ; certains détails sont nettement indiqués, et si d'autres laissent à désirer au point de vue de la précision, il faut bien reconnaître que l'ensemble des têtes et surtout leurs contours sont rendus avec une vérité frappante. Ainsi, nos sculpteurs de l'époque de La Madeleine ne reculaient pas plus devant l'exécution d'un *écorché* que devant celle d'un animal vivant, et dans l'un et l'autre genre, ils réussissaient d'une manière surprenante.

Eh bien ! comme les graveurs, les sculpteurs n'étaient pas heureux lorsqu'ils s'attaquaient à l'homme ; ils n'ont produit que des caricatures ridicules. Il faut du bon vouloir pour reconnaître un enfant au berceau dans une statuette figurée par MM. Lartet et Christy ; il n'en faut pas moins pour regarder comme un être humain accroupi dans une posture de suppliant, une statuette en bois de renne, d'un travail absolument informe, trouvée à

Laugerie-Basse par l'abbé Landesque. La Vénus, rencontrée dans la même localité par M. de Vibraye, ne prête pas aux mêmes doutes. Malgré la disparition de la tête et des pieds qui ont été brisés, quoique les bras n'aient jamais dû exister, il est certain que l'artiste a voulu tailler une statuette de femme dans un morceau d'ivoire.

IV. Peinture.

Pour terminer ce qui a rapport à l'art quaternaire, nous devons dire deux mots de la peinture. Nous savons déjà que l'homme de Cro-Magnon devait se peindre le corps et qu'il savait broyer dans de petits mortiers des couleurs minérales. On pouvait donc, *à priori*, admettre qu'il avait parfois badigeonné quelques objets, mais on devait croire également que toute trace de ces peintures si anciennes avait disparu. Or, M. Piette a rencontré dans les Pyrénées, au milieu de dépôts que M. Boule affirme être quaternaires, une quantité de petits galets portant des traces de peinture rougeâtre. Les dessins formés par la couleur ne révèlent pas un art bien élevé et peuvent parfaitement avoir été exécutés par ces sauvages, déjà si artistes, de l'époque de La Madeleine; ce ne sont en effet que des taches symétriques, des lignes parallèles ou entrecroisées et quelques autres dessins très simples. Ce qui surprend beaucoup de gens, c'est que la peinture ait pu résister à une aussi longue série de siècles. Pourtant, ce fait n'a rien que de très explicable : la couleur qui a été employée pour peindre ces galets est un peroxyde de fer, qui existe à l'état naturel dans toute la région pyrénéenne; c'est un produit parfaitement stable, qu'on peut laisser autant de siècles qu'on voudra sans qu'il puisse se modifier. L'authenticité de la découverte est indiscutable : nous en avons pour garant la bonne foi de M. Piette, à laquelle chacun se plaît à rendre hommage. Il nous déclare qu'il a recueilli ces objets dans une couche ancienne, non remaniée, et nous avons d'autant moins de raisons de suspecter son dire qu'il est absolument corroboré par les déclarations d'un géologue, M. Boule, qui a visité la grotte et retiré de ses propres mains de semblables galets encore en place. Nous acceptons le fait; nous ferons seulement quelques réserves sur la signification qu'attribue M. Piette à ces taches rouges. Pour lui, ce sont des comptes et, de leur examen, il déduit tout le système de numération des sauvages de cette époque. C'est peut-être aller un peu loin dans la voie de l'hypothèse, et nous préférons enregistrer la découverte sans essayer de l'interpréter.

V. Résumé et Conclusions.

En résumé, l'homme de Cro-Magnon, que nous avons vu appartenir à un type élevé et donner des preuves de son caractère industrieux, se révèle à nous comme un artiste. Il a figuré surtout les animaux qui vivaient autour de lui et souvent il les a représentés avec un grand bonheur, soit par la gravure, soit par la sculpture. Non content d'être un copiste consciencieux, il a parfois exécuté des œuvres d'imagination, comme ce sphinx et ce cygne à trois têtes de la grotte du Mas d'Azil. Les animaux invertébrés paraissent toutefois n'avoir pas attiré son attention, sans doute à cause de leurs faibles dimensions. Les plantes, malgré leur port et leur taille parfois imposants, malgré l'élégance du feuillage et des fleurs de certaines espèces, n'ont été que rarement représentées, et uniquement par la gravure. Quant à l'être humain, l'artiste hésitait, devenait maladroit, lorsqu'il s'agissait d'en faire le portrait; son œil si exercé lorsqu'il s'appliquait à saisir l'allure, les proportions d'un animal, ne se rend plus compte des dimensions relatives de son corps. Il a y là videmment quelque chose de bien particulier, qui est peut-être susceptible de s'expliquer comme nous l'avons dit.

Ce qu'on s'explique plus facilement, c'est la prédilecion qu'avaient les artistes quaternaires pour les animaux sauvages. Ils étaient chasseurs et devaient, par conséquent, avoir un penchant à s'occuper de tout ce qui concerne la chasse. De même qu'un laboureur est constamment hanté par l'idée de ses champs, de ses bœufs et de sa charrue, de même l'homme qui ne vit que de chasse doit toujours avoir à l'esprit le gibier, sans lequel l'existence lui serait impossible.

Le talent des graveurs et des sculpteurs quaternaires est d'autant plus digne de notre admiration qu'ils n'avaient à leur service que quelques outils en silex, quelques racloirs pour polir la surface de leurs os, et quelques pointes pour buriner leurs dessins. Avec ces instruments rudimentaires, ils ont produit des chefs-d'œuvre que la plupart d'entre nous seraient incapables d'égaler.

Les œuvres d'art de l'époque quaternaire ne devaient pas être localisées dans la région du sud-ouest de la France, et il faut s'attendre à les rencontrer partout où a vécu cette race d'artistes. Les faits déjà connus permettent de croire que cette prévision se réalisera. Assurément, jusqu'à ce jour, les découvertes de ce genre ont été surtout nombreuses dans le Languedoc, le Périgord et les Pyrénées, région où la race de Cro-Magnon semble avoir eu son centre principal. Mais des pièces analogues ont été trouvées sur d'autres points de la France, et nous en avons cité qui provenaient de la Charente. En Suisse, des trouvailles semblables ont eu lieu : un des chefs-d'œuvre de la gravure a été recueilli à Thayngen. En Belgique, les observations se multiplient, tandis qu'en Angleterre on n'a encore rien trouvé, que nous sachions. Or, MM. de Quatrefages et Hamy nous ont montré que la race de Cro-Magnon s'était étendue à l'est et au nord de la France, et, jusqu'à ce jour, on ne l'a pas signalée dans les îles Britanniques. En Scandinavie, on a rencontré un dessin représentant une biche gravée à la pointe de silex sur un bois de cerf travaillé; quelques faits, malheureusement trop peu nombreux, ont fait regarder à M. Hamy comme probable que les habitants du cœur de la Suède, les Dalécarliens, se rattachent à la même souche que nos chasseurs de renne.

On le voit, les gravures et les sculptures préhistoriques, du type de celles de La Madeleine, sont à peu près disséminées en Europe de la même façon que les restes mêmes de la race de Cro-Magnon. Ce serait là une nouvelle raison pour attribuer à cette race les productions artistiques que nous avons passées en revue.

Aux Canaries, sont certainement arrivés des descendants de nos chasseurs de renne, et pourtant nous n'avons rien trouvé, malgré nos longues recherches, qui rappelât l'art de nos artistes du Languedoc ou du Périgord; mais le fait s'explique aisément. Dans ces îles, l'homme n'avait à sa disposition que des outils fort grossiers, généralement en basalte, roche qui ne se prête guère à la confection de burins comme ceux de l'époque de La Madeleine; il manquait, en outre, d'éléphant, de renne, aussi bien que des autres mammifères qui auraient pu lui fournir la matière première pour ses œuvres d'art. A travers toutes les péripéties qu'il avait traversées avant d'atteindre l'archipel Canarien, l'homme de Cro-Magnon eût-il conservé les goûts artistiques de ses ancêtres qu'il aurait manqué des moyens de nous en donner la preuve.

VI. Comparaisons ethnographiques.

Si nous comparions, au point de vue de l'art, les hommes de l'époque de La Madeleine aux populations primitives qui vivent actuellement, il nous serait facile de montrer que fort peu de sauvages modernes ont atteint

le niveau des vieux troglodytes du sud-ouest de la France.
Lors de l'arrivée des Européens en Polynésie, les insulaires, quoique fabriquant de belles armes et de jolies
parures, ne savaient pas représenter les plantes ni les
animaux. Dans plusieurs archipels de la Mélanésie, on
trouve des sculptures parmi lesquelles figurent des animaux et l'homme lui-même; mais quelle distance entre
ces ébauches grossières et la plupart des œuvres, même
médiocres, de nos chasseurs quaternaires!

En Afrique, certaines peuplades sculptent, et non sans
habileté, le bois, l'os ou l'ivoire; d'autres peignent de
vrais tableaux sur des rochers, notamment les Boschismans,
l'une des races les plus misérables du continent africain.
Ces gravures, ces peintures, sont assez fidèles pour qu'on
puisse reconnaître aisément les bêtes représentées; toutefois, au point de vue artistique, elles n'égalent pas, à
beaucoup près, certaines œuvres de l'époque de La Madeleine.

Pour trouver un art ayant des analogies avec celui que
nous avons fait connaître, il faut aller dans l'Extrême-
Nord de l'Ancien et du Nouveau Monde. Il est bien curieux de constater que c'est dans les régions où ont
émigré la plupart de nos animaux quaternaires qu'on
rencontre en plus grande abondance les gravures et les
sculptures sur os ou sur ivoire. Déjà Choris nous avait
rapporté une intéressante série de dessins figurant des
objets gravés ou sculptés par les Tschouktchis; récemment, le célèbre voyageur Nordenskiöld nous a rapporté
les objets eux-mêmes. Disons quelques mots de ces œuvres
d'art.

Sur un bâton d'ivoire de morse, un artiste Tschouktchi
a gravé une file de rennes dans des attitudes variées, et un
bateau à voile que montent quatre hommes occupés à la
chasse des cétacés; un de ces animaux, qui lance un jet
d'eau par son évent, est menacé de recevoir le harpon
d'un des pêcheurs. Plus loin, c'est une chasse au morse,

puis une chasse au phoque, qui sont dessinées à la pointe.

Un autre bâton, également en ivoire de morse, montre trois bateaux sans voiles attaquant une baleine. Des chasses au renard, au phoque, au morse, figurent encore sur ce bâton, sur lequel on voit aussi des peaux d'animaux suspendues par la tête et quelques autres dessins.

Quoique l'interprétation de ces scènes soit facile et que les animaux soient aisément reconnaissables, les gravures des Tschouktchis n'offrent, en aucune façon, le cachet artistique qu'ont su imprimer à beaucoup des leurs les hommes de Cro-Magnon. L'homme lui-même, tout en faisant le sujet principal de toutes ces scènes, est encore traité d'une façon plus primitive que le chasseur d'aurochs découvert à Laugerie-Basse.

La sculpture des populations de la Sibérie orientale ne laisse pas une meilleure impression. La statuette en ivoire de morse représentant un renne est si mauvaise qu'on a peine à reconnaître l'animal. Un ours, quoique mieux rendu, est encore bien loin de valoir les sculptures du Périgord ou des Pyrénées. Des phoques, figurés sur le porte-hameçon d'un chef Tschouktchi, sont dans le même cas, bien que ce soit jusqu'ici un des chefs-d'œuvre artistiques de ces régions. Cet art de l'Extrême-Nord est un véritable art d'enfant, et nous avons vu que celui de nos artistes quaternaires, de l'aveu de tous, ne méritait nullement cette qualification.

Ce que nous venons de dire des Tschouktchis peut s'appliquer aux Esquimaux. Les productions de ces deux populations boréales ont entre elles les plus grandes affinités et semblent avoir eu une origine commune. L'homme, les animaux, les barques, les huttes, tout, en un mot, est traité par les tribus de la Sibérie orientale et de l'Extrême-Nord américain avec une naïveté surprenante. Leurs produits artistiques sont cependant du même ordre que ceux de nos troglodytes et peuvent, par suite, nous fournir quelques renseignements utiles.

Nous savons par Choris que les statuettes sibériennes sont, pour la plupart, destinées à la fois à orner et à protéger la personne des chefs ; ce sont en réalité des amulettes qu'ils portent sur leur chapeau de bois. Les bâtons d'ivoire gravés sont considérés par eux comme jouissant de vertus aussi efficaces. Par analogie, on peut conclure qu'il devait en être de même pour certaines œuvres d'art de nos vieux ancêtres, et, comme le lecteur peut en juger, l'hypothèse que nous avons émise à propos de quelques gravures se trouve justifiée par des comparaisons ethnographiques. Au fond, l'homme ne s'est guère modifié depuis les époques les plus reculées. Dans certains pays, il est même resté au même degré de civilisation qu'avait déjà atteint la race de Cro-Magnon ; il vit à peu près comme vivaient nos chasseurs de renne, et peut, par conséquent, nous fournir des indications précieuses sur une foule de questions que nous ne comprendrions pas sans cela. Il y a donc là une source d'informations qu'on ne doit jamais négliger, lorsqu'on s'occupe des époques préhistoriques.

IX

COUP D'ŒIL GÉNÉRAL SUR L'ÉPOQUE PALÉOLITHIQUE
OU DE LA PIERRE TAILLÉE

I. *Le climat et les animaux.* — Les changements survenus pendant l'époque paléolithique. — Les premiers animaux qu'a connus l'homme se sont éteints; les autres ont en partie émigré.

II. *Les races humaines.* — Les races actuelles se modifient en changeant de milieu ; Anglo-Saxons et Nègres en Amérique. — La race de Canstadt compte encore des représentants. — Le type de Cro-Magnon a persisté jusque dans les temps modernes à l'état de pureté, malgré les changements dans les conditions d'existence. — Difficulté des questions relatives aux races fossiles.

III. *L'industrie.* — Les progrès accomplis pendant l'époque de la pierre taillée ; les armes en rendent mieux compte que les autres instruments. — Perfectionnement des procédés de fabrication.

IV. *Le genre de vie.* — L'homme a vécu de chasse et de pêche; ses aliments, ses habitations, ses vêtements, ses parures, son art, ses croyances.

I. Le climat et les animaux.

Après l'examen que nous venons de faire de toute l'*Époque paléolithique*, c'est-à-dire de la période pendant laquelle l'homme de l'Europe occidentale a simplement taillé la pierre, sans avoir jamais poli un des outils sortis de ses mains, il ne sera peut-être pas sans intérêt de résumer brièvement les faits exposés, en les groupant et en en tirant les conclusions qui s'en dégagent.

Nos ancêtres ont très probablement fait leur apparition pendant l'époque tertiaire, époque à laquelle les mammifères se montrent en grand nombre à la surface du globe. Grâce à son intelligence, l'homme aurait trouvé le moyen de survivre à toutes les modifications climatologiques qui tuaient les autres mammifères ou les forçaient à émigrer vers des régions plus en harmonie avec leur organisation. Il aurait traversé, pendant les temps tertiaires, une période chaude suivie vraisemblablement d'une période de grands froids, pendant laquelle les points élevés de l'ouest de l'Europe ont, pour la première fois, été recouverts de puissants glaciers. A la fin de l'époque tertiaire ou au commencement de l'époque quaternaire, la température était plus douce, et l'homme s'est alors répandu dans les vallées dont le fond était occupé par de grands cours d'eau qui s'étaient déjà creusé un lit en entraînant les matériaux les moins résistants. Au fur et à mesure que le lit des fleuves augmentait de profondeur, leur largeur diminuait et les eaux laissaient à sec des sables, des graviers que l'être humain aimait à fréquenter, comme nous l'ont démontré les innombrables outils laissés par lui dans les balastières de Chelles et de la vallée de la Somme.

Ce régime atmosphérique dura longtemps; mais de nouveau la température s'abaissa et les glaciers s'avancèrent une autre fois dans nos régions, couvrant même des hauteurs qu'ils n'avaient pas atteintes la première fois. Tandis que les dernières espèces de mammifères, organisés pour un climat chaud, s'éteignaient peu à peu, l'homme trouvait encore le moyen de résister. Il se réfugia dans des grottes, s'abrita dans des excavations que les cours d'eau, en se retirant, avaient creusées ou laissées à découvert le long de leurs anciennes berges. Sans doute aussi, il se confectionna des vêtements avec la peau des animaux qu'il réussissait à capturer pour en faire sa nourriture.

II. Les races humaines.

Si les grands éléphants, les hippopotames, les rhinocéros de l'époque tertiaire ont totalement disparu, l'éléphant à toison ou mammouth, le rhinocéros à narines cloisonnées et à fourrure, le grand ours des cavernes et tous ces redoutables mammifères que nous avons énumérés, ne constituaient pas un voisinage plus agréable. Plus tard, le renne et le cheval deviendront abondants, et le chasseur délaissera quelque peu les autres espèces pour se lancer à la poursuite de celles-ci, dont il s'emparait avec moins de peine. Dans ses habitations souterraines, on trouve bien encore des débris des grands fauves et des grands pachydermes, mais en nombre relativement minime.

Pendant la longue période qu'il a fallu pour voir s'accomplir tous les phénomènes que nous venons de rappeler, l'homme n'a-t-il éprouvé aucune modification dans son organisation? *A priori*, il serait difficile de le penser. De nos jours, nous voyons se modifier assez rapidement les populations qui changent de milieu. Nous ne pouvons entrer dans le détail de tous les faits de transformation constatés chez les races humaines actuelles : il nous suffira d'en citer un exemple.

« Aux États-Unis, dit M. de Quatrefages, la race anglaise ne s'est guère implantée sérieusement qu'à l'époque des migrations puritaines, vers 1620, et de l'arrivée de Penn, en 1681. Deux siècles et demi, douze générations au plus, nous séparent de cette époque; et pourtant l'Anglo-Américain, le *Yankee*, ne ressemble plus à ses ancêtres. Le fait est tellement frappant que l'éminent zoologiste Andrew Murray, cherchant à rendre compte de la formation des races animales, ne trouve rien de mieux que d'en appeler à ce qui s'est passé chez l'homme aux États-Unis.

Les détails précis ne manquent pas d'ailleurs à ce sujet et sont attestés par une foule de voyageurs, par

des naturalistes, par des médecins. Dès la seconde génération, l'Anglais créole de l'Amérique du Nord présente
dans ses traits une altération qui le rapproche des races
locales. Plus tard, la peau se dessèche et perd son coloris
rosé; le système glandulaire est réduit au minimum; la
chevelure se fonce et devient lisse; le cou s'effile; la tête
diminue de volume. A la face, les fosses temporales s'ac-
cusent; les os de la pommette deviennent saillants; les
cavités orbitaires se creusent; la mâchoire inférieure
devient massive. Les os des membres s'allongent en même
temps que leur cavité se rétrécit, si bien qu'en France et
en Angleterre on fabrique pour les États-Unis des gants
à part, dont les doigts sont exceptionnellement longs. Enfin
chez la femme, le bassin, par ses proportions, se rapproche de celui de l'homme.

Ces changements sont-ils des signes d'une dégénéres-
cence déjà accomplie, et d'une extinction prochaine,
comme le prétend Knox? Je crois à peine devoir répondre
à cette assertion. Nous connaissons tous assez d'Américains
et d'Américaines pour savoir que, pour s'être modifié, le
type physique n'a pas baissé dans l'échelle des races; et
la grandeur sociale des États-Unis, les merveilles qu'ils
accomplissent, l'énergie avec laquelle ils traversent les
plus rudes crises prouvent qu'à tous les points de vue la
race Yankee a gardé son rang. C'est tout simplement une
race nouvelle façonnée par le milieu américain, mais qui
est restée la digne sœur de ses aînées européennes et les
dépassera peut-être un jour. »

Voilà ce qu'on observe en deux siècles et demi tout au
plus, lorsque, de nos jours, une race se soumet à de nouvelles conditions d'existence. Ces changements ne sont
pas énormes assurément, mais ils sont suffisamment
appréciables pour que tout le monde puisse les constater.
Or, si de telles modifications peuvent se produire en si peu
de temps et dans des conditions telles que le milieu nouveau ne diffère pas en somme considérablement de celui

dans lequel vivait antérieurement la race, que doit-on penser des changements qu'à dû subir le type humain primitif en traversant la longue période de siècles que nous avons parcourue, et en voyant se modifier autour de lui le climat, les plantes et les animaux?

Les faits que nous avons passés en revue ne nous fournissent aucune indication à cet égard : nous ne connaissons pas l'homme primitif. L'être humain le plus ancien que nous ayons rencontré remonte à l'époque du Moustier. Ce sauvage différait, il est vrai, considérablement de la généralité des Européens actuels : nous avons dit qu'il était d'une taille relativement petite, qu'il avait la tête aplatie, avec un front fuyant et d'énormes arcades au-dessus des yeux; que son occiput faisait, au contraire, une forte saillie en arrière. Cet être ne pouvait pas se tenir droit sur ses jambes qui, comme chez les singes, étaient courtes en proportion des cuisses. C'était cependant un homme, et M. Fraipont nous déclare qu'entre lui et le singe le plus élevé « il y a encore un abîme ».

Il est absolument impossible de savoir par quels états a pu passer cet homme antérieurement et postérieurement à l'époque dont nous parlons : les documents font défaut. Tout ce qu'il est permis de dire c'est que le type de Canstadt a trouvé le moyen de se perpétuer jusqu'à nous, qu'on le retrouve encore quelquefois en Europe, et qu'il constitue, en Australie, une tribu tout entière. Comment un certain nombre de ces hommes ont-ils pu échapper aux influences qui transformaient tous les autres êtres? nous ne le savons pas.

Plus tard, apparaît un type nouveau, infiniment supérieur à celui de Néanderthal : c'est le type de Cro-Magnon. De taille très élevée, possédant un crâne qui renfermait un cerveau bien développé, cette race était intelligente, industrieuse et artiste. Dérive-t-elle de la race de Canstadt modifiée? Est-elle venue du dehors? A-t-elle apparu d'emblée chez nous avec tous les caractères qu'elle nous mon-

tre? Autant de questions difficiles et presque impossibles
à résoudre dans l'état actuel de la science. Sa taille a pu
s'élever sous l'influence d'un bien-être plus grand; son
crâne a pu se modifier peu à peu, de manière à ne plus
présenter d'aplatissement que vers le sommet, tout en
conservant un occipital très saillant et des arcades sourcilières encore fortes, quoique moins exagérées que dans
le type précédent; mais la filiation entre les deux ne
saurait encore être établie avec quelque probabilité. Ce
qu'on peut dire, c'est que la race de Cro-Magnon, comme
celle de Canstadt, a persisté longtemps sur notre sol en
gardant ses caractères premiers. Nous avons montré qu'elle
compte encore des représentants parmi nous et dans
d'autres pays de l'Europe; nous avons dit que, jusqu'au
xvᵉ siècle, une population tout entière, celle des Guanches,
avait vécu aux Canaries en conservant tous des traits de
nos vieux chasseurs de renne du Périgord. Ce phénomène
n'est pas plus explicable quand il s'agit de la race de Cro-
Magnon que lorsqu'il est question de celle de Canstadt.
Que ces sauvages aient gardé leur pureté de type pendant la fin des temps quaternaires, cela se comprendrait
aisément : le milieu n'a subi pendant longtemps que des
variations de peu d'étendue, puisque, nous l'avons dit,
les animaux sont restés à peu près les mêmes, au point
qu'ils ne permettent pas de baser sur eux une classification sérieuse. Mais, lorsque les hommes de la Vézère ont
quitté le Périgord, ils ont trouvé un milieu nouveau, bien
différent, et ils n'ont pas varié. Personne ne songera, par
exemple, à assimiler le climat des iles Canaries à celui
de la France à l'époque quaternaire, ni à en comparer les
végétaux et les animaux à ceux qui vivaient alors chez
nous. Pourtant le vrai Guanche soumis à une autre température, à une autre alimentation, à un autre genre de
vie, est resté ce qu'était l'homme de Cro-Magnon.

Ainsi, nous nous trouvons en présence d'une théorie,
basée sur des faits d'observation précis, qui veut que

l'être humain se modifie comme les plantes et les animaux, chaque fois qu'il se trouve soumis à de nouvelles conditions d'existence. D'un autre côté, nous voyons les deux plus anciennes races humaines connues transmettre pendant une longue suite de siècles à leurs descendants leur type pur, malgré les variations énormes qui se sont produites autour d'elles. Comment concilier ces faits? nous ne le savons pas. Mieux vaut, après tout, confesser notre ignorance que de chercher des explications qui ne seraient que de pures hypothèses.

Après la race de Cro-Magnon, d'autres ont fait leur apparition pendant les temps quaternaires; nous ne nous sommes pas étendu sur ces types nouveaux pour ne pas sortir du cadre que nous nous sommes tracé. Qu'il nous suffise de dire ici qu'au lieu d'avoir la tête allongée, comme celles dont nous venons, en deux mots, de rappeler les principaux traits, les nouvelles races possédaient un crâne court. Descendaient-elles de celles qui les avaient précédées? il est assez difficile de le croire, puisque nous voyons vivre côte à côte un des types anciens et un des types nouveaux. Mais alors d'où venaient ces races nouvelles? Ont-elles pris naissance sur le sol où nous trouvons leurs restes? Se sont-elles modifiées plus tard? Ce sont là autant de questions mystérieuses que la science arrivera peut-être à élucider quelque jour. Ce qui est acquis actuellement, c'est que plusieurs races ont vécu dans notre pays pendant les temps quaternaires, et que toutes ont laissé des traces dans la population actuelle de l'Europe occidentale. On peut en conclure avec certitude que chacune d'elles a continué à vivre sur notre sol lorsque de nouvelles tribus ont fait leur apparition, et que, si une partie des populations anciennes a émigré à une certaine époque, comme nous l'avons montré, une autre partie n'a pas voulu abandonner sa vieille patrie.

III. L'industrie.

S'il ne nous a pas été possible de suivre les transformations du type humain primitif, nous avons pu, en revanche, assister à l'évolution de l'industrie. Dans les couches tertiaires, on n'a rencontré que des éclats de pierre si grossiers, pour la plupart, que beaucoup de savants doutent encore qu'ils aient été fabriqués intentionnellement, et que d'autres en attribuent la fabrication à un singe. Pourtant certains éclats semblent réellement travaillés comme l'ont été ceux qu'on rencontre dans les terrains quaternaires.

Dès le début de cette dernière époque, les instruments en pierre taillée deviennent assez nombreux; ils sont, en outre, travaillés de telle façon qu'on ne peut douter de l'intervention de l'homme. Peu variés de forme, à l'origine, ces outils ne consistent qu'en lames de silex tranchantes sur les bords, en éclats retouchés sur un bord pour obtenir des racloirs, en pointes et surtout en haches façonnées en amande qui pouvaient servir à la fois d'armes et d'outils.

Plus tard, ces instruments se perfectionnent; les pointes, notamment, taillées sur une face et lisses sur l'autre, constituent des armes minces, bien plus efficaces que ces épaisses haches de Saint-Acheul et de Chelles qui agissaient surtout comme instruments contondants, comme massues. Quelques nouveaux types d'outils sont inventés par l'homme.

A l'époque de Solutré, la taille des armes et des outils atteint toute sa perfection. Les lames sont plus belles, plus longues que les anciennes; les racloirs se transforment en grattoirs allongés, retouchés à une seule extrémité ou aux deux à la fois; les pointes sont de nouveau taillées des deux côtés, mais avec une habileté telle que l'ouvrier a pu enlever des centaines de petits éclats à une mince lame de silex sans la briser. Les pointes de flèches, aussi bien que les grandes pointes de lances, qui dépassent parfois 20 centimètres de longueur, acquièrent une remarquable régularité et affectent presque toutes la forme d'une feuille de laurier. Quelques-unes cependant nous montrent un type nouveau et portent un cran sur un de leurs bords.

Les premiers hommes vivaient surtout de chasse et ils se préoccupaient avant tout de perfectionner les engins qui leur permettaient de pourvoir à leur alimentation. Or, au début de l'époque quaternaire, nous voyons une arme massive, terminée d'un côté par une pointe plus ou moins obtuse et de l'autre par une surface arrondie légèrement tranchante. Cette hache, comme on l'appelle, tenue directement à la main ou pourvue d'un manche ne pouvait qu'assommer les animaux ; le chasseur devait donc les approcher de très près pour les mettre à mort, et la chose n'était pas toujours facile. C'est pour cela qu'il fit en sorte de rendre ses armes plus légères, de façon à les emmancher au bout d'un bois plus long. Si la pointe était grosse, le manche devait être assez volumineux, et l'arme constituait une lance qui permettait à l'homme de se tenir à une certaine distance du gibier ; si elle était de petite dimension, le chasseur pouvait atteindre l'animal de loin, en lui lançant son javelot. Mais, en perdant de leur poids, les armes perdaient de leur puissance, et, pour y suppléer, il fallait les rendre pénétrantes ; aussi l'ouvrier en diminua-t-il l'épaisseur. Les résultats obtenus ne pouvaient que l'encourager à persévérer dans cette voie. Il s'appliqua de plus en plus à obtenir une pointe mince, aiguë et à bords tranchants, et c'est ainsi qu'il en arriva peu à peu à fabriquer ces merveilleuses armes de Solutré.

Pour fabriquer ces instruments de plus en plus perfectionnés, l'homme dut modifier ses procédés opératoires. A l'époque de Chelles et de Saint-Acheul, il lui suffisait

de s'armer d'un caillou ou percuteur pour enlever à un
rognon de silex des éclats assez gros, jusqu'à ce qu'il eût
donné à sa pointe la forme voulue. Les armes du Moustier
étaient commencées de la même façon, mais le travail ne
s'effectuait que sur une face. A l'aide d'un caillou emmanché, d'un marteau par conséquent, l'ouvrier détachait
d'un coup sec l'instrument ainsi préparé, de manière à
obtenir un éclat relativement mince. Les pointes de
Solutré réclamaient une autre opération; des coups secs,
si habilement appliqués qu'ils eussent pu l'être, auraient
certainement brisé un grand nombre de ces armes si
délicates. Tous les petits éclats qu'il fallait détacher des
lames étaient enlevés par pression au moyen d'un os ou
d'un autre objet résistant. La pointe à cran était façonnée
de la même manière, et ne réclamait pas moins de travail
pour obtenir cette pointe latérale qui devait rendre l'arme
plus meurtrière.

C'est le même désir d'avoir des armes à la fois belles
et redoutables qui poussa l'homme de l'époque de La
Madeleine à employer à cet usage le bois de renne. Cette
substance, qu'il se procurait alors facilement, se prêtait
mieux au travail et était susceptible de recevoir des formes
plus variées. Les crans, les barbelures dont les pointes en
silex avaient montré l'utilité, s'obtenaient presque sans
peine. Aussi le chasseur de cette époque fit-il surtout en
corne ses pointes de lance, ses pointes de flèche et ses
harpons. De la même substance et d'os d'animaux, il
tira la plupart de ses ustensiles usuels, dont les types se
multiplièrent considérablement. La pierre ne servit plus
guère qu'à fabriquer des outils destinés à travailler l'os.
L'ouvrier était cependant habile à confectionner des
instruments de silex et il en inventa plusieurs types qui lui
étaient utiles pour tailler ses bois de renne; mais, comme
il ne s'en servait guère à un autre usage, il négligea de
leur donner ce fini qui caractérise les objets en pierre de
l'époque de Solutré.

Ainsi, au point de vue industriel, le progrès ne s'est pas ralenti depuis le début jusqu'à la fin de la période quaternaire. Sans cesse préoccupé de perfectionner son outillage, l'homme ne se contenta pas d'améliorer ses premiers instruments : il chercha constamment à en créer de nouveaux. Dans le choix de la matière première, il fit preuve d'un remarquable discernement. A la fin de l'époque glaciaire, il avait déjà acquis une merveilleuse habileté, qui le place bien loin de ses premiers ancêtres ; mais que de siècles s'étaient déjà écoulés depuis les temps où l'être humain avait commencé à utiliser la pierre !

IV. Le genre de vie.

Le genre de vie ne s'était pas modifié autant que l'industrie. Chasseur dès le principe, l'homme a continué à se procurer sa nourriture par la chasse et la pêche, jusqu'à la fin des temps quaternaires. S'il modifie son alimentation, c'est que le gibier n'est plus le même. Les grands cétacés, les éléphants, les rhinocéros, les ours, sont remplacés, à la fin, par le cheval et le renne. Les goût du chasseur n'avaient pourtant guère changé ; friand de moelle, il a toujours soin de briser les os qui en renferment, pour en retirer cet aliment délicat. Nous avons dit ce qu'il fallait penser de l'anthropophagie de nos ancêtres ; à notre sens, rien, jusqu'ici, n'autorise à croire qu'ils aient été cannibales. Certes, nous avons les preuves qu'ils n'étaient pas toujours pacifiques; mais un guerrier ne mange pas forcément les ennemis qu'il tue, même parmi les populations les plus sauvages.

Pendant une période, l'homme a pu vivre nu et à l'air libre ; le refroidissement de la température l'obligea à rechercher des abris et à se confectionner des vêtements. Les premières habitations humaines que nous connaissons

sont des grottes ou des excavations abritées par des
roches ; ces demeures naturelles furent utilisées pendant
toute l'époque quaternaire. Il est presque certain que,
dans la seconde moitié de la période glaciaire tout au
moins, des huttes ont été construites : les cendres, les
instruments de pierre, les ossements d'animaux qu'on
rencontre parfois loin des grottes, indiquent l'emplacement
de ces anciennes demeures.

Le vêtement n'a dû consister qu'en peaux d'animaux ;
les racloirs servaient surtout à les préparer. Jetées sans
doute sur les épaules, au début, elles abritaient tant bien
que mal l'individu. Mais l'homme quaternaire ne se contenta pas de ce costume rudimentaire : il se fabriqua
plus tard des vêtements véritables, qu'il taillait dans des
peaux à l'aide de ses lames de silex, et dont il assemblait
les morceaux au moyen des aiguilles en os, percées d'un
chas, qu'on trouve si fréquemment dans les stations de
l'époque de La Madeleine. Les poils qu'un examen minutieux a révélés dans la terre en contact avec quelques
squelettes, ne peuvent provenir que des vêtements

Nous avons vu que l'homme des temps quaternaires
aimait à se parer. Les matières colorantes d'origine miné-
rale, les petits mortiers qu'on a découverts dans des
grottes, donnent à supposer qu'il se peignait parfois le
corps. Les coquilles perforées, les dents d'animaux percées d'un trou, les fragments d'os, des pierres, des grains
d'argile séchés au soleil, constituaient ses pendeloques
et les éléments de ses colliers. La gravure de la femme
au renne nous montre que le beau sexe tout au moins
s'ornait déjà de bracelets. Pourtant les parures que nous
connaissons sont à peu près toutes de la fin de la période
glaciaire ; nous ne savons pas si les premiers sauvages
avaient pour elles un goût aussi prononcé.

C'est aussi vers la fin de l'époque quaternaire que l'art
apparaît avec la race de Cro-Magnon. Les gravures et les
sculptures sur pierre, sur os, sur corne et sur ivoire

nous révèlent de véritables artistes. Certes, toutes leurs
productions ne sont pas des chefs-d'œuvre et il en est
qui sont loin de mériter ce nom, mais on en voit aussi qui
peuvent être regardées comme tels. Les plantes, les animaux, l'homme lui-même sont figurés; quelquefois encore
ce ne sont que de simples lignes ou des dessins géométriques fort peu compliqués. Là où l'artiste se montre
supérieur, c'est dans la représentation des animaux; le
renne, l'antilope saïga, le cheval, l'aurochs, l'ours, le
mammouth, sont souvent gravés ou sculptés avec la plus
scrupuleuse exactitude et dans toutes les attitudes; parfois les animaux sont groupés mais pas toujours d'une
façon heureuse. Ces artistes, si habiles lorsqu'ils copient
les animaux, se montrent timides et maladroits quand ils
s'attaquent à l'être humain; leurs portraits sont de mauvaises caricatures. Malgré les œuvres mauvaises, on n'en
reste pas moins émerveillé en présence des gravures et
des sculptures que nous ont laissées ces hommes qui
n'avaient à leur disposition que des outils de silex. Leurs
peintures sont moins réussies; les galets recueillis par
M. Piette nous ont, en effet, fait voir qu'ils cultivaient
aussi cette branche de l'art. Mais les taches d'oxyde de
fer qu'ils ont faites sur ces cailloux, les lignes parallèles
ou croisées qu'ils y ont tracées, tout en offrant parfois de
la symétrie, sont loin de former un décor artistique.

Nous venons de rappeler l'imperfection des figures
humaines dues aux artistes quaternaires, qui se montraient
parfois si habiles lorsqu'ils voulaient représenter d'autres
mammifères. On a attribué cette différence à des idées
superstitieuses qui les empêchaient de copier fidèlement
leurs modèles, idées qu'on retrouve de nos jours chez
quelques Peaux-Rouges de l'Amérique du nord. Nos
ancêtres auraient-ils donc cru au surnaturel? Auraient-ils
en une sorte de religion? Si, en ce qui concerne les
hommes primitifs, nous n'avons aucune donnée à cet
égard, certains faits se rapportant à la race de Cro-Magnon

ont permis de supposer qu'il en était ainsi pour les individus de cette race. Des gravures sur os qu'on regarde
comme des amulettes, et surtout le soin qu'ils apportaient
à l'ensevelissement de leurs morts, les objets qu'ils laissaient auprès des cadavres, constituent, aux yeux de M. de
Quatrefages, des preuves suffisantes pour affirmer que
les chasseurs de renne de la France croyaient à une autre
vie.

Nous avons résumé, dans ces quelques pages, à peu
près tout ce que nous savons des premiers habitants de
notre sol. Les détails que nous avons donnés dans les
chapitres qui précèdent nous dispensent d'insister plus
longuement. Nous avons pris l'homme au début, alors
qu'il vivait dans l'état le plus misérable, et nous l'avons
suivi pas à pas jusqu'à la fin des temps quaternaires. Pendant ces milliers de siècles, il a accompli de grands progrès, et on est tenté de ne plus qualifier de sauvages les
hommes qui ont exécuté les chefs-d'œuvre de l'époque de
La Madeleine. Pourtant, si grand qu'ait été le chemin
parcouru par eux pour en arriver là, ils ne s'étaient pas
élevés au-dessus de l'état social le plus primitif et étaient
restés exclusivement chasseurs. Si remarquable que soit
l'industrie des hommes de Solutré et de La Madeleine,
elle ne nous a montré aucun instrument de pierre qui
eût subi un polissage; tous n'ont été obtenus que par
l'enlèvement d'un nombre plus ou moins considérable
d'éclats. Nous ne sommes pas sortis, en d'autres termes,
de l'âge de la pierre taillée ou époque paléolithique.
Presque dès le début de notre époque, la pierre polie fait
son apparition, et, en même temps que nous allons rencontrer une nouvelle industrie, nous trouverons d'autres
races humaines et une civilisation toute différente. Cette
ère nouvelle dans l'histoire de l'humanité porte, avons-
nous dit, le nom d'époque néolithique ou de la pierre
polie. C'est à son étude que nous consacrons la troisième
partie de ce livre.

TROISIÈME PARTIE

L'ÉPOQUE NÉOLITHIQUE OU DE LA PIERRE POLIE

X

LE DÉBUT DE L'ÉPOQUE GÉOLOGIQUE ACTUELLE

I. *Climat, flore et faune.* — Changements qui s'opèrent. — Les espèces quaternaires disparaissent en partie; animaux nouveaux.
II. *Les races humaines.* — Le commencement de notre époque est encore mal connu. — Les modifications dans les mœurs et l'industrie sont dues à des influences extérieures. — Migrations. — L'état de la civilisation n'était pas le même, à l'époque quaternaire, sur toute la surface du globe. — La civilisation ancienne de l'Asie. — Incertitudes sur la patrie première des nouveaux arrivants. — Les invasions ne furent pas pacifiques. — La période de luttes passée, des croisements eurent lieu. — Les premières races immigrantes de notre époque; ce que nous apprennent à ce sujet les kjœkkenmœddings, les grottes et les dolmens de la Lozère.

I Climat, flore, faune.

Pas plus que les époques qui les avaient précédés, les temps quaternaires ne prirent fin brusquement. Au froid et à la sécheresse de l'âge du renne, succéda peu à peu le climat actuel, qui fut d'abord plus humide qu'aujourd'hui. Les glaciers se retirèrent lentement et finirent par se localiser sur les hauts sommets qu'ils occupent encore actuellement. Grâce à l'humidité et à la température plus clémente, les végétaux se développèrent sur une foule de points où ne se trouvait pas de végétation pendant la période glaciaire. Les rivières s'étaient retirées au fond des vallées où leurs eaux limpides coulèrent avec plus de lenteur. N'occupant plus qu'un lit relativement étroit, les surfaces

13

sur lesquelles elles s'étendaient auparavant se couvrirent rapidement de plantes variées. En mourant, elles formèrent des accumulations qui se transformèrent en tourbe. Lorsque les végétaux poussaient abondamment sur les bords de quelque cavité, leurs débris s'entassant dans ces dépressions donnèrent peu à peu naissance à des couches qui finirent par atteindre des épaisseurs considérables, comme celles que nous avons signalées, au début de ce livre, dans les marais tourbeux du Danemark. Le commencement des temps actuels a été, à proprement parler, l'époque des tourbières. Ce n'est pas que le phénomène ait cessé depuis : il continue à se former des couches de tourbe à l'heure actuelle, mais leur accroissement est devenu plus lent. Les dépôts dont nous parlons ont admirablement conservé les ossements d'animaux et tous les instruments qui se sont trouvés emprisonnés dans leur sein.

Les cours d'eau n'ont pas cessé non plus de déposer des alluvions le long de leurs berges, mais les assises contemporaines n'ont qu'une importance insignifiante si on les compare à celles de l'époque quaternaire.

Les végétaux que nous voyons autour de nous font leur apparition dès le début de notre époque, et les espèces n'ont guère varié depuis lors dans notre contrée. Dans le nord de l'Europe, les modifications ont été plus lentes, la température a mis plus de temps à se réchauffer, et tout le monde sait que le régime glaciaire n'a pas disparu des régions les plus septentrionales. Aussi s'explique-t-on les faits qui ont été observés en Danemark et que nous avons rappelés en parlant des *skovmoses* ou marais tourbeux. Dans ce pays, la flore s'est modifiée sensiblement depuis l'aurore de l'époque actuelle. Au fur et à mesure que le climat perdait de sa rigueur, de nouvelles plantes prenaient naissance. Les découvertes faites à l'intérieur de ces skovmoses nous ont fourni des renseignements sur l'ordre dans lequel quelques plantes actuelles ont fait leur apparition : elles nous ont montré que, parmi les arbres, le pin

avait précédé le chêne et que celui-ci avait apparu avant
le hêtre, le bouleau, l'aulne et le noisetier.

Les changements survenus dans les espèces animales
nous sont bien connus. Parmi celles qui vivaient chez
nous à la fin des temps quaternaires, les unes ont émigré,
les autres ont continué à vivre dans notre pays et quelques-
unes ont même vu s'ouvrir pour elles une ère de pros-
périté qu'elles n'avaient pas connue jusque-là ; dans le
nombre nous pouvons citer le cerf. Le cheval, l'ours
vulgaire, le loup et plusieurs autres mammifères persistent. L'urus et l'aurochs, ou bison d'Europe, quittent
notre sol et commencent à péricliter ; sans les soins dont
on entoure ce dernier dans les forêts de la Lithuanie,
l'espèce s'en serait éteinte complètement. Le grand
éléphant a défenses recourbées ou mammouth semble à
peine avoir attendu la fin de l'époque quaternaire pour
émigrer ; il s'est dirigé vers le nord-est, a gagné la Sibérie,
où ses derniers représentants se sont éteints. C'est aussi
vers le nord-est qu'a émigré l'antilope saïga, tandis que
le renne, le renard bleu, le glouton, le lemmus, le lagomys, gagnaient peu à peu les régions boréales, et que la
marmotte, le chamois, le bouquetin se réfugiaient sur le
sommet des montagnes élevées. Quelques espèces, avons-
nous déjà dit, se sont retirées dans les pays méridionaux
et quelques autres, l'ours féroce, le bœuf musqué et le
cerf du Canada, ont émigré vers le nord-ouest.

En somme, de toutes les espèces de mammifères quaternaires, un très petit nombre a continué à vivre dans
notre contrée ; l'animal qui jouait un si grand rôle pour
l'homme de la fin de la période glaciaire, le renne, a abandonné définitivement notre sol, et cette disparition devait
forcément entraîner des modifications profondes dans le
genre de vie de chasseurs habitués à se nourrir de sa
chair et à utiliser son bois à différents usages.

En même temps que la plupart des animaux anciens
disparaissaient, soit par voie d'extinction, soit par voie de

migration, d'autres espèces commençaient à se montrer:
ce sont les animaux que nous voyons autour de nous. Mais,
dès le début des temps actuels, on constate un phénomène
nouveau : la domestication des animaux. Pendant toute
l'époque quaternaire, l'homme ne paraît avoir réduit en
captivité aucune espèce animale. Nous avons dit ce qu'il
fallait penser de la domestication du cheval à l'époque de
Solutré ; celle du renne n'est pas plus démontrée. Ce n'est
qu'à l'aurore de la période actuelle que, pour la première
fois, on rencontre le chien à l'état domestique. Dès qu'il
eut fait de cet animal son fidèle compagnon, l'homme ne
tarda pas à asservir d'autres espèces qui lui permirent
d'avoir une vie plus sédentaire. Lorsque, en effet, il avait
besoin d'aliments, il n'était plus obligé de courir après le
gibier ; il avait sous la main des animaux qu'il pouvait
sacrifier à tout moment. Mais une nouvelle obligation
s'imposait à l'homme : il lui fallait assurer la vie de ses
troupeaux, qui ne pouvaient plus errer au hasard, à la
recherche de leur nourriture. Le maître dut y pourvoir en
cherchant lui-même les pâturages où il pourrait faire paître
ses animaux captifs: il devint donc pasteur. Ainsi, à peine
le milieu s'était-il modifié, que l'homme renonçait en partie à la chasse et à la pêche pour embrasser l'état pastoral.

On voit déjà, par ces quelques lignes, l'importance des
changements qui se sont produits dans les mœurs et le
genre de vie de l'homme de notre époque, par le fait seul
de la disparition de certains animaux anciens et de la
domestication d'autres espèces.

II. Les races humaines.

On s'est demandé si c'était bien le même homme des
temps quaternaires qui avait domestiqué les espèces animales, ou si des envahisseurs n'étaient pas alors arrivés
chez nous avec leurs animaux domestiques. On était
d'autant plus en droit de se poser cette question, que

l'industrie nouvelle est bien différente de l'ancienne, comme nous le verrons plus bas ; que notamment l'habitant de notre région ne se contente plus de *tailler* le silex pour s'en faire des instruments, mais que souvent il le *polit* ; qu'il fabrique de la poterie sur une grande échelle et qu'il construit, pour y déposer les morts, d'immenses chambres formées de blocs énormes, dont nous aurons à nous occuper. C'est une civilisation tellement distincte de celle des temps quaternaires, qu'on ne voit pas toujours bien comment l'une a pu dériver de l'autre. « Il n'est pas nécessaire, dit Broca, pour expliquer ce phénomène de faire intervenir d'autre influence que celle de l'homme lui-même. Nos paisibles chasseurs de renne, avec leurs mœurs adoucies, avec leurs armes légères, qui n'étaient plus faites pour le combat, n'étaient pas en état de résister à l'invasion des barbares, et leur civilisation naissante succomba au premier choc, lorsque de grossiers conquérants, mieux armés pour la guerre, et déjà pourvus peut-être de la hache polie, vinrent envahir leurs vallées. On vit alors, comme on l'a vu depuis, que la force prime le droit. »

Après avoir reproduit ces paroles, M. Cartailhac les apprécie en deux lignes : « C'est un roman, dit-il. La vérité est que le problème est loin d'être aussi simple qu'on pouvait le croire d'abord et que l'a raconté Broca. » Il nous semble que M. Cartailhac se montre un peu sévère, et il se pourrait fort bien que l'opinion émise par Broca ne fût pas aussi romanesque que le dit cet auteur.

Certes, nous n'avons nullement la prétention de résoudre définitivement une question aussi compliquée. Nous savons toutes les lacunes qui existent encore dans nos connaissances relatives à cette époque comparativement peu éloignée de nous. Il est assez bizarre, en effet, que nous soyons à peine aussi renseignés sur le début des temps actuels que sur l'âge du renne, et cependant le fait est parfaitement exact. Nous connaissons si peu ce qui concerne l'homme du commencement de notre époque

que plusieurs savants ont pu croire qu'après la période quaternaire, l'homme avait cessé pour un temps de vivre dans notre pays, qu'il avait existé un *hiatus* comme ils disent. Les faits montrent de plus en plus que cette opinion doit être abandonnée ; mais il suffit qu'elle ait pu être soutenue pour prouver l'insuffisance de nos renseignements.

M. Cartailhac pense qu'une « partie des nouveautés qu'on observe après l'âge du renne doit être le résultat de découvertes locales, de progrès accomplis chez nous. » Si, dit-il, on regardait le polissage de la pierre comme une industrie importée, d'où ferait-on venir les immigrants qui l'auraient introduite chez nous, puisque « la hache de pierre polie se trouve en Afrique, même dans la vallée du Nil, dans les plaines de l'Euphrate et du Tigre, en Chine et dans les Indes, dans les archipels océaniens, dans une grande partie des deux Amériques ? » Les anciennes migrations humaines, ajoute-t-il, nous ne les connaissons pas, et il n'est pas nécessaire de les invoquer pour expliquer les faits que nous constatons à l'époque de la pierre polie. « L'idée, mieux que l'homme souvent, se dissémine de proche en proche. Cette propagation était d'autant plus aisée que de trop grands écarts de civilisation ne séparaient pas encore les groupes de l'humanité ; l'homme était apte à comprendre la valeur des découvertes et des procédés nouveaux, à se les assimiler, à les appliquer, à les perfectionner. »

Cette dernière phrase laisserait entendre que, si les progrès que l'on constate à l'époque néolithique se sont accomplis chez nous, les découvertes n'auraient cependant pas été, à proprement parler, des découvertes locales : l'idée première serait venue d'ailleurs et se serait propagée de proche en proche. De nouvelles peuplades ne seraient pas arrivées dans notre pays, mais leurs idées y auraient pénétré et auraient guidé ses vieux habitants dans la voie du progrès.

Avec beaucoup d'anthropologistes nous croyons que des migrations ont eu lieu au commencement de notre époque,

et que les idées nouvelles ont été introduites par les
envahisseurs.

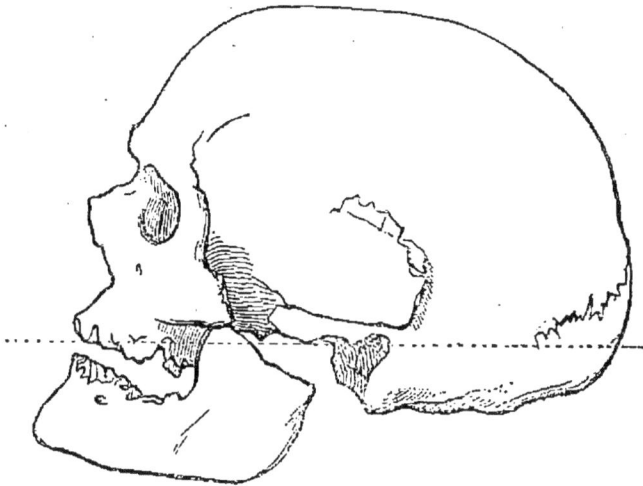

Fig. 39. — Crâne du vieillard de Cro-Magnon.

Depuis longtemps MM. de Quatrefages et Hamy ont
insisté sur le « fouillis » de races dont le mélange compose
la population de notre pays à l'époque néolithique. Le

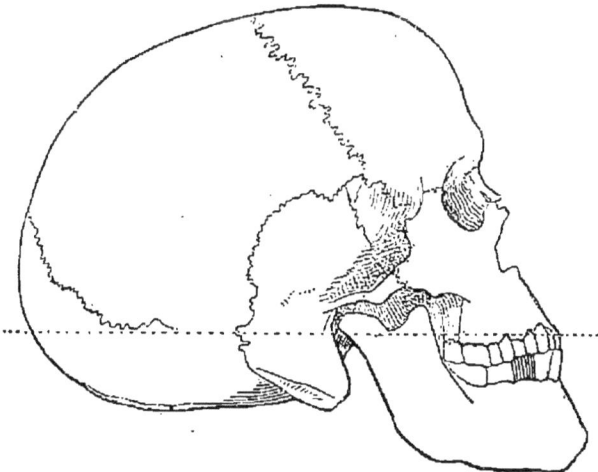

Fig. 40. — Crâne néolithique du dolmen des Mureaux.

type de Cro-Magnon se retrouve encore avec fréquence;
des individus à tête courte se voient très nombreux sur
quelques points. Parmi ces derniers, apparaît un type

nouveau dont le crâne est légèrement aplati dans toute sa
région supérieure et se termine verticalement en arrière.
Des hommes à tête étroite, très allongée, à face également très haute et peu développée en largeur, se montrent de tous les côtés (fig. 40 et 41). Que des chasseurs de
l'âge du renne (fig. 59 et 41) aient continué à vivre chez
nous, cela est incontestable, puisque nous les retrouvons

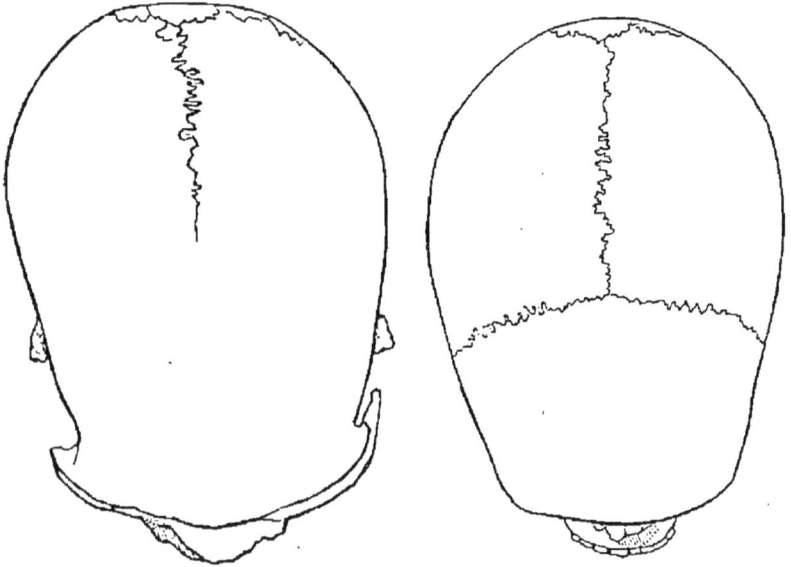

Fig. 41. — Les deux crânes précédents, vus d'en haut.

sur une foule de points en quantité notable; mais ils ne
formaient plus la majorité de la population.

Les races dominantes, qu'elles soient dolichocéphales
(à tête longue) ou brachycéphales (à tête courte), dont on
constate pour la première fois l'existence chez nous, ne
peuvent pas dériver de la race de Cro-Magnon. Il est impossible, en effet, de mettre sur le compte des changements qui se sont produits dans le milieu les différences
qu'on note entre ces types nouveaux multiples et celui des
chasseurs de renne, car l'action s'en serait fait sentir à la
fois sur tous les individus. Il est bien évident, si on admet
que des modifications dans les conditions d'existence doivent entraîner des changements dans les caractères phy-

siques de l'homme, qu'on ne comprendrait pas comment, dans une contrée limitée comme la France, des phéno- mènes aussi divers se seraient produits. Il faudrait sup- poser que, dans un espace si restreint, les conditions d'existence seraient restées les mêmes sur certains points, puisque le type ancien a persisté avec tous ses caractères ; que, sur d'autres points, les changements auraient été de telle nature qu'ils auraient eu pour résultat d'allonger et de rétrécir en même temps le crâne et la face de l'être humain ; que sur d'autres, enfin, ils auraient été de nature différente, puisque le type ancien de l'homme se serait modifié en sens inverse.

Cette hypothèse, absolument inadmissible, n'expliquerait même pas les faits observés. Sur une foule de points, on rencontre tous ces types humains réunis dans une seule localité. Or, comme le milieu ne pouvait pas à la fois rester stable et changer dans le même endroit, il faut renoncer à faire dériver les races humaines que nous voyons appa- raître à l'époque néolithique des hommes de Cro-Magnon.

Il ne reste donc que deux hypothèses possibles : ou bien ces races nouvelles ont, à cette époque, apparu sur place, ou bien elles sont arrivées du dehors. La première théorie, celle qui consiste à faire naître sur place les types humains, a reçu le nom d'*autochtonisme* ; elle n'est guère invoquée, par ses partisans, pour les races de l'âge de la pierre polie, et M. de Quatrefages dit même que personne n'a songé à expliquer de cette façon l'apparition des hommes néolithiques de l'Europe occidentale. Pas plus, en effet, que l'hypothèse précédente, elle ne rendrait compte des faits : elle ne pourrait faire comprendre com- ment des types différents ont pu prendre naissance, à la même époque, sur le même point, une cause identique ne pouvant produire des résultats opposés.

Par élimination, nous en sommes donc amenés à conclure que les nouvelles races de l'époque de la pierre polie sont venues du dehors, et nous allons montrer que cette théorie

rend facilement compte des faits. Ces hommes qui arrivèrent alors dans notre pays avaient auparavant vécu dans des
milieux différents. Nous avons vu, dans la première partie,
combien le milieu influe sur les mœurs, le genre de vie
et l'industrie d'une population. Or, il est très probable que,
pendant l'époque quaternaire, le climat, les conditions
d'existence, n'étaient pas uniformes à la surface du globe
entier. Placés dans un autre milieu que nos chasseurs
de renne, les habitants de l'Asie ou de l'Amérique ne
pouvaient avoir ni un outillage identique, ni un genre de
vie exactement semblable. Selon que les conditions dans
lesquelles ils se trouvaient placés étaient plus ou moins
favorables, ils marchaient plus ou moins rapidement
dans la voie du progrès. Vers le cœur de l'Asie, selon
M. de Quatrefages, le progrès avait été beaucoup plus
rapide que dans notre pays. « A une époque qu'il est
encore impossible de déterminer, dit-il, mais qui répond
à coup sûr au moins à une partie des temps quaternaires
européens, qui peut-être remonte plus haut, ils domesti-
quèrent le chacal d'abord, dont ils firent le chien…. Puis,
poursuivant cette œuvre, qui pouvait seule permettre la
formation des grandes sociétés humaines, ils s'assujetti-
rent la chèvre, le bœuf, le mouton, etc., qui nourrirent
les constructeurs des dolmens et des cités lacustres.

En traversant par bien des routes diverses le continent
asiatique, les hommes de cette époque n'avaient pas seulement domestiqué des animaux. Ils avaient, en outre,
découvert les céréales ; ils apprirent à les cultiver. Essentiellement pasteurs, à demi cultivateurs, ils jouirent d'une
sécurité presque toujours inconnue aux chasseurs ; ils
purent réfléchir et développer leurs industries. C'est alors
qu'ils perfectionnèrent leur outillage et polirent leurs
haches. » Ces idées qui, comme le dit l'auteur, ne sont
pas seulement « le produit d'une imagination trop aven-
tureuse », mais résument « en les coordonnant, les résultats les plus généraux des découvertes modernes », nous

expliquent qu'à l'arrivée d'un type humain venu de l'est, nous voyons apparaître en même temps le polissage de la pierre et la domestication des animaux.

Assurément, on a voulu à un moment aller trop loin dans cette voie. On a prétendu que tous les animaux domestiques, qui ont vécu chez nous à l'époque de la pierre polie, avaient été amenés par l'homme à l'état de domesticité. Les zootechnistes ont montré que plusieurs de nos races domestiques descendaient des espèces sauvages qui vivaient à la fin des temps quaternaires dans l'Europe occidentale. Mais ce fait ne vient en rien détruire l'opinion que nous soutenons en ce moment, à savoir que la domestication des animaux n'a pas pris naissance sur place. Qu'ils soient arrivés avec plusieurs espèces domestiques ou avec une seule, qu'ils n'en aient même amené aucune, on comprend très bien que les hommes qui font, chez nous, leur apparition à l'époque néolithique aient été les véritables introducteurs de la domestication. S'ils avaient assujetti des animaux dans leur ancienne patrie, ils savaient comment s'y prendre pour obtenir ce résultat, et, sachant les avantages qu'il y avait pour l'homme à avoir toujours des aliments à sa portée, ils ne pouvaient manquer de réduire en servitude quelques-unes des espèces qu'ils trouvaient dans leur nouveau pays.

Les autres coutumes que nous voyons apparaître à l'âge de la pierre polie, ont également existé en Asie à une époque ancienne. L'hypothèse de migrations humaines après les temps quaternaires nous explique donc tous les faits que nous ne saurions comprendre autrement. Elle nous rend compte de l'apparition de types nouveaux et de toute une civilisation bien différente de celle qui l'avait précédée.

Nous ne voulons pas dire que tous les nouveaux venus soient partis du même point. La multiplicité des races de l'époque néolithique doit, au contraire, faire penser que plusieurs migrations se sont alors produites, et qu'elles avaient eu des points de départ différents.

Ces invasions ne se sont pas toujours faites pacifique-
ment, et il serait facile d'en citer un grand nombre de
preuves ; nous reviendrons plus loin sur ce sujet. Qu'il
nous suffise pour le moment de dire que, dans la Lozère,
M. le docteur Prunières a fait des observations concluantes : il a rencontré des squelettes du début de l'époque
néolithique appartenant à deux types distincts, l'un à
crâne court, comme les constructeurs de dolmens de
cette région, l'autre à crâne allongé, comme les chasseurs
de renne. Les restes de ces derniers avaient été déposés
dans des cavernes, ainsi que la chose se pratiquait à
l'époque quaternaire ; les brachycéphales avaient été
inhumés dans les nouvelles chambres sépulcrales. Parmi
les squelettes des cavernes, plusieurs portaient encore les
pointes de flèches qui leur avaient donné la mort. Or ces
traits avaient été lancés par les nouveaux arrivants ; car
ils ne ressemblent en rien à ceux de l'époque ancienne
et sont, au contraire, entièrement analogues à ceux qu'on
trouve dans les dolmens.

Cette observation si intéressante nous montre, en présence, deux races aussi différentes par les caractères physiques que par les mœurs et par l'industrie. L'une a le
crâne court ; elle enterre ses morts dans des monuments
formés d'immenses blocs ; elle se sert de flèches dont
l'extrémité est armée d'une pointe d'un type tout nouveau.
L'autre a la tête allongée ; elle continue, comme par le
passé, à déposer ses morts dans les cavernes ; elle ne
connaissait pas encore, selon toute apparence, ces nouvelles armes dont elle expérimentait les effets à son
détriment. Les deux races avaient des relations si peu
pacifiques qu'elles s'entre-tuaient, comme le prouvent les
pointes de flèches de l'une encore fixées dans les ossements de l'autre (fig. 42).

Combien de temps durèrent ces hostilités ? nous ne le
savons pas. La paix finit par se conclure, et des alliances
s'opérèrent entre les ennemis. M. le docteur Prunières

nous en fournit encore la démonstration. Conformément à
la règle générale les nouveaux venus, plus civilisés que
les gens qu'ils avaient rencontrés dans notre pays, im-
plantèrent chez nous leur civilisation ; les dolichocéphales
acceptèrent, par exemple, le nouveau mode de sépulture,
et on trouve plus tard leurs restes dans des dolmens, à
côté des squelettes des hommes à tête courte. Les deux

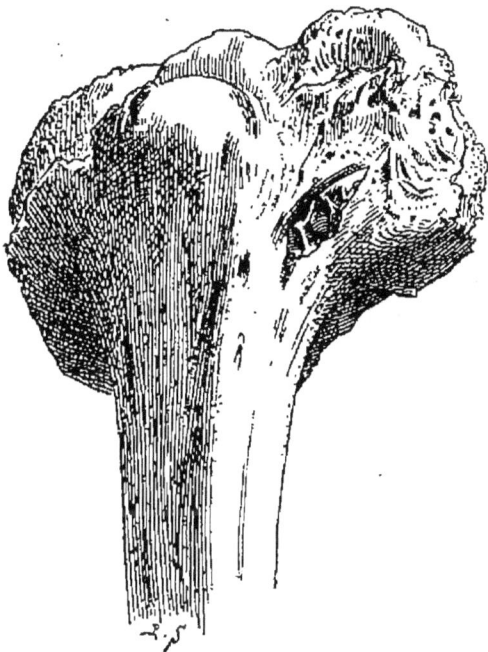

Fig. 42. — Tibia percé d'une pointe de flèche. Grotte de Gémènos
(Bouches-du-Rhône).

types ne se contentèrent plus de vivre à côté l'un de
l'autre en bonne intelligence ; ils se croisèrent, comme
le démontrent les crânes de métis trouvés dans les mêmes
dolmens.

Dans toutes les régions de la France, aussi bien dans
les dolmens que dans les grottes de la Marne, dont nous
parlerons plus loin, on a rencontré associés les restes de
races diverses, sans que rien puisse faire supposer qu'elles
aient vécu en mauvais termes. C'est qu'alors, ainsi que
le dit M. de Quatrefages, le temps des guerres était passé.

Lorsque nous avons parlé de l'époque de La Madeleine, nous avons retracé à grands traits l'histoire de la race de Cro-Magnon ; nous avons montré qu'après les temps quaternaires, certaines tribus appartenant à ce groupe avaient émigré. Ces migrations ont pu être parfois volontaires : habitués à chasser le renne, ces hommes ont dû, dans quelques cas, suivre leur gibier, lorsque celui-ci se retirait vers le nord ; mais cette explication ne saurait s'appliquer à la grande migration qui s'est dirigée vers le sud et qui a fini par atteindre les îles Canaries. Il paraît très plausible d'admettre que des tribus, vaincues par les envahisseurs, ont été forcées de leur abandonner le sol et se sont mises à la recherche d'une nouvelle patrie.

Quelles furent, parmi toutes les races nouvelles, celles qui atteignirent les premières l'ouest de l'Europe ? C'est ce qu'il est assez difficile de dire avec quelque précision. M. de Quatrefages pense que les premiers envahisseurs ne connaissaient pas encore la pierre polie. « Autour des peuples qui polissaient leurs haches et élevaient des troupeaux, dit-il, il en était d'autres, tout au moins dans la direction du couchant, qui gardaient les industries rudimentaires des temps passés et dont un certain nombre n'avaient pas même le chien.

Lorsque les premiers s'ébranlèrent pour gagner l'Europe, ils ne purent que refouler et chasser devant eux les seconds. Sans doute, les choses se passèrent alors comme elles ont fait dans notre moyen âge ; et c'est de contre-coup en contre-coup que des tribus, ne connaissant encore que la pierre taillée, arrivèrent avant les hommes néolithiques sur nos côtes occidentales, où elles accumulèrent les Kjœkkenmœddings pendant l'âge du chien. » Ce serait donc la race des Kjœkkenmœddings qui serait la première arrivée de toutes les races qui ont fait leur apparition dans l'Europe occidentale depuis l'époque quaternaire.

Les Kjœkkenmœddings du Danemark ne nous avaient

rien appris des hommes qui accumulaient ces monceaux de coquilles. L'étude des Kjœkkenmœddings du Portugal est venue combler en partie cette lacune. Comme ceux du Dane-mark, ils ont fourni un outillage très grossier et de rares poteries, qui n'apparaissent que vers la partie supérieure du dépôt. En haut également, on rencontre quelques os-sements de mammifères, provenant tous d'espèces actuel-lement vivantes. Ce fait démontre que les chasseurs ne se sont substitués aux pêcheurs qu'à la fin de cette époque.

Les amas de coquilles du Portugal renfermaient les restes des individus qui les avaient formés. M. Cartailhac, qui en a fait une étude remarquable, nous dit : « De nombreux squelettes, hommes et femmes de tous les âges, sont disséminés dans la masse de ces grandes collines artificielles dont ils sont positivement contempo-rains. Ils se présentent allongés, accroupis, en tas isolés. Dans la plupart des cas, les os sont dans leurs connexions naturelles, mais quelquefois il y a confusion, les os ont été rapprochés alors que la chair avait disparu; les os longs sont quelquefois brisés, ce qui ne peut s'expliquer d'une façon satisfaisante que par la pression des terres ; enfin on constate dans plusieurs squelettes des lacunes qui rappellent tout à fait ce que l'on observe à Menton. Nous ne doutons pas qu'il soit juste d'assimiler ces sépul-tures pourtant si éloignées. L'anthropologie nous apprend que la race des Kjœkkenmœddings portugais n'est qu'une variété de notre vieille race de l'âge du renne, dite de Cro-Magnon. »

M. Cartailhac n'est pas assez explicite lorsqu'il déclare que la race des Kjœkkenmœddings portugais n'est qu'une variété de notre race de Cro-Magnon. Tout en se rappro-chant du type de nos chasseurs de renne, cette variété s'en différencie par sa face allongée et sa petite taille (1m,53 à 1m,65 au plus). Or, la race de Cro-Magnon est caractéri-sée par un crâne allongé et une face courte, en même temps que très large au niveau des pommettes ; sa taille est très élevée. La race portugaise de *Mugem* est une race métisse, à la formation de laquelle ont pris part et la race de Cro-Magnon et un autre type que nous ne connaissons pas. C'est précisément ce type qui a dû, à l'aurore des temps actuels, venir se mélanger à nos chasseurs de renne.

Mais les Kjœkkenmœddings du Portugal renfermaient une autre race à tête courte, comme ces individus qui, dans la Lozère, disputaient le sol aux hommes de Cro-Magnon. Elle s'en distingue toutefois par son industrie rudimentaire, qui est loin d'égaler celle des brachycéphales de la Lozère. Il n'en est pas moins intéressant de rapprocher les deux faits : en France, sur plusieurs points, on voit les brachycéphales aux prises avec notre vieille race quaternaire ayant encore toute sa pureté; en Portugal, on rencontre aussi des brachycéphales dans des dépôts qui remontent aux premiers temps de l'époque actuelle. On serait tenté de conclure de ce rapprochement que les premiers envahisseurs de l'Europe occidentale étaient des hommes à tête courte. Mais il ne faut pas trop se hâter de généraliser, et il est préférable d'attendre de nouvelles observations.

Les amas de coquilles du Danemark et du Portugal nous prouvent tout au moins que l'Europe n'a pas cessé d'être habitée après l'époque quaternaire, puisque les coquilles qui les composent ont été accumulées par l'homme alors qu'il ne savait pas encore polir la pierre et qu'il avait tout au plus le chien comme animal domestique. Ils sont, par conséquent, antérieurs à la véritable époque néolithique, et doivent correspondre à la période de transition entre les temps quaternaires et l'époque actuelle.

Les découvertes de M. Prunières, dans la Lozère, conduisent à la même conclusion. Quand la race brachycéphale a fait son apparition dans cette contrée, le pays était encore occupé par la race de nos chasseurs quaternaires. Il n'y a donc pas eu d'hiatus entre l'époque glaciaire et la nôtre, comme on le prétendait naguère. Cette période de transition nous est encore imparfaitement connue; mais les découvertes se multiplient, et il est probable que l'avenir viendra éclairer les points obscurs qui subsistent à l'heure présente.

XI

INDUSTRIE NÉOLITHIQUE

I. Le Silex.

A l'époque néolithique apparaît, dans notre pays, le polissage des instruments en pierre. Il ne faudrait pas croire cependant que tous les outils fussent polis : le nombre en est, au contraire, relativement peu considérable, et la plupart sont simplement taillés comme ils l'étaient à la fin de la période quaternaire. Certains instruments auraient perdu à être polis, les lames de silex ou couteaux, par exemple. L'arête vive qu'on obtient en éclatant la pierre possède, en effet, un tranchant qu'on lui eût enlevé par le polissage. C'est pour ce motif assurément que jamais, pas plus à l'époque néolithique qu'aux époques antérieures, es couteaux en silex n'ont été frottés sur une autre pierre pour les aiguiser. Il n'y a guère que les haches, les ciseaux et les gouges qui aient subi cette opération ; leur épaisseur explique qu'on ait, par le frottement, cherché à les rendre plus tranchants. Il n'est pas rare d'en rencontrer qui, au lieu d'être polis sur toute leur surface, ne le sont que dans la partie qui devait être utilisée ; preuve évidente que le polissage n'avait, dans le principe, d'autre but que d'affiler un instrument auquel, à cause de sa destination, on devrait laisser une certaine épaisseur, afin d'en assurer la solidité. Ce fut un véritable luxe d'effectuer ce travail sur toute l'étendue de l'objet, et cependant les haches entièrement polies sont plus communes que celles qui ne le sont que partiellement : l'homme mettait donc un certain amour-propre à posséder des instruments bien finis et ne reculait pas devant la besogne que lui occasionnait un tel travail.

Si tous les outils et les armes en pierre de l'époque néolithique n'ont pas été polis, tous présentent un aspect qui permet généralement à un archéologue un peu exercé de reconnaître leur âge à première vue. C'est que les types ne sont plus exactement les mêmes qu'aux époques anciennes ; presque seuls le grattoir, le perçoir et la scie ont persisté, sensiblement modifiés, d'ailleurs, dans leur aspect.

Avant de passer rapidement en revue les instruments néolithiques, il nous faut dire quelques mots des roches qui étaient employées dans leur confection. Toutes les roches dures, à grain fin, sont susceptibles de recevoir par le frottement un beau poli : la jadéite, la chloromélanite, la calcédoine ont été employées pour fabriquer des outils ; on trouve même quelques haches polies en grès, bien que cette substance ait un grain beaucoup plus grossier. Mais, comme à l'époque quaternaire, la roche employée communément était le silex ou pierre à fusil. Les variétés de silex sont très nombreuses, et toutes ne présentent pas les mêmes qualités au point de vue du travail. Les hommes de l'époque néolithique connaissaient parfaitement les meilleures sortes, et, pour se les procurer, ils exécutaient parfois des travaux considérables. Ainsi, au Mur-de-Barrez, dans l'Aveyron, MM. Boule et Cartailhac ont rencontré une véritable exploitation minière, avec puits d'extraction, pour aller chercher une couche profonde de silex (fig. 45). Dans sa partie supérieure, le puits a la forme d'un entonnoir; de sa partie inférieure partent des galeries horizontales, de directions irrégulières, qui ont été creusées à l'aide de pics en bois de cerf, que les explorateurs ont retrouvés dans les galeries. Des lentilles de silex, des rognons aplatis et de grandes dimensions, ayant toutes les qualités désirables, se trouvent en abondance dans les couloirs souterrains. Sur plusieurs points, ils sont entassés en forme de piliers, pour prévenir le tassement de la voûte. Les blocs trop volumineux étaient éclatés au moyen du feu, dont on voit encore les traces. Une fois dégagés, ils étaient retirés à l'aide de cordes, qui ont laissé sur les angles des rainures caractéristiques.

Des puits à silex, exactement semblables à ceux du Mur-de-Barrez, ont été rencontrés à Nointel (Oise), au Petit-Morin (Marne), à Spiennes (Belgique) et à Cissbury (Angleterre). Le plus anciennement connu se trouve au Bas-Meudon, près de Paris; il a été décrit et figuré dès 1822.

Le silex extrait était parfois travaillé sur place : à Spiennes, en Belgique, se voit à côté du puits d'extraction un vaste atelier, où les outils étaient fabriqués; on y rencontre des milliers d'éclats, qui constituent les déchets de la fabrication. Mais le plus souvent les blocs étaient emportés au loin et travaillés sur quelque plateau, à proximité de l'endroit qu'habitait la tribu; rarement ce travail s'effectuait dans les habitations mêmes. Il se faisait, dès cette époque, un important commerce de silex, et les localités, comme le Grand-Pressigny (Indre-et-Loire), où cette ma-

tière première était abondante et se laissait diviser en
très longues lames, fournissaient leurs beaux produits à
la France presque entière. Sur une foule de points, séparés
par de grandes distances, on a rencontré des instruments
en silex du Grand-Pressigny. L'accumulation des déchets
de fabrication qui existent dans l'atelier de cette commune ne permet pas de croire qu'on fabriquât là des ins-

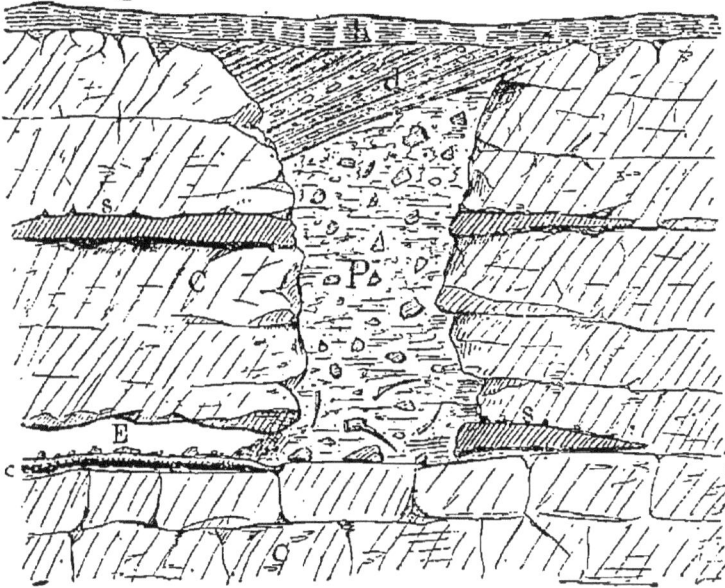

Fig. 43. — Puits à silex du Mur-de-Barrez (Aveyron), d'après *La France
préhistorique* (Alcan, édit.).

truments uniquement destinés à une tribu du voisinage;
il faut admettre qu'on y travaillait la pierre sur une vaste
échelle, et qu'on en exportait non seulement des blocs
bruts, mais des silex ouvrés.

II. Industrie de la pierre.

Les diverses sortes d'instruments qu'on tirait des blocs
de silex variaient un peu de forme, et surtout de dimen-

sions, suivant les contrées. La qualité du silex devait, à ce point de vue, avoir une influence considérable. Si nous considérons, par exemple, l'instrument typique, la *hache polie*, nous la verrons parfois longue de 7 à 10 centimètres seulement, quelquefois plus courte encore ; dans d'autres cas, elle atteindra environ 40 et 50 centimètres, comme ces remarquables pièces du Danemark qui figuraient à l'exposition universelle, et les énormes haches des dolmens de la Bretagne.

Pour fabriquer une hache polie, on commençait par diviser un bloc, afin d'obtenir un fragment de la grosseur voulue. On taillait ensuite ce fragment avec soin, en employant le procédé que nous avons décrit lorsque nous nous sommes occupés de la taille du silex à l'époque quaternaire, c'est-à-dire en détachant des éclats à l'aide d'un caillou tenu à la main, ou *percuteur*, jusqu'à ce qu'on lui eût donné la forme voulue. Un certain nombre d'ébauches, qui n'ont pas encore subi l'opération du polissage, sont travaillées avec tant de soin qu'on se demande si elles n'ont pas été retouchées par pression, comme les beaux instruments de l'époque de Solutré. Un objet en silex, de forme allongée, qu'on rencontre de ci de là, aurait pu servir à cette fin, et c'est peut-être avec raison qu'on l'a considéré comme un *retouchoir*. On comprend aisément, étant donnée la dureté de la pierre à fusil, que le polissage devait en être extrêmement long; et que l'ouvrier cherchât à l'abréger en unissant le plus possible son ébauche. Les retouches étaient surtout pratiquées avec soin au niveau de la partie la plus large, qui devait former un tranchant régulièrement courbe ou rectiligne.

Le polissage était obtenu en frottant l'ébauche sur une pierre siliceuse ou gréseuse très dure; pour faciliter le travail, on devait se servir d'eau et de sable, ou de grès pulvérisé. « Le frottement des haches toujours aux mêmes points finissait par produire sur la surface des *polissoirs*,

soit de profondes rainures, soit de vraies cuvettes à parois
absolument polies par l'usage (fig. 44). Ces polissoirs
étaient habituellement de gros blocs de grès disséminés
ou perçant le sol, plus rarement des fragments de grès
ou de silex, généralement d'assez grande dimension,
80 centimètres à 1 mètre de côté environ. Quelquefois les

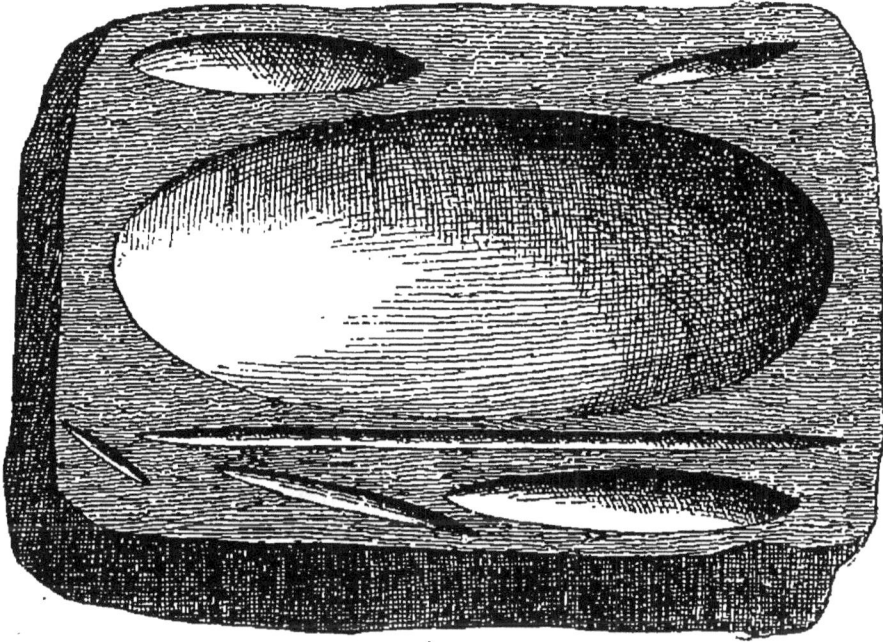

Fig. 44. — Polissoir, trouvé à la Varenne-Saint-Hilaire.

polissoirs ont la forme de petites plaquettes ou de petites
cuvettes en grès à surface polie par l'usage. » Souvent ils
ne se rencontrent pas dans les ateliers où l'on taillait le
silex; les haches étaient ébauchées sur un point et polies
dans un autre atelier, ce qui s'explique aisément par ce
fait que les polissoirs sont fréquemment d'énormes blocs
fixes que l'homme ne pouvait transporter dans l'endroit
où il s'était installé pour ébaucher ses pièces.

Ces haches polies, fabriquées avec une matière parfois
tirée de loin, et dont la confection donnait tant de peine,

constituaient assurément des objets d'une réelle valeur
pour les hommes de l'époque de la pierre polie. Aussi,
lorsque le tranchant venait à s'en briser, ne jetait-on pas
pour cela l'instrument; à l'aide de retouches, on lui en
faisait un nouveau. On connaît une foule d'exemples d'un
semblable travail de restauration, qu'on achevait parfois
en repolissant l'extrémité.

Nous avons dit que les haches polies affectaient des
formes diverses, qu'elles étaient tantôt polies au tranchant seul et tantôt sur toute leur surface. Il semble
que la forme de l'outil influât, dans une certaine limite,
sur le fini qu'on donnait à la pièce. Ainsi, les haches ayant
la forme de triangles allongés, à base curviligne et à sommet aigu, comme on en rencontre souvent en Bretagne,
sont habituellement polies également dans toute leur
étendue. Elles constituaient des instruments qui pouvaient
servir par les deux bouts et qui, par suite, avaient besoin
d'être aussi soignés à une extrémité qu'à l'autre. Peut-
être aussi étaient-elles, dans certains cas, des emblèmes,
lorsque leurs dimensions, exagérées dans un sens ou dans
l'autre, ne permettaient pas de s'en servir comme outil ;
et on conçoit encore qu'elles fussent soignées d'une façon
toute spéciale.

Les haches dont l'extrémité opposée au tranchant était
plus ou moins obtuse, étaient généralement emmanchées
par ce bout dans une corne de cerf, comme nous le verrons dans ce chapitre ; elles n'avaient donc plus besoin
d'être aussi finies à leur sommet, et il n'est pas rare de
voir cette partie simplement ébauchée ou présentant des
traces d'un polissage inachevé.

On trouve fréquemment, surtout en Danemark, des
objets en pierre, complétement polis, et percés d'un trou
pour y introduire un manche ; la forme en est généralement fort élégante. Ces outils servaient à la fois de hache
et de marteau (fig. 45).

Nous avons cité, parmi les instruments que l'homme

polissait le plus souvent après la hache, le *ciseau* et la
gouge. Le premier est un morceau
de silex prismatique, habituellement
étroit et allongé, soigneusement travaillé du côté du tranchant; l'autre
extrémité est toujours large et épaisse.
Cette forme étroite, régulière, est surtout commune en Danemark, mais elle
se rencontre aussi chez nous. Parfois le
ciseau se rapproche considérablement
par sa forme de la hache polie, et, dans
une série nombreuse d'objets néolithiques, on trouverait facilement toutes
les transitions entre les deux types.
Nous pourrions en dire autant de la
gouge (fig. 47), parfois longue et d'une largeur uniforme,

Fig 45. — Hache-mar-
teau en pierre du Da-
nemark.

parfois plus courte et rétrécie à l'extrémité opposée au tranchant, comme la
plupart des haches de cette époque. Ce
qui caractérise ce dernier outil, c'est
la concavité de son tranchant, concavité qui se continue plus ou moins
haut sur une face de l'instrument, la
face opposée étant, au contraire, convexe. C'est bien, en réalité, une véritable gouge, comparable à celle qui
se fabrique aujourd'hui en métal. Cependant, la concavité du tranchant
n'est jamais considérable, ce qui s'explique par la difficulté de produire
une telle forme avec le silex. Nous
connaissons quelques-uns de ces outils, provenant du Danemark, qui sont
simplement ébauchés; nous savons par
eux que ce n'était pas au moyen du
polissage seul que l'ouvrier donnait à l'instrument sa

Fig. 46. — Gouge en
pierre de l'époque
néolithique.

forme caractéristique; par une taille habile, il l'avait auparavant entièrement façonné et il ne lui restait, pour l'achever, qu'à faire disparaître par le frottement les petites arêtes restées entre les éclats. Le ciseau et la gouge étaient polis tantôt au tranchant seul, tantôt sur toute leur surface.

On reste étonné en présence de l'habileté que révèlent la plupart des instruments de l'âge de la pierre polie. Il fallait un ouvrier adroit, qni eût à sa disposition une matière première de bonne qualité, et nous avons vu au prix de quel travail il allait parfois chercher dans la profondeur du sol le silex qui lui semblait le meilleur. Les blocs d'où ont déjà été détachées des lames, et qu'on désigne sous le nom de *nucléus*, donnent une idée de la longueur des éclats qui s'enlevaient d'un seul coup. Parmi les variétés donnant les plus beaux produits, nous avons cité le silex du Grand-Pressigny (Indre-et-Loire). On trouve en abondance, dans cette localité, d'énormes nucléus, vulgairement appelés *livres de beurre*, parce qu'ils en rappellent la forme, qui mesurent plus de 40 centimètres de longueur et qui ont fourni des lames de cette dimension (fig, 47). Le *couteau* néolithique le plus long que l'on connaisse mesure 45 centimètres; ceux qui dépassent 20 centimètres sont extrêmement nombreux. Ces lames offrent presque toujours un bulbe de percussion très accentué, c'est-à-dire, nous l'avons déjà expliqué, un renflement qui part du point où le coup a été appliqué pour détacher la lame du bloc. Malgré leurs belles dimensions, ou plutôt à cause même de cela, les couteaux en pierre de notre époque ne présentent ni la finesse ni la minceur des lames de la fin de l'époque quaternaire; il semble qu'on se soit préoccupé exclusivement de la grandeur.

Parfois, les lames néolithiques sont admirablement retaillées sur une de leurs faces; le travail a dû s'effectuer en grande partie sur le bloc même, avant d'en détacher l'éclat;

les retouches peuvent aussi s'observer sur les deux faces,
comme sur les belles pointes de Solutré. Ces lames retouchées constituent des *pointes de lances*, qui sont réellement
des armes merveilleuses (fig. 48). Elles présentent habituellement une forme plus étroite et plus allongée que les chefs-

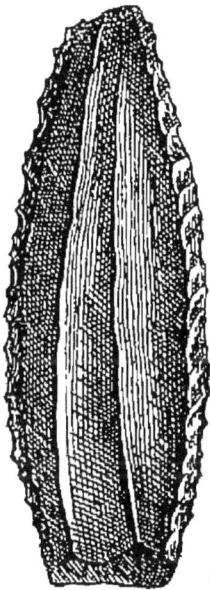

Fig. 47. — Nucléus en silex du Grand-
Pressigny (Indre-et-Loire).

Fig. 48. — Pointe de lance du
dolmen de Grailhe (Gard).

d'œuvre quaternaires ; leurs bords sont à peu près parallèles sur une grande partie de leur longueur ; la pointe
en est peu effilée. D'innombrables petits éclats, enlevés
par pression, se sont détachés tous dans la même direction, en produisant des retouches d'une longueur, d'une
régularité et d'une finesse incroyables ; ces longues re-

touches étroites et parallèles sont caractéristiques des belles pièces néolithiques.

Ces merveilleuses pointes coûtaient trop de travail pour qu'on s'en servît couramment; aussi n'en rencontre-t-on qu'un nombre relativement minime. On trouve fréquemment les pointes de lances usuelles : c'étaient des éclats plus courts, taillés plus grossièrement sur une face seule ou sur les deux à la fois, et rappelant soit les pointes du Moustier, soit celles de Solutré dont on aurait tronqué la base.

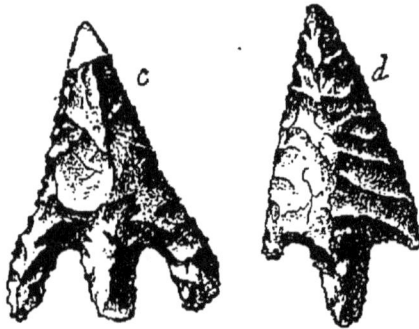

Fig. 49. — Pointes de flèches en silex, à ailerons et à pédoncule.

Les *pointes de flèches* néolithiques ne sont pas moins remarquables .

Leur forme générale est triangulaire, mais il en est un bon nombre qui se terminent, du côté de la base, par un prolongement formant un pédoncule qui entrait dans la hampe de l'arme. Les flèches à pédoncule sont généralemement pourvues de deux petites ailes, qui constituent des barbelures délicates, disposées symétriquement de chaque côté (fig. 49).

On connaît depuis assez longtemps déjà des outils taillés avec beaucoup moins de soin, qui affectent une forme irrégulièrement triangulaire, et dont la base a été convertie en un bord tranchant à l'aide d'un coup sec, qui en a détaché un éclat en biseau. La dimension de ces outils varie entre 5 et 20 centimètres. Les plus grands ne sont en réalité que des ciseaux, comparables à ceux dont nous venons de parler, quoique plus grossiers; mais, dans les petits, on a voulu voir des pointes de flèches a tranchant transversal. Quelques tribus modernes arment encore leurs flèches de pointes en fer qui, au lieu de présenter une extrémité aiguë, forment un tranchant étalé dans le sens transversal, et nous savons que les petits outils en silex dont il s'agit ont quelquefois été utilisés de la même manière. Ils ont aussi servi à un autre usage ; M. Vauvillé en a recueilli, dans l'Aisne, un spécimen encore introduit dans le petit manche en os dont on l'avait pourvu : les flèches à tranchant transversal ont donc servi également de *tranchets.*

Parmi les armes en pierre les plus merveilleuses de l'époque néolithique figurent les *poignards* (fig. 50). Ce sont des plaques de silex minces, allongées, pourvues d'un manche rétréci qui fait corps avec la lame, et qui s'élargit au bout de manière à ne pas glisser de la main qui le saisit. On ne sait ce qu'on doit le plus admirer, des dimensions de ces armes, de leur délicatesse, de leur élégance de forme ou de leur travail. Leur longueur atteint parfois, en Danemark, 40 centimètres et plus ; leur lame, dont la forme, d'une régularité parfaite, rappelle souvent celle de nos poignards actuels, ne mesure pas, dans bien des cas, un centimètre dans sa plus grande épaisseur ; le manche,

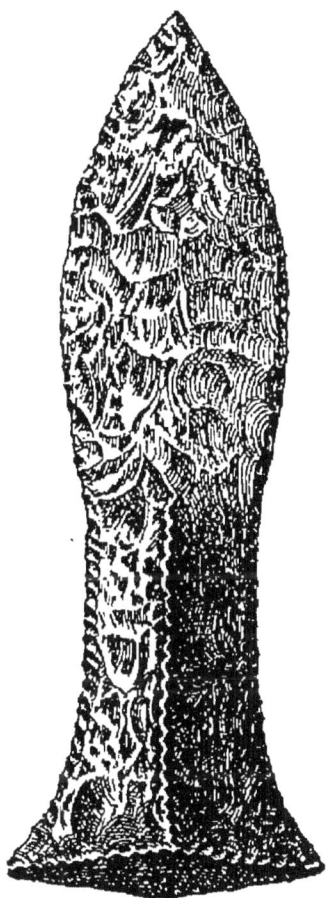

Fig. 50. — Poignard en silex.

non moins régulier que la lame, présente une plus grande épaisseur. Manche et lame sont retouchés avec une habileté et une finesse dont on ne peut se rendre compte qu'en examinant les objets eux-mêmes ; le meilleur dessin ne donne qu'une idée imparfaite de ce travail. Au moyen de pressions exercées sur les bords avec un

objet dur, sans doute un os, l'ouvrier a détaché des milliers de petits éclats allongés d'une minceur et d'une
étroitesse incroyables. Les petites rainures parallèles qu'ont
laissées ces éclats en se détachant sont si petites et si
peu profondes, qu'il faut parfois regarder avec soin pour
les reconnaître. Ces poignards nous montrent assurément le *nec plus ultra* du travail de la pierre, et, avec
tout notre outillage moderne, il est bien peu d'ouvriers
qui soient en état d'exécuter des pièces semblables.

Quoique le Danemark ait incontestablement fourni les
plus belles pièces de ce genre, la France a également
apporté son contingent. Les beaux poignards néolithiques
trouvés chez nous sont presque tous fabriqués avec du
silex du Grand-Pressigny.

Au nombre des nouveaux instruments de l'époque de la
pierre polie, il nous faut encore citer la *scie à encoches*,
si abondante au Grand-Pressigny. C'est un grand éclat,
large, de forme rectangulaire, retaillé sur un des bords
ou sur les deux, de manière à présenter une série de petites
dents. A chaque extrémité se voit une encoche qui servait
à emmancher la pièce, comme le fait a été démontré par
la découverte faite en Suisse d'une scie de ce genre encore
pourvue de son emmanchure.

Nous n'insisterons pas sur les autres instruments en
pierre de l'époque néolithique. Nous avons déjà dit que
les grattoirs et les perçoirs étaient restés à peu près iden-
tiques à ceux des époques précédentes ; ils sont habituellement un peu plus épais, plus massifs, mais leur aspect
général est le même.

En résumé, les instruments de l'âge de la pierre polie
ne présentent pas beaucoup de types réellement nouveaux ;
ils sont surtout caractérisés par l'amélioration des formes
anciennes et par le perfectionnement du travail. La taille,
au moyen de pressions exercées sur les bords avec un
objet résistant, prend un grand développement et atteint
une perfection surprenante. Quelques-uns des objets ainsi

préparés étaient polis par le frottement sur une autre
pierre dure : les haches achevées par ce procédé sont
nombreuses ; les ciseaux et les gouges, rares excepté en
Danemark, étaient également polis : les poignards et les
pointes de lances l'étaient d'une façon tout à fait exceptionnelle. Quant aux autres instruments, ils n'offrent
jamais de trace de polissage.

III. Industrie de l'os.

Les armes, les outils en pierre dont nous venons de
parler, étaient souvent pourvus
d'un manche, bien qu'un petit nombre seulement de ces emmanchures
nous soient parvenues. Lorsque les
objets se sont trouvés pris dans
une couche de tourbe, le bois s'est
parfois conservé, et c'est à cette circonstance que nous devons de connaître quelques manches de cette
nature.

Les emmanchures les plus usi-
tées paraissent avoir été celles en
corne de cerf. Un bois de cet animal, scié en travers, était creusé,
au centre, d'un trou dirigé dans le
sens de la longueur ; cette cavité
servait à recevoir l'extrémité la plus
étroite d'une hache polie (fig. 51). Un
second trou arrondi, qui perforait

Fig. 51. — Hache en pierre
polie emmanchée dans
une gaine en bois de cerf.

la gaine perpendiculairement à son axe, recevait un
manche destiné à manier l'outil. La hache polie n'est
plus, en effet, une arme, comme pouvait l'être la hache
de Saint-Acheul, mais bien un outil véritable. Les tranchets étaient montés à l'extrémité d'une petite gaine
d'os ou de bois de cerf, comme nous l'avons vu. Inu-

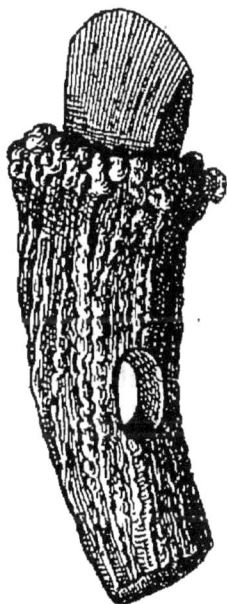

tile de parler des hampes des lances et des flèches ; chacun sait en quoi elles consistent, et s'explique comment
les pointes que nous venons de décrire ont pu y être fixées.
La scie emmanchée dans un bois fendu, assujettie en dehors
par des liens, était solidement fixée, grâce à ses encoches terminales, et pouvait se manœuvrer facilement.
Un dernier outil, parmi ceux dont il a été question dans ce
chapitre, pouvait encore être emmanché : c'est le grattoir.
Tout le monde sait aujourd'hui que les Esquimaux fixent
un outil semblable dans une courte gaine en ivoire de
morse ou en bois, et il est très probable que nos hommes
néolithiques lui adaptaient un manche analogue, comme
ils le faisaient pour leur hache et leur tranchet.

Mais ce n'était pas seulement à des emmanchures que
l'homme de la pierre polie utilisait l'os ou le bois de
cerf ; nous avons déjà vu qu'il en faisait des instruments,
les pics, par exemple, qui lui servaient à creuser des
galeries souterraines. La base d'une corne de cerf, coupée
en biseau à une extrémité, terminée par une tête à
l'autre bout, était percée vers son centre d'un trou qui
recevait un manche en bois. C'était là l'outil des mineurs
d'alors, et le fait est démontré non seulement par la présence de l'objet dans les galeries, mais aussi par l'existence
de pointes de pics qui se sont brisées dans la roche et
sont restées en place.

En Suisse, à l'époque des cités lacustres, l'industrie de
l'os n'avait pas assurément repris un essor comparable à
celui de l'époque de la Madeleine ; mais bien souvent
l'os et le bois de cerf ont été utilisés pour confectionner
des instruments. On trouve notamment de nombreux
poinçons, des lissoirs, des ciseaux, des pointes et quelques harpons.

L'homme de l'âge de la pierre polie était loin, on le
voit, d'être dépourvu d'armes et d'outils, et cependant
nous n'avons pas énuméré tous ses instruments. Nous
aurions pu signaler les fusaioles, ou disques arrondis, qui,

enfilés dans un bois, constituaient des pesons de fuseaux, comme on en a rencontré à des époques plus récentes et chez une foule de populations. Généralement en terre, ces fusaioles se fabriquaient aussi en pierre. Leur présence seule nous montre que, dès cette époque, l'homme savait filer, et nous en donnerons bientôt d'autres preuves.

Nous ne dirons rien en ce moment des ornements ni des pendeloques; nous renvoyons leur description au chapitre suivant, où nous traiterons de la parure. Nous renverrons également aux paragraphes que nous consacrerons à la chasse et aux vêtements ce qui a rapport aux filets et aux tissus, dont les débris nous ont été conservés, grâce à des circonstances spéciales, dans les stations lacustres de la Suisse. Nous n'examinerons plus dans ce chapitre que ce qui a trait à la poterie.

IV. Poteries.

D'après les idées les plus généralement admises, la poterie n'aurait fait son apparition qu'à l'époque néolithique. Ce qui est certain, c'est que les populations nouvelles, qui envahirent à cette époque l'Europe occidentale, arrivèrent avec cette industrie déjà très développée, qu'elles la propagèrent dans toute notre région et qu'on peut dire que c'est à elles qu'est dû le développement de l'art céramique de l'âge de la pierre polie. On peut donc prétendre, avec quelque apparence de raison, que les envahisseurs du début de notre époque ont été les véritables introducteurs de la poterie.

Mais ces hommes apportaient-ils avec eux une industrie entièrement inconnue auparavant, ou bien nos ancêtres quaternaires avaient-ils déjà ébauché quelques vases rudimentaires?

En présence de l'abondance de la poterie dans les stations où l'homme a séjourné dès le début de notre époque

géologique et du doute que pouvaient laisser dans les
esprits les rares découvertes de fragments de vases
dans les couches quaternaires, on devait forcément être
amené à considérer la céramique comme une industrie
introduite après les temps glaciaires. Quelques découvertes faites en France et en Belgique peuvent cependant
faire hésiter, et il nous semble prudent de ne pas trop se
hâter de conclure ; peut-être ne faut-il pas rejeter tous
les faits se rapportant aux époques anciennes. M. Julien
Fraipont, professeur à l'Université de Liège, a fait de cette
question une étude sérieuse, reposant sur ses observations
personnelles, et il a cherché à démontrer qu'à l'époque
où le mammouth vivait encore chez nous, le sauvage
européen avait déjà fait quelques grossiers récipients
en argile. Dans le travail qu'il a consacré à cette étude
il affirme que, dans des couches non remaniées remontant à l'époque quaternaire, on rencontre des fragments
de poterie contemporains de ces couches; que cette
industrie se bornait alors à la confection de vases extrêmement rares, dont plusieurs ne semblent pas avoir servi
à la cuisson des aliments, puisqu'on n'observe sur leurs
fragments aucune des traces que laisse le feu en pareil
cas; qu'il est probable, enfin, qu'ils étaient simplement
utilisés pour emporter de l'eau dans son abri par l'homme
qui vivait à une certaine distance d'un cours d'eau ou
d'une source.

Si, comme nous sommes disposé à le croire, quelques
vases ont été fabriqués pendant les temps quaternaires,
la poterie néolithique dénote de nouveaux procédés de
fabrication. Ce n'est pas que l'homme ait encore inventé
le tour, ni même le four pour cuire ses vases; mais il
fait une pâte plus ferme, à laquelle il donne de la solidité
en y incorporant des fragments de spath concassé, de
très petites pierres, ou encore des débris de coquilles
réduites en morceaux de quelques millimètres de diamètre. Grâce à cet artifice, les vases se fendillent moins

en séchant ou lorsqu'ils sont placés sur un foyer. Leur couleur noirâtre, surtout à l'intérieur de la pâte, la teinte rougeâtre qu'on observe en dehors, montrent qu'ils n'ont jamais subi une cuisson bien complète ; et sans les nombreux fragments mélangés à l'argile, leur durée n'eût pas été longue. Leur forme, presque toujours irrégulière, offre toutefois dans les Pyrénées et parfois en Bretagne (fig. 52) de la symétrie et de l'élégance. Dans ces régions, on en trouve

Fig. 52. — Vase néolithique en terre (type orné). Bretagne.

qui ont la forme de gobelets ; d'autres ont le fond arrondi, la panse large au milieu, et ils sont quelquefois munis d'anses rudimentaires ou de mamelons perforés, soit en largeur, soit en hauteur, permettant d'y passer une corde pour les suspendre. Quelques vases des Pyrénées ont, sous leur fond arrondi, une couronne de petits pieds. Dans cette région, aussi bien qu'en Provence, on a rencontré d'autres vases encore, affectant la forme d'un calice sans pied et

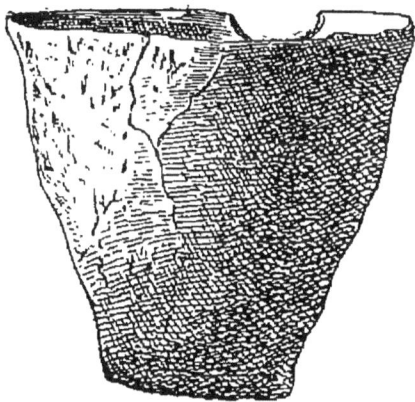

Fig. 53. — Vase néolithique en terre (type grossier).

dénotant une véritable habileté chez le fabricant. Les poteries de la vallée de la Seine et des grottes de la Marne sont grossières et de formes peu symétriques (fig. 53) : ce sont des vases à fond étroit, à peu près plat, à panse légère-

ment renflée, dont la surface montre partout l'empreinte
des doigts qui les ont modelés.

Les poteries de la Seine et de la Marne sont le plus
souvent dépourvues de décors ; parfois, elles sont ornées
de points disposés en lignes parallèles ou entre-croisées,
de lignes pleines, gravées dans la pâte, ou d'une bande
circulaire, appliquée à l'extérieur, montrant des dépressions faites avec l'extrémité du doigt. Celles des Pyrénées
sont beaucoup mieux décorées : des dessins linéaires ou
géométriques consistant en bandes rayées, en séries de
chevrons ou de triangles, en ornent l'extérieur. Les vases
de l'époque de la pierre polie offrent, par conséquent,
de sensibles différences entre eux, et l'on pourrait supposer que les plus parfaits sont moins anciens que les
autres. Si plausible que cette hypothèse puisse paraître
en principe, elle est loin d'être toujours en accord avec
les faits. Ainsi, jusqu'à l'âge du bronze, on a fabriqué
des vases très grossiers dans la vallée de la Seine, et,
pendant ce temps-là, on en confectionnait d'infiniment
supérieurs dans le sud de la France.

XII

MŒURS ET COUTUMES DES TRIBUS NÉOLITHIQUES

I. *Genre de vie; alimentation.* — Domestication des animaux; les pasteurs. — Aliments fournis par les animaux domestiques. — Les animaux sauvages. — Poissons et filets. — L'agriculture : fruits, céréales. — Pierres à broyer le grain; le pain préhistorique.— L'anthropophagie n'existait pas.
II. *Habitations.* — Maisons sur pilotis; leurs avantages au point de vue de la défense. — Les camps et les stations sur les hauteurs dénotent des relations peu pacifiques. — Huttes. — Grottes.
III. *Vêtements et parures.* — Lin; fuseau; étoffes. — Pendeloques, perles et bracelets. — Ornements en roches locales et exotiques. — Coquilles fluviatiles, marines et fossiles employées comme pendeloques. — Ornements en os.
IV. *Commerce.* — Les roches qui faisaient l'objet d'un commerce important venaient souvent du dehors. — Les preuves du commerce prouvent aussi les migrations. — La navigation.

I. Genre de vie; alimentation.

L'homme, exclusivement chasseur pendant toute l'époque quaternaire, se nourrit encore des produits de la chasse et de la pêche pendant l'époque des Kjœkkenmœddings. Mais, dès que le polissage de la pierre apparait, nous le voyons devenir pasteur d'abord, agriculteur ensuite.

Aussitôt qu'il fut en possession d'animaux domestiques, l'homme dut modifier son genre de vie; son alimentation se ressentit également de ces innovations. Ses troupeaux ne lui fournirent pas seulement leur viande ; certaines espèces, la vache, la chèvre et la brebis, lui donnaient également leur lait. On peut croire qu'il fabriquait déjà une sorte de fromage : dans plusieurs stations, on a retrouvé des vases percés jusqu'en bas de trous qui ne leur permettaient pas de conserver des liquides ; mais ils pouvaient laisser égoutter le petit-lait et retenir la partie caillée.

Tout en élevant des mammifères en domesticité, les tribus de l'âge de la pierre polie ne dédaignèrent pas de se nourrir des animaux qui vivaient autour d'elles à l'état sauvage : le bœuf primitif ou urus, le bison d'Europe ou aurochs, le sanglier, le porc des marais, parfois le renard lui-même, entraient dans leur alimentation. Comme leurs prédécesseurs, ces hommes aimaient la moelle, et ils brisaient souvent les os longs pour se la procurer. En Suisse, dans les grands lacs au-dessus desquels ils établissaient leurs demeures, ils trouvaient en abondance du poisson, dont ils devaient chercher à s'emparer. En effet, des débris de filets, des fragments de cordes et des pierres provenant d'engins (fig. 54), témoignent qu'ils s'adonnaient à la pêche. Dans les ruines de palafittes on a recueilli les restes de poissons appartenant à dix espèces différentes.

A cette nourriture animale, ils joignirent de bonne heure des végétaux. Grâce aux conditions de conservation exceptionnelles dans lesquelles ils se sont trouvés, les fruits des habitations sur pilotis sont parvenus jusqu'à nous et ont pu être étudiés. On a reconnu qu'ils provenaient tantôt de plantes sauvages, comme les faînes, le gland, la noisette, la châtaigne d'eau ; tantôt de plantes cultivées, comme la pomme, la poire, dont on a trouvé une espèce qui n'est pas originaire de nos contrées et qui, par suite, avait été importée. Souvent les pommes étaient coupées en deux morceaux, sans doute pour les sécher.

L'homme devint donc assez rapidement cultivateur, et nous en avons une autre preuve dans ce fait qu'il récoltait des céréales, parmi lesquelles le blé et l'orge. « Les plus anciens lacustres, dit M. Cartailhac, ont une variété de blé, le *triticum vulgare antiquorum* (Heer), qui a disparu ». C'est là un point qui, aux yeux de M. de Quatre- fages, a une importance qu'on ne saurait méconnaître. « Les tribus néolithiques, dit-il, sont arrivées chez nous avec toutes leurs industries ; et, comme je l'ai déjà dit, ce n'est pas à la porte de l'Europe qu'elles ont pu les inventer, *ce n'est pas là qu'elles auraient trouvé le blé.* »

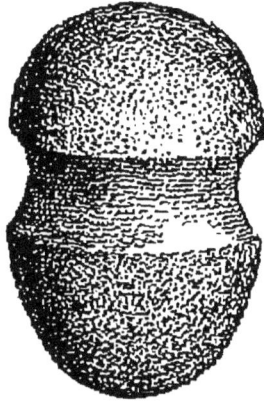

Fig. 54. — Peson de filet d'une cité lacustre de la Suisse.

Ces céréales étaient évidemment utilisées dans l'alimentation après avoir été broyées. « Les peuples de l'âge de la pierre, dit le professeur Heer, ne possédaient naturellement pas de moulins, et, pour préparer les céréales, ils se servaient de pierres rondes polies entre lesquelles ils brisaient et écrasaient les grains. On a retrouvé une grande quantité de ces pierres. Il est probable que les grains étaient pré- alablement grillés, puis broyés et introduits dans un vase, humectés, puis mangés. »

Ce qui est certain, c'est que, dès l'époque des cités lacustres, on fabriquait des sortes de galettes, qu'on a retrouvées au milieu des ruines des habitations sur pilotis. En les brisant, on a pu reconnaître qu'elles ren- fermaient des fragments de grains mal broyés et des glumes qu'on n'avait pas enlevées complètement. La pâte était sans doute cuite entre des pierres chauffées.

On voit l'importance qu'ont eue, pour l'homme de l'âge de la pierre polie, la domestication des animaux et la culture de quelques plantes. Son existence était assurée, et il n'avait plus besoin de courir après le gibier ; il

pouvait donc devenir sédentaire, certain de fournir à sa
famille une alimentation non seulement suffisante, mais
variée. Peut-on admettre que, dans de semblables conditions, il ait été anthropophage? La chose paraît difficile,
et cependant elle a été affirmée. Mais bien souvent nos
ancêtres ont été formellement accusés de cannibalisme
contre toute vérité. Écoutons ce que nous dit à ce sujet
M. Cartailhac : « Saint Jérôme raconte que dans sa
jeunesse il vit en Gaule les Attacottes (peuple breton)
qui se nourrissaient de chair humaine : alors qu'ils rencontraient dans les forêts des troupeaux de porcs, de
moutons ou de bœufs, ils avaient coutume de couper les
fesses des garçons et les seins des femmes dont ils se
nourrissaient avec délices. » Saint Jérôme vivait au quatrième siècle. Pour les époques antérieures, les textes ne
manquent pas : ainsi, Strabon nous dit que les Irlandais
sont plus sauvages que les Bretons d'Angleterre, étant
anthropophages et polyphages, et se faisant un honneur
de manger leurs parents lorsqu'ils viennent à mourir.
« On ne saurait, ajoute M. Cartailhac, s'en rapporter au
récit d'écrivains qui parlaient par ouï-dire et avaient tout
intérêt à noircir les étrangers, les barbares, les ennemis.
Un historien n'a-t-il pas accusé Annibal de faire manger
de la chair humaine à ses soldats pour les rendre plus
féroces? »

Les preuves directes de l'anthropophagie préhistorique
multipliées à l'époque néolithique, si l'on en croit quelques écrivains, sont-elles de meilleur aloi? Nous n'avons
aucun intérêt, est-ce utile de le dire? à accuser ou à défendre de cette coutume les Français de l'âge de la pierre.
Nos voyageurs ont observé le cannibalisme chez des
peuples du même degré de civilisation et chez d'autres
bien moins primitifs. Il est très possible qu'il ait été pratiqué chez nous, mais il est incontestable que nous n'en
avons pas la preuve. Il y a vingt ans, Édouard Lartet le
disait en ces termes : « On sait d'ailleurs que de sembla-

bles accusations ont été renouvelées à diverses époques ;
elles ne furent même pas épargnées aux premiers chré-
tiens réfugiés dans les catacombes de Rome. Pour ma
part, dans tout ce que j'ai pu observer d'anciennes stations rapportables à la Gaule primitive, je n'ai pas reconnu
le moindre indice d'anthropophagie. »

Il n'y a rien à changer à ces conclusions. Nous avons
pu examiner la plupart des pièces sur lesquelles on s'est
basé pour soutenir l'opinion contraire, elles ne méritent
pas qu'on s'y, arrête ; et un certain nombre de faits invoqués s'expliquent tout autrement et bien mieux.

II. Habitations.

L'homme néolithique, qui se nourrissait du produit de
ses troupeaux et qui y joignait des fruits et des céréales,
pouvait, avons-nous dit, devenir à peu près sédentaire.
Nous venons de parler des villages qu'il construisait sur
des pieux enfoncés dans la vase même des lacs de la
Suisse. Nous avons décrit assez longuement, dans le second
chapitre de la première partie de ce livre, ces *cités lacustres*, composées de maisons sur pilotis, pour n'avoir
qu'à y renvoyer le lecteur. Le motif qui poussait l'homme
à se construire des habitations de ce genre était évidemment le désir de se mettre hors des atteintes de ses ennemis. Il lui suffisait de faire disparaître le pont qui reliait
sa maison au rivage pour voir son but atteint. Quels étaient
ces ennemis ? Étaient-ce des animaux sauvages, ou bien
étaient-ce d'autres hommes ? Il est permis de croire que
cette dernière hypothèse est la vraie. Ce que nous
avons dit des squelettes humains de la Lozère, portant
encore les flèches en silex qui sont venues les frapper,
nous a autorisé à penser que, dès le début de l'époque
néolithique, les relations entre les tribus n'étaient pas
toujours pacifiques. Pendant toute la durée de cette
époque, des luttes du même genre se produisirent : dans

un bon nombre de sépultures, on a recueilli des ossements humains blessés par des pointes en silex qui étaient restées dans la plaie. Il semble qu'à partir des premières migrations, de nombreux envahisseurs vinrent fondre sur notre pays, suivant les routes qui leur avaient été tracées par leurs prédécesseurs. Il était bien naturel que les premiers venus défendissent le sol qu'ils pouvaient, à quelque droit, regarder comme leur appartenant.

Nous voyons cette idée de défense se manifester dans plus d'une circonstance. Au Peu-Richard, dans la Charente-Inférieure, on a découvert, au sommet d'un mamelon crayeux, une double enceinte formée par des fossés de 5 et de 7 mètres de large, bordés d'une sorte de rempart en terre. La première enceinte, qui entoure un espace d'environ 6 hectares, est percée de quatre entrées pavées, limitées par des roches brutes. L'enceinte intérieure ne possède qu'une porte bien défendue, et elle mesure cependant 145 mètres de long sur 100 mètres de large. Tout porte à croire que cette fortification remonte bien à l'âge de la pierre polie; sur le plateau, aussi bien que dans les fossés, qui naturellement étaient comblés, mais dont on a pu retrouver le tracé, on a recueilli un grand nombre de silex taillés et polis, des instruments en os, des fragments de poteries et des ossements d'animaux qui avaient été mangés; nulle part ne s'est montrée la moindre trace de métal. Les poteries, faites à la main, rappellent bien celles de l'époque néolithique. Elles sont, il est vrai, ornées d'anses percées, de lignes et de figures géométriques; mais nous en avons signalé, à cette époque, de plus belles dans les Pyrénées. Des pierres à broyer, analogues à celles des cités lacustres de la Suisse, montrent que l'homme ne vivait pas seulement, sur ce point, des animaux sauvages et domestiques dont on retrouve les vestiges; il s'y livrait aussi à l'agriculture. Or, pourquoi aurait-il choisi le sommet d'un mamelon, pourquoi l'aurait-il fortifié, s'il n'avait eu à se défendre?

Dans les Vosges, on a observé des retranchements semblables au sommet de montagnes escarpées. La dureté de la roche n'a pas permis aux hommes néolithiques d'y creuser des fossés avec leurs outils, et ils se sont contentés d'élever un rempart. On a prétendu que l'absence d'eau dans ces enceintes ne permettait pas d'y voir des sortes de camps retranchés ; mais n'est-il pas plausible d'admettre que les guerriers y transportaient celle qui leur était nécessaire dans les vases en terre qu'ils savaient fabriquer, ou dans d'autres récipients ?

Une foule de stations situées sur des hauteurs ont montré la base même des cabanes qui y étaient élevées. Sur les plateaux de Chassey (Saône-et-Loire) et de Campigny (Seine-Inférieure), par exemple, on a retrouvé des cuvettes circulaires, creusées dans le sol, au-dessus desquelles s'élevaient les huttes ; on y a rencontré les pierres et les cendres des foyers qui en occupaient le centre, les débris des repas et de l'industrie. N'est-il pas frappant de voir tant de stations placées sur des hauteurs et parfois entourées de retranchements? N'est-on pas tenté, si on rapproche surtout ces faits de ceux que nous ont montrés les habitations sur pilotis, d'attribuer des idées belliqueuses à l'homme néolithique et de penser que certaines tribus au moins étaient guidées dans le choix de leurs demeures par la pensée de se mettre en état de résister à une attaque?

M. Cartailhac lui-même, qui combat notre manière de voir au sujet des camps ou enceintes retranchées, est bien forcé d'admettre que les relations de tribu à tribu étaient loin d'être toujours amicales : « La guerre, dit-il, régnait dans cette très vieille Gaule préhistorique. Ces flèches incrustées dans les os et qui rendent ce témoignage, nous les retrouverons encore dans le dolmen de Font-Rial, près Saint-Affrique (Aveyron), dans l'allée couverte du Castellet, près d'Arles, en Provence, et dans les grottes sépulcrales artificielles de la Champagne. Nouveau trait de ressemblance entre les primitifs de l'Europe et ceux du reste du monde. Partout la lutte pour la vie. « Nous « ne sommes plus des hommes, nous ne nous battons « plus », disait un Néo-Calédonien à un missionnaire français. Le pauvre sauvage pouvait se rassurer ; il y a encore des hommes parmi les Européens actuels, et si la mécanique fait des progrès, la morale, la bonté, les sentiments d'humanité et de justice restent stationnaires. »

Nous venons de parler des cuvettes qui formaient la base des cabanes du plateau de Chassey et de celui de Campigny. Comme les habitations sur pilotis, ces huttes avaient le plus souvent une forme circulaire, et il n'est pas bien difficile de se représenter l'aspect qu'elles devaient présenter. Au lieu d'être enfoncés dans la vase d'un lac, les pieux étaient fixés dans le sol du monticule ; les interstices étaient bouchés sans doute au moyen de branchages et de terre glaise, ainsi qu'on l'a constaté dans les cités lacustres ; le toit devait être également en paille ou en branchages.

Les grottes n'étaient probablement pas délaissées complètement au début de l'époque néolithique ; quelques tribus continuaient à y déposer leurs morts, et plus d'une fois, sans doute, elles y ont aussi cherché un refuge. On a en trouvé d'ailleurs qui ne laissent guère de doute à cet égard ; les nombreux instruments qu'on y a recueillis, les poteries, les ossements de bœuf, de mouton, de chèvres qu'elles renfermaient, témoignent qu'elles ont été habitées par l'homme.

En somme, des grottes, des cabanes arrondies, bâties souvent sur des hauteurs, ou élevées sur des pieux enfoncés dans des lacs, telles étaient les habitations des hommes de l'âge de la pierre polie.

III. Vêtements et parures.

Les vêtements des hommes néolithiques consistaient-

ils encore parfois en peaux d'animaux? Nous ne sommes
guère renseignés à cet égard. Ce que nous savons, c'est
qu'à l'époque des cités lacustres ils cultivaient le lin et
en faisaient des tissus. Ce lin n'était pas celui d'aujour-
d'hui; sa feuille était plus étroite et sa tige plus courte.
Les fusaioles ou rondelles en terre ou en grés que nous
avons signalées dans le précédent chapitre, enfilées dans
un bois, constituaient les fuseaux qui servaient à le filer.
On trouve des étoffes en fils tressés; ce sont probablement
les plus anciennes; le tissage ne dut être découvert qu'a-
près bien des tâtonnements. On possède cependant des
échantillons de tissus de cette époque.

La forme qu'ils donnaient à leurs vêtements nous ne la
connaissons pas. Des recherches et des comparaisons ont
conduit M. Hamy à penser qu'ils devaient se composer
d'une sorte de puncho et d'une espèce de caleçon serré autour de la jambe à l'aide d'une lanière. On a pu voir à l'exposition la reconstitution de ce costume sur deux hommes,
dont l'un sculptait la pierre d'un dolmen et l'autre façonnait un pot. Aux pieds, l'auteur de la reconstitution leur
avait mis des sandales en peau. Si plausible que puisse
paraître ce vêtement, il n'en reste pas moins hypothétique. Ce qui est démontré, c'est l'existence du costume
lui-même.

La parure ne jouait pas un moindre rôle pendant l'époque de la pierre polie que pendant l'âge de La Madeleine.
Il n'est guère de stations, guère de sépultures qui ne fournissent des pendeloques et des perles ou grains de collier.
On retrouve aussi, dans le sud-ouest de l'Europe, depuis
le Portugal et l'Espagne jusqu'à la Côte-d'Or, un objet
bien typique : c'est un bracelet taillé dans la coquille
d'un gros pétoncle.

Les ornements, perles ou pendeloques (fig. 55), sont en
pierres, en coquilles marines et fluviatiles ou en os. Leur
étude va nous fournir des renseignements d'un très grand
intérêt au point de vue des relations commerciales des

populations néolithiques, et, pour ce motif, nous devons
entrer dans quelques détails.

Les roches employées pour faire les perles et les pendeloques étaient parfois empruntées aux roches locales :
le calcaire, le silex, par exemple, servaient à la fabrication des premières ; le schiste ardoisier était souvent utilisé
pour les secondes. Les perles de calcaire, de forme plus
ou moins arrondie et de grosseur variant entre celle d'un
pois et celle d'une petite noix, se laissaient perforer avec

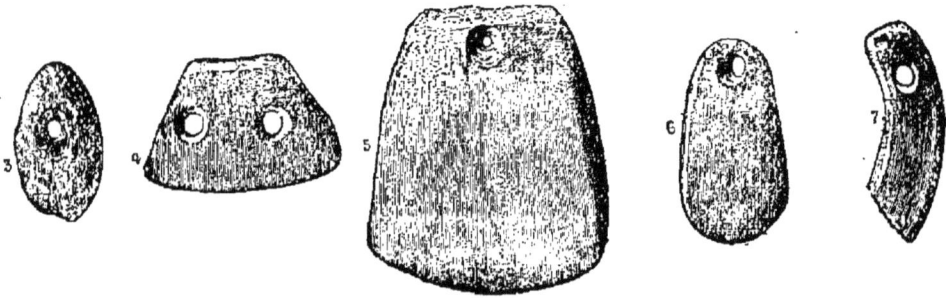

Fig. 55. — Perle et pendeloques en pierre de l'époque néolithique.

une facilité relative. Mais on reste émerveillé en présence
de petits fragments de silex roulés, ne mesurant parfois
que 6 à 7 millimètres de diamètre, qui n'en ont pas moins
été troués pour y passer un fil. On se demande comment
des hommes ne possédant aucun instrument de métal, ont
pu percer des grains aussi petits et aussi durs. Avec des
perles de ce genre, nous avons recueilli dans le dolmen
des Mureaux (Seine-et-Oise) une autre grosse perle, également en silex, d'une remarquable transparence. Ce
fragment roulé devait, par sa beauté, attirer l'attention des
individus de cette époque ; ils en ont fait un ornement.
Pour le suspendre, ils ont réussi à le perforer, mais son
épaisseur (17 millimètres) rendait la chose difficile.
Avec un outil pointu, auquel ils imprimèrent un rapide
mouvement de rotation, ils creusèrent d'un côté un trou
conique d'une grande régularité ; puis, retournant l'objet,

ils recommencèrent la même opération sur l'autre face. Le trou se compose donc de deux cavités, en forme de cônes, qui se rejoignent par le sommet, au centre de la pièce. Il fallait que ces gens fussent de grands amateurs de parure pour se livrer à un travail aussi patient.

Le schiste ou ardoise se travaille avec une tout autre facilité, et cependant nous possédons de petits morceaux de cette roche qui sont simplement percés d'un trou, lorsqu'il eût été si aisé de leur donner une forme plus ou moins décorative. Toutefois, dans la vallée de la Seine, on rencontre souvent des espèces de croissants, taillés dans un morceau de schiste et percés d'un trou à chaque extrémité. Cet objet fait penser involontairement au hausse-col de nos officiers, et il est bien probable qu'il se portait suspendu sur la poitrine, comme les plaques dont s'ornent tant de sauvages modernes, les Peaux-Rouges notamment.

Les roches dont il vient d'être question se rencontrent en France, et les fragments utilisés par les hommes de l'âge de la pierre polie ont pu leur être amenés par les cours d'eau, lorsqu'elles n'existent pas à l'état de gisement dans les localités mêmes où on les trouve. Mais il est d'autres parures faites en roches exotiques qui n'ont pas pu arriver accidentellement à une aussi grande distance de leur lieu d'origine. Parmi ces roches, une des plus intéressantes est la turquoise; elle rappelle entièrement la pierre précieuse que Pline désignait sous le nom de *callaïs* et qu'il signalait au delà des Indes, dans le Caucase et la Caramanie. On n'en connaît aujourd'hui aucun gisement en Europe, et cependant nos ancêtres de l'époque de la pierre polie savaient se la procurer : on en a recueilli plus de 500 perles dans les seuls dolmens du Morbihan. Dans les autres départements bretons, on ne l'a pas encore rencontrée ; mais on en a retrouvé quelques grains dans la Marne, dans l'Aveyron et dans la Lozère. Elle redevient abondante en Provence, dans les Pyrénées, sur la côte orientale d'Espagne et en Portugal.

La forme des perles de turquoise varie selon les régions. En Bretagne, elles ressemblent à de petits cailloux roulés affectant la forme d'un œuf ou d'une poire; dans les Pyrénées, elles sont très petites et cylindriques; celles de la Provence, également de fort petit volume, ne sont guère symétriques. Les grains de turquoise trouvés en Espagne présentent des formes assez variées, de même que ceux du Portugal, qui ressemblent tantôt à des plaquettes, tantôt à des cylindres, tantôt à des olives. Ce que toutes les perles portugaises ont de commun, c'est le soin apporté à leur travail.

Les ornements en pierre nous montrent donc que les tribus néolithiques ne se contentaient pas toujours pour leurs parures des roches qu'elles trouvaient chez elles; elles se procuraient des pierres exotiques. Comment? c'est ce que nous rechercherons dans un instant. Ce qui ressort encore de l'examen des perles de turquoise, c'est que, en admettant leur importation, on doit penser qu'elles arrivaient à l'état brut; car s'il eût existé alors un centre de production de cet article, les grains ne présenteraient pas les variétés de formes que nous venons de signaler, et surtout ces formes ne se trouveraient pas localisées dans des régions distinctes.

Les coquilles prêteraient à des considérations du même ordre. On rencontre bien, parmi les pendeloques de cette nature, quelques coquilles provenant des rivières de l'Europe occidentale et quelques mollusques fossiles empruntés aux couches anciennes de cette contrée. Mais, le plus souvent, les éléments des parures étaient formés de coquilles marines, qui se retrouvent dans des habitations, dans des sépultures situées à une grande distance de la mer. Elles étaient parfois simplement percées d'un ou de plusieurs trous, destinés à y passer un fil; mais souvent elles étaient découpées en petites rondelles perforées au centre, qui, enfilées dans une petite corde, constituaient des colliers exactement semblables à ceux de beaucoup de sauvages modernes et à ceux des anciens Péruviens. Les disques de cardium ou de pétoncle ne se rencontrent pourtant pas dans toute la France ; ils sont surtout abondants dans la région du sud et du centre, et ne se voient qu'exceptionnellement dans les environs de Paris. Ce genre de parure n'était nullement à la mode en Bretagne.

Nous en aurons fini avec les parures, lorsque nous aurons cité quelques dents perforées, beaucoup plus rares qu'à l'époque de la Madeleine, et quelques pendeloques en os. Celles-ci n'étaient généralement que de petites plaques, taillées plus ou moins régulièrement sur les bords et un peu polies sur les faces. Un trou permettait de les suspendre à un fil.

IV. Commerce.

Les hommes néolithiques, malgré leur humeur belliqueuse, n'étaient pas toujours en guerre, et les tribus se livraient souvent à des échanges entre elles. Ce fait n'a rien qui doive nous surprendre, puisque nous savons déjà que les chasseurs de l'époque quaternaire faisaient euxmêmes une sorte de commerce d'échanges. Nous en avons eu la preuve dans ces coquilles marines trouvées assez loin du rivage de la mer et qui, pour arriver dans les localités où on les a recueillies, avaient dû passer par bien des mains.

A l'époque de la pierre polie, le commerce se fait sur une plus grande échelle. Nous avons déjà vu que les populations qui possédaient sur leur territoire des gisements de silex de bonne qualité les exploitaient soigneusement et, parfois, ne reculaient pas devant des travaux considérables, comme puits de mines et galeries souterraines, pour aller à la recherche des meilleurs filons. Nous savons aussi que ce silex s'exportait au loin et que la roche n'était pas toujours vendue à l'état brut : des ouvriers en fabriquaient des outils dans de vastes ateliers qu'on retrouve sur plusieurs points, et expédiaient, dans toutes les directions, le silex sous forme d'instruments.

Les autres roches vont nous fournir des renseignements non moins intéressants au point de vue du commerce. Assurément, dans chaque région, les tribus utilisaient pour leurs outils les roches locales, et elles les choisissaient même avec discernement. Dans Seine-et-Marne, dans l'Aisne, par exemple, le silex est abondant et de bonne qualité ; aussi ne doit-on pas s'étonner de trouver dans ces départements de nombreuses haches en silex. Dans la Loire-Inférieure, la meilleure roche est la diorite, et les haches polies sont faites de cette substance. En Auvergne et dans le bassin du Rhône, on rencontre un grand nombre de haches en fibrolite grenue, et pendant longtemps on a cru que cette roche avait été importée ; mais on a trouvé son gisement dans le Velay et en Auvergne.

Il n'en est pas de même d'une autre fibrolite de nature fibreuse, qui a servi à fabriquer les belles haches qu'on rencontre fréquemment dans les dolmens de la Bretagne ; jusqu'ici, on n'en connaît aucun gisement en France, et il pourrait se faire qu'elle vînt du dehors.

On peut être beaucoup plus affirmatif pour la jadéite. Cette roche est inconnue à l'état naturel en Europe ; en revanche, elle est très commune en Asie. Or, on a trouvé des haches en jadéite dans presque tous les départements de la France, en Belgique, en Suisse, en Italie, en Allemagne et en Autriche. Certaines observations tendent à prouver qu'elles avaient une valeur considérable ; car, à cette époque où le culte des morts a été poussé si loin, comme nous le verrons dans le chapitre suivant, l'offrande la plus appréciée pour déposer à côté du défunt était une hache en jadéite, qu'on brisait par le milieu. Si cette roche si dure, susceptible à force de patience de recevoir un beau poli, venait de loin, il n'était pas facile de se la procurer, et on s'explique le prix qu'on y attachait, même en faisant abstraction de ses qualités intrinsèques.

La jadéite venait-elle réellement de l'étranger? Tout porte à le croire, dans l'état actuel de nos connaissances. Certes, on ne saurait affirmer qu'on ne rencontrera pas quelque jour un gisement de jadéite en Europe ; on a même découvert à Roquedas, dans le golfe du Morbihan, une roche qui est une sorte de jade, qu'on ne peut récolter qu'à marée basse; mais ce n'est pas la jadéite des haches néolithiques.

Fût-il prouvé, ce qui ne l'est nullement, qu'il a jadis existé quelque part dans nos contrées un gisement de jadéite, qu'il n'en resterait pas moins acquis que cette roche faisait l'objet d'un commerce à l'époque de la pierre polie ; on ne saurait admettre, en effet, qu'elle se rencontrât dans toutes les localités où on en a trouvé des traces.

Tous les faits que nous venons de rappeler concordent et démontrent amplement que des relations entre des pays plus ou moins éloignés existaient à l'époque de la pierre polie. Ils permettent même de reconnaître qu'il se faisait deux sortes de commerce : un local, fournissant à la consommation les objets les plus usuels, comme les outils de silex et les parures les plus communes ; un autre avec des tribus éloignées, qui introduisaient chez nous les objets rares, comme la turquoise et la jadéite. Remarquons en passant que ces pierres si appréciées ont leurs gisements les plus rapprochés vers l'est, dans le Caucase, en Caramanie, et même en pleine Asie. Si nous rapprochons ce fait de l'origine asiatique du blé, et de quelques-uns des animaux qui font leur apparition chez nous à cette époque; si nous nous rappelons ce que nous a dit M. de Quatrefages du polissage de la pierre en Asie pendant les temps quaternaires; si, enfin, nous tenons compte de l'apparition de nouveaux types humains, nous serons bien tenté de tirer de cet ensemble de documents la conclusion que ce sont des tribus parties d'Asie qui ont importé chez nous et ces types nouveaux, et le blé, et certains animaux domestiques, en même temps que leur industrie et les minéraux de leur pays.

Les populations néolithiques de l'Europe occidentale se montrent à nous aussi civilisées que les peuplades polynésiennes que trouvèrent les Européens, lorsqu'ils arrivèrent en Océanie. Or, les Polynésiens connaissaient tous la navigation et ils ne reculaient pas devant des voyages au long cours. On peut donc se demander si les constructeurs de dolmens étaient navigateurs. « A l'époque des haches polies et des colliers de callaïs, répond M. Cartailhac, l'art de la navigation était sans doute développé depuis de longs siècles. Nous pouvons admettre que des pirogues, aussi belles que les océaniennes, aussi bien montées et conduites avec autant d'audace, voguaient sur toutes les mers. Le caractère maritime des populations qui ont couvert de leurs mégalithes une partie du littoral et les îles françaises, anglaises, scandinaves, est évident, et elles connaissaient les chemins et voulaient aller toujours plus loin. »

Le fait auquel l'auteur fait allusion, nous voulons parler de l'existence de dolmens dans des îles, autorise à admettre que les populations néolithiques franchissaient la mer. D'autres faits ont encore été invoqués à l'appui de cette manière de voir ; malheureusement ils peuvent laisser prise à des discussions et nous n'y insisterons pas. Celui que nous venons de rappeler suffit à lui seul pour prouver la navigation, et nous n'essaierons pas de savoir jusqu'où s'étendaient les voyages des hommes de cette époque, le problème nous paraissant tout à fait insoluble à l'heure actuelle.

Ce que tous les savants admettent, c'est que les premières embarcations ont été des canots creusés dans des troncs d'arbres au moyen de la hache en pierre et du feu (fig. 56).

Nous avons, dans ce chapitre, jeté un coup d'œil d'en-

Fig. 56. — Les premières embarcations de l'homme.

semble sur l'époque de la pierre polie. Cette période a été longue et elle pourra sans doute plus tard être subdivisée en époques secondaires. Jusqu'à ce jour, il n'est guère possible de classer ces époques, et c'est pour ce motif que nous n'avons pas établi de subdivisions qui n'auraient rien eu de précis, mais qui, en revanche, auraient considérablement embrouillé le sujet dans l'esprit du lecteur.

XIII

LES SÉPULTURES; LES MONUMENTS MÉGALITHIQUES

I. Grottes sépulcrales naturelles et artificielles.

Les grottes naturelles servirent encore, après l'époque quaternaire, à déposer les dépouilles des morts; mais le nombre des sépultures de ce genre ne remontant pas au delà des temps actuels est très limité. On est porté à se demander si elles ne datent pas toutes de cette époque de transition dont nous avons parlé, et si elles n'ont pas été remplacées totalement par les dolmens, aussitôt que les constructeurs de ces monuments sont arrivés chez nous avec leur industrie nouvelle, leurs animaux domestiques et leur civilisation spéciale.

Les découvertes faites dans la Lozère par M. le docteur Prunières, et que nous avons relatées plus haut, nous ont montré que les descendants des hommes de Cro-Magnon continuaient à ensevelir les cadavres des leurs dans des grottes naturelles, alors qu'ils étaient déjà aux prises avec des ennemis, qui, eux, construisaient les grands monuments dont il va être question pour y enterrer leurs morts. Mais ces faits remontent, en réalité, aux débuts de notre époque, et il pourrait se faire qu'aussitôt les hostilités terminées, les vieux habitants de notre sol eussent adopté toutes les coutumes des nouveaux venus, entre autres celles relatives aux sépultures. La chose paraît d'autant plus probable, *à priori*, qu'on trouve dans des dolmens très anciens le type des chasseurs de renne à côté de celui des envahisseurs.

Pourtant, il ne faudrait pas trop généraliser. Certes l'usage des dolmens s'est implanté chez nous d'une manière relativement rapide; mais la vieille coutume a persisté longtemps, quoiqu'à l'état d'exception. Un seul fait suffira à le démontrer.

A Cravranches, près de Belfort, en faisant sauter une roche par la mine, on mit à découvert une grotte qui n'avait jamais été violée, comme le prouvait l'état du contenu. Une nappe uniforme de stalagmite couvrait le sol des différentes salles, et, sous cette couche, on rencontra de nombreux squelettes placés, les uns dans une position allongée, les autres dans une attitude assise. En même temps, on trouvait des petits tas de charbons, quelques silex taillés, des os et des bois de cerf travaillés, des perles en roches diverses, de grands anneaux plats en roche verte et des vases en terre. Tout ce mobilier atteste que la sépulture est bien de l'âge de la pierre polie. Les vases mêmes, par leurs formes élégantes, par les anses qui les décorent, par les ornements qu'ils offrent, dénotent déjà une industrie avancée. La grotte de Cravanches a donc servi de lieu de sépulture à une époque qui se rattache à la période la mieux caractérisée de la pierre polie. On est dès lors en droit de conclure que les inhumations dans des grottes naturelles se sont prolongées pendant l'époque où florissaient les dolmens.

Parmi les autres modes de sépulture de l'âge de la pierre polie, il en est un qui ne se rencontre que dans quelques départements; nous voulons parler des grottes artificielles. On ne les voit guère que dans le Finistère, l'Eure, l'Aisne, l'Oise, la Marne, la Seine-et-Marne et la Meuse. C'est dans la Marne qu'on en a trouvé le plus grand nombre et qu'elles ont été le mieux étudiées, grâce aux patientes recherches de M. le baron J. de Baye.

Presque toutes ouvertes dans la craie, les grottes explorées par M. de Baye formaient parfois des groupes plus ou moins importants, sur le flanc des collines. Elles ont été soigneusement creusées dans la roche à l'aide de haches en pierre, dont on reconnaît parfaitement les traces; toutes étaient hermétiquement bouchées par de grandes pierres.

Les grottes artificielles de la Marne sont de plusieurs catégories. Les unes, basses, peu profondes, ne comprennent qu'une salle unique, dont les parois sont grossièrement taillées et le sol raboteux. Elles renfermaient une grande quantité de cadavres, séparés par des pierres plates et de la terre, et orientés dans deux directions : les uns avaient la tête vers l'entrée et les autres vers le fond. Une de ces grottes contenait les squelettes d'hommes jeunes, et, à côté d'eux, dix haches emmanchées placées debout entre les parois et les cadavres. Ceux-ci étaient couverts de tranchets ou flèches à tranchant transversal.

Une seconde catégorie comprend des grottes à salle unique, mais beaucoup mieux travaillées. Rarement elles renferment plus de huit sujets, et cependant l'usure qu'on observe sur la craie dénote qu'elles ont été longtemps fréquentées. Elles fournissent un grand nombre d'instruments variés.

Les grottes de la troisième catégorie, les plus soignées

de toutes au point de vue du travail, comprennent une avenue communiquant par un couloir avec une sorte d'antichambre qui, par l'intermédiaire d'un second couloir plus étroit, donne accès dans une vaste salle, quelquefois subdivisée en deux, dans une partie seulement de son étendue, par une cloison ménagée dans la roche. Des gradins, des étagères sont creusés en pleines parois et supportent des couteaux en silex, des poinçons en os et d'autres menus objets. Une foule d'armes et d'ustensiles se rencontrent dans la salle, tels que haches en pierre polie, pointes de flèches, flèches losangiques ou à ailerons, tranchets, grattoirs en silex, lissoirs et poinçons en os, fémur de mouton armé à chaque bout d'une dent de cochon, pioche en bois de cerf, et des vases plus ou moins nombreux. Une grande variété d'ornements se trouve avec les objets précédents : ce sont des plaquettes d'os, des dents d'animaux travaillées et percées d'un trou, des perles et des pendeloques en os, en coquilles, en craie, en ardoise, en quartz, en aragonite et exceptionnellement en turquoise ou en ambre.

Ce qui est digne de remarque, c'est que les grottes les plus vastes, les plus belles, celles qui renferment tout ce mobilier, ne contiennent que deux ou trois squelettes, lorsqu'elles auraient pu recevoir deux cents cadavres. Et cependant elles ont été très fréquentées ; le sol en est usé, les marches qui permettent de descendre dans la grotte ressemblent à celles d'un escalier qui aurait fourni un long usage. Ce n'est évidemment pas pour déposer ces deux ou trois morts qu'on a passé tant de fois dans l'anté-grotte et dans les couloirs ; il faut donner de l'usure une autre explication. M. de Baye pense que ces grottes ont été habitées avant de servir de dernier asile à quelques morts privilégiés. Cette hypothèse n'a rien d'inadmissible. M. Cartailhac croit, de son côté, « que les traces de fré-quentation, le petit nombre de squelettes, les détails de leur installation prouvent qu'il s'agit uniquement de

grottes funéraires dans lesquelles on venait souvent accomplir des prescriptions rituéliques ; peut-être avaient-
elles un caractère religieux : peut-être les corps s'y
succédaient-ils ? »

De semblables sépultures existent, de nos jours, chez
les Hovas de Madagascar ; M. Alfred Grandidier, qui a si
bien étudié cette population, nous les décrit dans les
termes suivants : « Ils ont des caveaux de famille, de
vastes chambres souterraines, orientées de l'est à l'ouest,
dont le sol est pavé, dont les côtés sont revêtus de grandes
plaques de pierre et que ferme en haut une énorme dalle ;
on y entre par une ouverture pratiquée dans le mur qui
est situé du côté de l'ouest. Les corps sont déposés, en-
roulés dans des lambas et des nattes, les uns par terre,
les autres sur des tablettes de pierre disposées horizontalement tout autour de la chambre mortuaire. De temps
en temps, les familles hovas procèdent à une cérémonie
qu'ils appellent *mamadika* et qui consiste à aller dans
leur caveau changer les morts de côté afin qu'ils ne se
fatiguent pas en restant longtemps dans la même position.

Cette cérémonie se fait d'ordinaire l'année qui suit la
mort d'un des membres de la famille. C'est une occasion
de fête et de réjouissance ; tous les parents sont convoqués
et se rendent, revêtus de leurs plus beaux habits, musique
en tête, au tombeau de famille, pour faire visite à leurs
morts qu'ils retournent et enveloppent dans des lambas
neufs. J'ai vu un jour passer, avec violons et tambours,
un convoi qui transportait les ossements d'une femme
hova de haut rang, du tombeau de son avant-dernier mari
dans celui du dernier, où elle devait rester définitivement. Depuis quelques années, elle les avait tous visités
les uns après les autres, tenant compagnie à chacun d'eux
pendant quelques mois ; on l'enlevait de ce tombeau parce
que la femme qui l'avait remplacée dans le cœur de ce
défunt venait de mourir et avait besoin d'une place. »

Ce serait dans des visites de ce genre que les familles

néolithiques de la Champagne auraient usé le sol des couloirs conduisant aux grottes. Et M. Cartailhac voit une autre raison qui milite en faveur de la comparaison qu'il établit : à Madagascar, les morts sont déposés sur des tablettes de pierre disposées horizontalement autour du caveau ; dans les grottes de la Marne, ils étaient placés sur des pierres plates, posées par terre et souvent apportées de loin. Ordinairement, ces pierres avaient été préalablement chauffées, au point que la chaleur a altéré la craie sur laquelle elles reposent.

Entre l'opinion de M. de Baye et celle de M. Cartailhac, il est bien difficile de se prononcer avec quelque certitude. Quelque plausible que semble l'une ou l'autre de ces théories, elles resteront toujours à l'état d'hypothèses. Nous avons relaté les deux ; le lecteur choisira celle qui lui conviendra le mieux.

Ces grottes de la Marne sont, en tout cas, bien intéressantes, et nous nous y arrêterons encore un instant pour faire connaître quelques particularités relatives aux ossements. Nous savons déjà quelle était la position des squelettes dans les petites grottes remplies de cadavres ; dans les autres, les morts étaient parfois accroupis, parfois allongés. Dans ce dernier cas, les pierres plates que nous venons de signaler, ne formaient pas toujours un lit complet sur lequel le cadavre reposât entièrement ; quelquefois, elles se trouvaient uniquement sous les pieds, sous les reins et sous la tête. Plus d'une fois, les cadavres avaient été placés dessus lorsque les pierres étaient encore rouges, et la chaleur a à moitié carbonisé le squelette dont tous les os se trouvent cependant à leur place. Ce commencement d'incinération n'a donc pas pu être pratiqué ailleurs.

L'incinération était parfois bien plus complète, et on a trouvé des grottes remplies d'ossements brûlés, formant un mélange confus avec des cendres ; des haches en pierre avaient aussi été placées dans le foyer, où elles s'étaient craquelées sous l'action du feu. Les restes des cadavres incinérés étaient, dans quelques cas, recueillis, puis déposés en petits tas sur le sol lui-même ou, très rarement, dans un vase en terre ; ce fait n'a été observé qu'une seule fois, et les os brisés que renfermait le vase ne semblaient pas tous avoir subi l'action du feu.

Nous rencontrons donc, en Champagne, à l'époque de la pierre polie, deux sortes de sépultures : dans les unes, les plus nombreuses, les morts étaient inhumés ; dans les autres, la crémation fait son apparition.

Nous pourrions ajouter encore quelques détails qui ne sont pas dénués d'intérêt. Un crâne, par exemple, était recouvert de perles en coquilles ou en ardoise, disposées comme si elles avaient formé une résille ; un autre était recouvert d'un vase en terre, qui lui formait une sorte de coiffure. Enfin, un certain nombre de crânes étaient remplis d'ossements de tout jeunes enfants et de divers objets, tels que tranchets, coquillages et pendeloques.

II. Les monuments mégalithiques.

On appelle monuments *mégalithiques* des monuments construits au moyen de grandes pierres, dont les dimensions atteignent parfois des proportions qui renversent l'imagination. Pour n'en citer qu'un exemple, signalons l'allée couverte située auprès de Fontevrault (Maine-et-Loire), qui, au nombre des pierres formant le toit, en compte une de 22 mètres de longueur.

Les monuments mégalithiques ont fait chez nous leur apparition à l'époque de la pierre polie ; l'usage s'en est continué pendant une partie de l'âge du bronze. Ils comprennent les *dolmens* et *allées couvertes*, les *menhirs* ou pierres levées, les *cromlechs* ou alignements de pierres levées. Parfois, sur une pierre plantée debout, s'en trouve posée une autre, de manière à former soit une *table*, soit un plan incliné, qu'on désigne vulgairement sous le nom de *pierre branlante*. Un volume suffirait à peine pour faire connaître ces curieux témoins d'une civilisation disparue; nous serons donc forcé de nous en tenir aux points qui nous paraîtront présenter le plus d'intérêt.

Les *dolmens* (fig, 57), dont le nom a été emprunté au mot breton employé pour désigner ces monuments, sont des chambres formées de grandes dalles placées de champ les unes à côté des autres, et recouvertes par des blocs sem-

Fig. 57. — Dolmen de Conneré (Marne).

blables qui peuvent atteindre les dimensions que nous venons de signaler. Les plus petites pierres ne mesurent guère moins d'un mètre de large sur 2 mètres de long, et encore les blocs de cette petitesse sont-ils assez rares. Parfois, les roches dont se composent les dalles ne se rencontrent pas dans le pays où est élevé le dolmen et ont dû, par conséquent, être amenées de loin.

La chambre a une forme carrée ou rectangulaire. Lorsqu'elle est étroite et très allongée, le monument prend le nom d'*allée couverte*. On voit encore les deux genres de monuments réunis de manière à ne constituer qu'un édifice unique : une allée couverte, plus ou moins longue, donne accès dans une partie élargie, qui forme le vrai dolmen; on a alors un dolmen à allée. Dans le plus grand nombre de nos départements, on désigne toutes ces constructions sous le nom de *pierres couvertes.*

Il existe en France un nombre considérable de dolmens, qui se retrouvent aussi dans le reste de l'Europe et dans d'autres parties du monde. Pour nous en tenir à l'Europe, signalons leur présence en Russie, dans le nord de l'Allemagne, en Danemark, en Scandinavie, dans la Grande-Bretagne, dans les îles de la Manche, en Espagne, en Portugal, en Corse et en Italie. Ils sont rares dans les Pays-Bas et en Belgique, ce qui peut s'expliquer par l'absence de matériaux convenables pour leur construction; on n'en a signalé aucun en Turquie, en Grèce, ni en Autriche. Si nous revenons maintenant à ceux de notre pays, nous verrons qu'ils manquent dans le Nord et qu'ils sont rares sur la rive gauche du Rhône; c'est surtout dans la moitié occidentale de la France qu'ils sont abondants.

Les dimensions des dolmens et des allées couvertes varient autant que leur état de conservation; quelques-uns ne se composent que de quatre blocs : trois sont plantés debout et forment les trois côtés d'un carré dont le quatrième reste ouvert; l'autre bloc, posé à plat sur les trois autres, constitue la toiture. A côté de ces petits dolmens, on rencontre de gigantesques allées couvertes, comme celle de Bagneux, près de Saumur (Maine-et-Loire). C'est une des plus belles et des mieux conservées de toutes celles qu'on connaisse jusqu'à ce jour. Souvent, le toit de ces monuments a disparu; d'autres fois, ce sont des dalles verticales qui manquent, et on voit alors d'énormes pierres ne reposant plus que sur deux piliers. Ces monuments en ruines, s'ils étaient seuls, n'apprendraient pas grand'chose sur leur mode de construction et leur destination. Heureusement, on en connaît aujourd'hui des centaines, parmi lesquels il en est de bien conservés, et nous avons pu nous-même fouiller récemment aux Mureaux, dans Seine-et-Oise, une allée couverte qui était restée intacte jusqu'au commencement de l'année dernière. Hâtons-nous de dire que ce n'est pas le premier monument de ce genre qu'on ait trouvé dans cet état, et qu'actuellement il est possible d'en refaire l'histoire.

On s'est demandé pendant longtemps comment il avait été possible à des hommes ne possédant pas la moindre machine, de dresser des dalles de la dimension de celles qu'on rencontre partout, et surtout comment ils s'y sont pris pour hisser celles qui forment la toiture. C'est un problème dont la solution inquiète encore beaucoup de ceux qui voient un dolmen. On comprend que les hommes néolithiques, pour lesquels le temps était peu de chose, aient parfois amené de fort loin les matériaux gigantesques qui entrent dans les constructions; ils avaient des animaux domestiques qu'ils pouvaient atteler au bloc posé sur des rouleaux ou sur un traîneau rudimentaire; les hommes pouvaient eux-mêmes unir leurs efforts à ceux des animaux. Ce n'est donc pas le transport des matériaux qu'il semble difficile d'expliquer, mais leur mise en place seule.

On peut maintenant résoudre cette question : les dolmens étaient, ou des édifices souterrains, ou des monuments qu'on construisait dans un monticule fait pour la circonstance. Dans le sol ou dans le monticule, on creusait une tranchée limitant un espace carré ou rectangulaire, comparable aux fossés qu'on pratique pour y asseoir les fondations d'une maison. Le bloc amené sur le bord du fossé, on le faisait basculer, sans doute à l'aide de leviers. A côté, on plaçait de la même façon une autre dalle, en ayant soin de choisir celle dont le bord s'adaptait le mieux à celui de la précédente. Tous les blocs verticaux, étaient ainsi placés, de manière à ce que leur extrémité supérieure ne fît qu'affleurer le sol ; on glissait alors à plat des dalles assez longues pour que leurs deux extrémités vinssent reposer sur les parois latérales. Si la chambre devait rester souterraine, il ne restait plus, pour terminer le travail, qu'à en déblayer l'intérieur. Lorsqu'on s'était proposé d'avoir un édifice à l'air libre, il fallait en dégager le pourtour; mais il est douteux que les hommes de l'époque néolithique aient cherché à construire des monuments de cette sorte. Si un bon nombre de dolmens et d'allées couvertes ne sont plus enterrés de nos jours, c'est que le monticule de terre a disparu, enlevé soit par les agents atmosphériques, soit par l'homme lui-même, à des époques plus récentes. Fréquemment, au contraire, on enfouissait la construction sous un gigantesque monticule de terre.

Ces chambres, dont nous verrons tout à l'heure la destination, ne restaient pas ouvertes. Souvent, les quatre côtés étaient clos de la même manière, mais une dalle d'une des extrémités pouvait se déplacer et constituait ainsi une véritable porte. D'autres fois, une des dalles de l'édifice, principalement une de celles qui fermaient les petits côtés, était percée d'un trou situé tantôt au centre de la pierre, tantôt à sa partie inférieure, et ressemblait alors à la porte d'un four. Enfin, l'entrée pouvait encore être ménagée entre deux blocs, qui ne se rejoignaient pas exactement dans toute leur hauteur. Cette ouverture était fermée soit par un bouchon en pierre, soit par une plaque de roche posée contre la dalle et s'appliquant parfois exactement dans une rainure, soit par une véritable porte mobile pour laquelle on établissait des montants, un linteau et un seuil.

Nous aurons terminé la description des dolmens et des allées couvertes lorsque nous aurons ajouté que les pierres en étaient parfois dégrossies, que, d'autres fois, elles étaient même couvertes de sculptures, quoique ces deux cas fussent exceptionnels. Disons encore que l'orientation de ces monuments était bien loin d'être constante.

Quelle était la destination des édifices que nous venons

de décrire? Si nous interrogeons à ce sujet nos paysans,
nous en trouverons qui nous répondront que ce sont des
maisons de fées, des tombes de géants, des palets du
Diable, de Gargantua ou de Roland, ou bien encore des
cabanes de César. Une foule de légendes circulent à leur
sujet. Ici, c'est une fée qui, ayant laissé tomber à l'eau le
fils qu'elle allaitait, alla l'enterrer et remplit son tablier
de gravier pour recouvrir le petit cadavre; ce sont ces
graviers qui formèrent un dolmen. Là, c'est la Vierge ou
les saints qui remplacent les fées. A Poitiers, la pierre
levée a été transportée tout d'une pièce à l'endroit où elle
se trouve par Radegonde, à l'époque où elle habitait cette
ville; la sainte avait pris dans son tablier les cinq grosses
pierres d'appui, et sur sa tête celle qui forme la table;
arrivée au point qu'elle avait choisi, elle déposa le tout
à terre.

Le diable joue plus d'une fois un rôle analogue, ou bien
c'est une druidesse qui a lancé contre saint Martin la Pierre
du Diable. En Touraine, Gargantua est l'auteur de beaucoup
de monuments mégalithiques : ici, un dolmen n'est autre
chose qu'un palet lancé par le géant sur des roches qui
lui servaient de mire; là, c'est une pierre qu'il avait dans
son soulier et qui vint tomber, lorsqu'il s'en débarrassa,
à l'endroit où elle est restée.

Nous n'en finirions pas si nous voulions rapporter toutes
les traditions populaires relatives aux dolmens. Ajoutons
seulement que, dans quelques endroits, on se figure que
les pierres dont ils sont formés dansent ou se déplacent
dans certaines circonstances, notamment à Noël, et que
presque partout on est convaincu que ces monuments
contiennent des trésors renfermés dans la peau d'un bœuf
ou d'un veau, ou bien un lion, un veau, une chèvre en or.
Aux Mureaux, les bonnes gens se figuraient qu'il y avait
une Vierge blanche, quelques-uns disaient une Vierge en
argent.

Ces légendes, qui nous font sourire aujourd'hui, n'ont

pas toujours eu ce résultat. Les monuments mégalithiques ont été pendant longtemps, et sont encore dans quelques campagnes, l'objet d'un culte : aussi les conciles ont-ils, à plusieurs reprises, tenté de s'élever contre ces coutumes. Le meilleur moyen qu'ils aient trouvé fut d'ordonner la destruction de ces édifices et de considérer comme coupable de sacrilège quiconque s'y refusait. Par suite de cette mesure, un grand nombre ont été démolis. Les autres ont continué à exercer l'imagination non seulement du peuple, mais des écrivains. Nous ne rapporterons pas les opinions émises par les nombreux auteurs qui s'en sont occupés ; il nous suffira de dire que plus d'un ne fit que rééditer les légendes populaires, que d'autres y virent le résultat de bouleversements produits par les déluges, les tremblements de terre ou quelque autre cause accidentelle. et que, parmi ceux qui attribuèrent les dolmens à la main de l'homme, les uns les firent remonter aux druides, les autres aux Romains. Au sujet de leur usage, les avis furent encore partagés : ce furent des maisons, des temples ou quelque chose d'analogue. Enfin, le 7 ventôse an VII. Legrand d'Aussy lut devant l'Institut un remarquable travail sur *Les anciennes sépultures nationales* ; il adoptait pour les désigner le nom breton de *dolmin*, proposé par La Tour d'Auvergne, et les considérait comme des chambres funéraires.

Les fouilles méthodiques pratiquées dans ces dernières années nous ont montré que ces sépultures renfermaient généralement un grand nombre de squelettes. Parfois, les cadavres étaient déposés avec symétrie ; d'autres fois, ils étaient entassés le long des parois, et il semble qu'on ait cherché le moyen d'en faire tenir le plus grand nombre possible. Dans certains dolmens, les ossements sont empilés sans ordre, ce qui a permis de supposer que les cadavres y avaient été apportés lorsque les chairs avaient déjà disparu ; les morts auraient été déposés d'abord dans une sépulture temporaire, et ce ne serait qu'une fois déchar-

nés que les ossements auraient été apportés dans le monument mégalithique, qui constituait la sépulture définitive.
On invoque à l'appui de cette manière de voir l'exemple
de populations sauvages de nos jours; on cite également
la coutume qui existait en France aux XII⁰ et XIII⁰ siècles.
A cette époque, on décharnait les cadavres des grands
personnages. « Une corporation appelée les « hanouards »,
porteurs de sel, possédait ce privilège de saler et de faire
bouillir les rois de France. On enterrait séparément les
chairs et le squelette. C'est ainsi que furent traités Louis
le Débonnaire, Charles le Chauve, saint Louis, Philippe
le Hardi et sa femme Isabelle d'Aragon.... En Espagne, à
l'Escurial, on fait visiter au voyageur une chambre spéciale où les rois défunts font un stage avant d'être placés
dans leur tombe définitive. Le nom de cette crypte est
absolument réaliste : « *El Putrido* ». (Cartailhac). En Bretagne, en Sicile et dans bien d'autres pays, on continue à
réunir, après un certain temps, les os des morts dans des
charniers ou reliquaires. Les dolmens étaient-ils, comme
on l'a dit, les reliquaires d'autrefois ? Le fait est possible
pour un certain nombre; mais le dolmen que nous avons
fouillé aux Mureaux, et qui renfermait des squelettes avec
tous leurs os en place, le dolmen de Montigny l'Engrain
(Aisne), qui a montré à M. Vauvillé des cadavres disposés
avec symétrie et ayant également laissé leurs ossements
dans leurs rapports naturels, ces dolmens, disons-nous,
n'ont pu recevoir des os décharnés. Il n'est pas admissible
que les hommes de la pierre polie aient eu la patience, et
surtout les connaissances anatomiques nécessaires pour
remettre à leur place des os séparés par la putréfaction.

Au milieu des restes humains, on trouve dans les dolmens, comme dans les grottes artificielles de la Marne,
une foule d'objets, armes, outils, poteries ou parures
de l'époque néolithique. Dans le chapitre suivant, nous
verrons quelle est la signification de ces objets déposés à
côté des morts.

Les autres monuments mégalithiques avaient peut-être une destination tout autre que les dolmens ; on en est réduit à des conjectures sur les *menhirs* et les *cromlechs*. Pour ne pas les séparer des édifices caractérisés par de gros blocs de pierre, nous dirons ici deux mots de ces monuments, qui semblent bien contemporains des dolmens.

Les *menhirs* (fig. 58) sont de grandes pierres plantées debout, sans doute par le procédé qui était employé pour dresser les dalles des dolmens. Le plus grand était la *pierre des fées* ou la *grande pierre* de Locmariaker (Morbihan), aujourd'hui couché sur le sol et brisé en trois morceaux ; il mesure 21 mètres de long sur 4 mètres d'épaisseur ; son poids est de 250 000 kilogrammes. Le menhir de Plèsidy (Côtes-du-Nord) a 11 m. 20 de hauteur, et celui de Plouarzel (Finistère) 11 m. 05.

Fig. 58. — Menhir.

Soixante pierres levées de la Bretagne dépassent 5 mètres. En Auvergne, le plus haut, celui de Davayat, n'a que 4 m. 66, et ceux du reste de la France ne sont pas plus élevés. La forme de ces pierres varie selon la nature de la roche ; lorsqu'elles présentent des traces de travail, ce ne sont que des cavités en forme de petites cuvettes ou quelques sculptures dont nous parlerons dans le dernier chapitre.

Les *cromlechs*, avons-nous dit, ne sont que des alignements de menhirs. Leur nom, comme ceux de dolmens et de menhirs, a été emprunté au breton. Les plus célèbres cromlechs se trouvent à Carnac, en Bretagne (fig. 59), où ils

forment trois alignements se faisant suite, quoique séparés
par un certain espace. Chacun de ces alignements comprend de 10 à 15 lignes de menhirs, laissant entre elles
des allées d'une largeur à peu près égale ; les blocs sont
assez régulièrement espacés et leurs dimensions diminuent
graduellement des extrémités au centre. Les enceintes que

Fig. 39. — Alignements de Carnac (Morbihan).

forment les cromlechs sont circulaires, ovales ou rectangulaires.

Ce qu'on peut conjecturer de la signification des menhirs
et des cromlechs se réduit à peu de chose. Chez les Juifs,
chez les Kabyles, on plantait des pierres pour perpétuer
le souvenir de quelque grand fait ou pour consacrer une
délibération importante. Chez une foule de populations,
des pierres semblables sont sacrées, et on leur rend un

culte. Chez nous-mêmes, malgré les décrets des conciles auxquels nous avons fait allusion, le culte des pierres n'a pas entièrement disparu, et on pourrait citer telle localité de l'ouest de la France, qui possède un menhir d'une forme particulière auquel les femmes vont en cachette demander de les rendre fécondes.

Mais on sait aussi que les pierres plantées sont souvent l'indication de sépultures et qu'on retrouve cet usage à toutes les époques et presque chez tous les peuples. On a pu constater parfois que des menhirs surmontaient un monticule de terre, recouvrant lui-même une sépulture. On a encore observé que des alignements se trouvaient autour de tombes mégalithiques. Que faut-il conclure de tout cela? Les menhirs étaient-ils des pierres sacrées, et les cromlechs des sortes de temples à ciel ouvert? Servaient-ils à indiquer l'emplacement de sépultures? C'est un mystère qu'il serait aujourd'hui téméraire de tenter d'éclaircir.

Après cette petite digression sur les menhirs et les cromlechs, revenons aux dernières sépultures qu'il nous reste à décrire.

III. Sépultures diverses.

En dehors des grottes sépulcrales naturelles ou artificielles, des dolmens et des allées couvertes, il existait d'autres modes de sépulture, à l'époque de la pierre polie; la plupart, d'ailleurs, se rattachent à l'un des précédents.

On a rencontré parfois des dolmens, des allées couvertes, qui manquaient de toiture et qui, suppose-t-on, n'avaient jamais été couvertes de dalles; au lieu d'être en pierre, le toit aurait été en bois. Ce serait, au reste, la seule particularité qui les distinguerait des dolmens véritables.

En Bretagne, dans la presqu'île de Quiberon, et sur d'autres points, se trouvent de petits caissons en pierres, rappelant encore les dolmens, mais de dimensions si réduites qu'on en a compté 27 sur un espace de 160 mètres carrés.

Dans le bassin de Paris, il n'est pas rare de mettre au jour de petits dolmens, situés sur la pente des collines et si bien enfouis sous les alluvions que rien n'en révèle l'existence. Le sol en est dallé de petites pierres plates, et assez souvent la chambre est subdivisée par de petits murs transversaux, qu'il est facile d'enjamber. Parfois, une des parois ou même les deux, au lieu d'être en grosses dalles, sont remplacées par un mur en pierres sèches. Généralement, la hauteur du monument ne permet pas à un homme de s'y tenir debout.

Dans les environs d'Arles, on a observé des galeries creusées dans la roche, à ciel ouvert, mais dont l'ouverture supérieure avait ensuite été bouchée par de grandes pierres bien ajustées. On descend dans ces allées couvertes d'un nouveau genre par un escalier formé d'énormes marches. Elles sont précédées d'un vestibule. Ces sépultures forment, en réalité, la transition entre les grottes artificielles et les dolmens.

En 1877, nous avons décrit une sépulture de ce genre qui avait été découverte à Brézé, près de Saumur (Maine-et-Loire). La petite galerie, de 4 mètres de long sur 1 m. 40 de large, avait été creusée dans la marne, puis recouverte de dalles de calcaire, dont la face inférieure avait été dégrossie et ornée de lignes en creux formant des croix, des triangles et quelques autres figures très simples.

Un dernier type de grotte artificielle a été étudié à Mizy (Marne). Sous trois blocs de meulière qui gisaient à la surface du sol, on a creusé un souterrain qui, comme celui d'Arles, se trouve recouvert par des pierres isolées, arrivées là sans doute accidentellement, au lieu d'y avoir

été placées par l'homme. Le caveau étant ouvert dans un
terrain meuble, on a élevé, le long de ses parois, des
murs en calcaire. Des dalles minces et brutes, également
en calcaire, recouvrent tout le sol. L'entrée était fermée
par trois pierres verticales.

Nous laisserons de côté quelques autres sépultures, qui

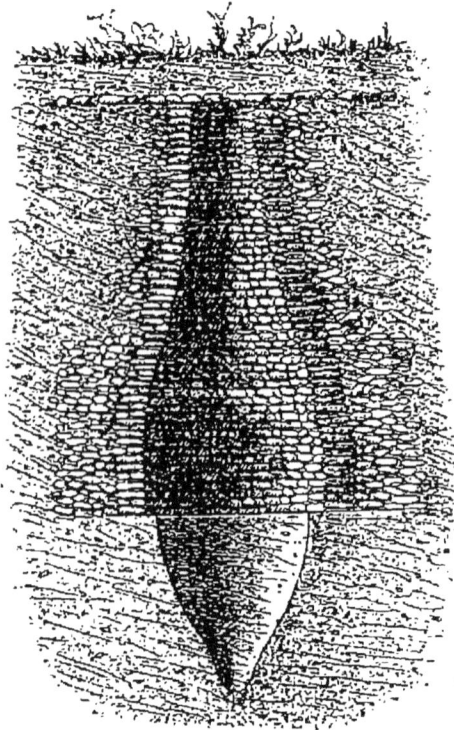

Fig. 60. — Puits funéraire de Marzabotto (Italie).

ne présentent qu'un intérêt restreint et se rattachent plus
ou moins à celles déjà décrites, pour arriver de suite
aux puits funéraires. A Ribemont (Aisne), on a trouvé
dans deux grandes fosses rectangulaires des ossements
humains calcinés, brisés en fragments disposés en petits
tas sur des morceaux de grès bruts. Des haches en pierre
polie, des éclats de silex et des emmanchures en bois de
cerf indiquaient l'âge de la sépulture.

Les vrais puits funéraires sont des excavations naturelles ou creusées par l'homme, dans lesquelles des cadavres ont été inhumés (fig. 60). De six puits de Tours-sur-Marne, on a extrait environ cent cinquante squelettes.

Il ne nous reste plus à signaler qu'un seul genre de sépulture. Dans les travaux entrepris pour la construction de nouveaux forts sur notre frontière de l'Est, on a mis à jour une ancienne enceinte entourée d'une muraille, dans l'épaisseur de laquelle on a trouvé de nombreux squelettes; beaucoup étaient incinérés. Un squelette de jeune fille n'avait subi qu'un commencement de carbonisation. Les morts devaient avoir été inhumés à mesure qu'on construisait la muraille.

Peut-on supposer que chaque système d'inhumation était l'apanage d'une des races qui vivaient alors? Évidemment non. La plupart des fouilles ont été faites, il est vrai, par des amateurs qui n'attachaient de prix qu'aux objets travaillés par l'homme de cette époque, et qui ont négligé de récolter les ossements; de sorte que nous avons encore beaucoup à apprendre sur les races de l'époque néolithique. Nous savons cependant que le même dolmen renfermait parfois les types humains les plus différents, et, par conséquent, nous devons croire que la variété dans les sépultures tenait moins à la diversité des races qu'aux conditions dans lesquelles elles vivaient.

Nous avons constaté dans presque tous les genres de sépulture des traces d'incinération; l'inhumation simple était cependant de beaucoup plus fréquente. Il serait intéressant de rechercher si la coutume de brûler les morts a été introduite par quelque nouvelle peuplade, mais les éléments nous font absolument défaut pour aborder l'examen de cette question.

XIV

LES PREUVES DE LA RELIGIOSITÉ A L'ÉPOQUE DE LA PIERRE POLIE
L'ART NÉOLITHIQUE

I. Mobilier funéraire.

Les hommes de l'époque néolithique avaient certainement des croyances religieuses ; c'est un fait que personne ne met en doute, et qui a surtout été mis en évidence par l'étude des sépultures.

Les soins donnés aux morts suffiraient presque, à eux seuls, à démontrer que les hommes de l'époque dont nous parlons croyaient à une autre vie ; une foule de détails viennent d'ailleurs corroborer cette opinion. Les instruments, les objets de toutes sortes qu'on trouve à côté des

cadavres, ont, pour la plupart, été placés là pour servir
aux défunts dans le monde des esprits ; autrement, on ne
comprendrait pas que les vivants eussent ainsi sacrifié
des armes, des outils, des vases, des ornements divers,
qui leur avaient coûté bien souvent beaucoup de travail
et de patience. Examinons rapidement ce mobilier funéraire.

Parmi les objets qui se trouvent le plus fréquemment
dans les tombeaux, figurent les pointes de flèches en os
et surtout en silex. Dans le nombre, il en est assurément
qui avaient occasionné des blessures et déterminé la mort
des individus dont on rencontre les restes ; elles ont été
introduites avec les corps dans les sépultures. M. de Baye
a remarqué, par exemple, que, dans certaines grottes artificielles, les pointes ne se trouvaient jamais dans un espace
vide ; ce n'était qu'après avoir enlevé les squelettes, qu'il
les découvrait au milieu de la poussière provenant de la
décomposition des cadavres. Il a ramassé des vertèbres
humaines portant encore des pointes de flèches profondément engagées dans l'os. Mais ces armes ont été parfois
recueillies à une distance des cadavres où elles ne pouvaient avoir été mises qu'intentionnellement.

Le fait est encore bien plus frappant lorsqu'il s'agit de
haches en pierre polie. Nous avons parlé de cette grotte
qui contenait dix haches emmanchées, plantées debout
entre la paroi de la chambre et les squelettes ; dans une
foule d'autres, elles étaient rangées le long des parois, le
tranchant en l'air. Il est bien évident qu'elles ont été
mises là dans un but qu'il est facile de saisir ; dans l'autre
vie, le guerrier avait besoin d'armes, et on en déposait à
côté de son cadavre.

Ce n'étaient pas seulement les armes qui étaient nécessaires aux défunts, mais tous les objets dont ils s'étaient
servi sur la terre ; aussi retrouve-t-on, dans les sépultures,
des spécimens de toute l'industrie de l'époque : couteaux
en silex, grattoirs, poinçons, lissoirs, vases en terre, etc.

Sans parler des parures qu'on avait l'habitude de laisser aux morts, on plaçait souvent à leurs côtés, principalement en Bretagne, des haches en jadéite, de dimensions telles qu'elles n'avaient jamais dû constituer des instruments usuels : les unes sont d'une taille trop grande et atteignent jusqu'à cinquante centimètres ; les autres, au contraire, sont si petites que parfois elles ne dépassent pas deux centimètres. Il n'est pas rare de rencontrer ces haches brisées intentionnellement par le milieu. Il y avait là un rite funéraire, dont l'explication nous échappe.

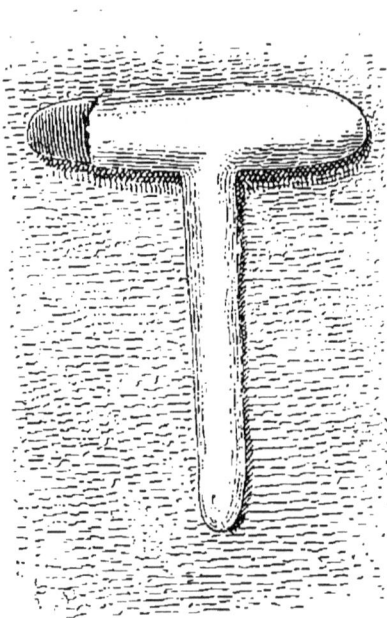

Fig. 61. — Hache sculptée sur une grotte de la Marne, d'après M. de Baye.

La hache semble, d'ailleurs, avoir joué un rôle important dans les conceptions religieuses des hommes néolithiques ; on en trouve de minuscules, percées d'un trou de suspension, et qui n'étaient sans doute autre chose que des amulettes. Les haches gravées ou sculptées sur les tombes devaient avoir également un sens symbolique.

II. Gravure et sculpture.

Dans les antégrottes des sépultures artificielles de la Marne, se voient des haches sculptées de chaque côté de la porte avec un soin tout particulier (fig. 61) ; en outre, l'instrument lui-même est parfois peint en noir, pour le distinguer nettement de l'emmanchure. Les mêmes sculptures ont été trouvées sur les dalles de dolmens de la Bretagne : un seul pilier d'un dolmen de Gavr'inis (Morbihan) porte dix-huit haches de pierre emmanchées. Sans doute, à cause des services qu'elle rendait, soit comme instrument de travail, soit comme arme de guerre, la hache était l'objet

Fig. 62. — Dalle gravée de l'allée couverte de Gavr'inis (Morbihan).

d'un culte, comme elle le fut plus tard chez les Égyptiens, les Chaldéens et les Grecs.

Un grand nombre de gravures se voient sur les pierres des dolmens de la Bretagne (fig. 62). Disons en passant que ces gravures manquent sur les roches les plus dures et que, à Gavr'inis, par exemple, deux piliers de quartz sont bruts, tandis que tous ceux de granit sont sculptés. C'est que les outils de silex, qui sont parfaitement capables de tracer des sillons à la surface du granit, n'entament pas le quartz.

Les signes des dolmens bretons sont de plusieurs sortes : les uns résultent de combinaisons variées de lignes droites, courbes, ondulées, isolées ou parallèles, de segments de cercles concentriques, de spirales rappelant assez les figures que dessinent les rides de la peau dans le creux de la main et au bout des doigts. Il est très difficile de donner une idée de ces images, que seule la gravure pourrait rendre. Ailleurs, on voit, dans une sorte de cartouche affectant la forme d'un étrier, plusieurs signes énigmatiques ; ailleurs encore, l'empreinte d'un pied ou bien des cercles, des points, des espèces de serpents, etc., etc.

Ce sont aussi des lignes droites, formant des croix, des triangles et quelques autres figures très simples, qui sont gravées à la partie inférieure des dalles qui recouvrent la sépulture néolithique de Brézé, que nous avons jadis décrite.

Doit-on considérer toutes ces gravures comme des ornementations fantaisistes, ou bien faut-il les regarder comme des signes symboliques dont le sens nous échappe ? C'est ce qu'il n'est guère possible de décider.

Il ne saurait y avoir le même doute pour les figures humaines sculptées sur les grottes de la Marne, dans l'antégrotte, et toujours à gauche en entrant. Elles sont tellement grossières que, dans le premier moment, on a cru y reconnaître l'image d'une chouette ou bien la figure d'une divinité moitié chouette et moitié femme ; mais on a renoncé à cette idée, lorsqu'on en eut trouvé un plus grand nombre et qu'on put passer des plus imparfaites aux plus fidèles. L'une ne montre qu'un nez placé vers le sommet de la tête et un collier formé de perles variées, portant au milieu un grain plus gros, figurant un médaillon. Au-dessous du collier, on voit une hache de pierre emmanchée.

Une autre sculpture représente la même tête avec deux points noirs pour simuler les yeux. Le collier porte, au milieu, un gros grain peint en jaune. La hache de pierre est remplacée par deux seins assez proéminents. Une troisième sculpture, enfin (fig. 63), montre le même nez, des yeux sem-

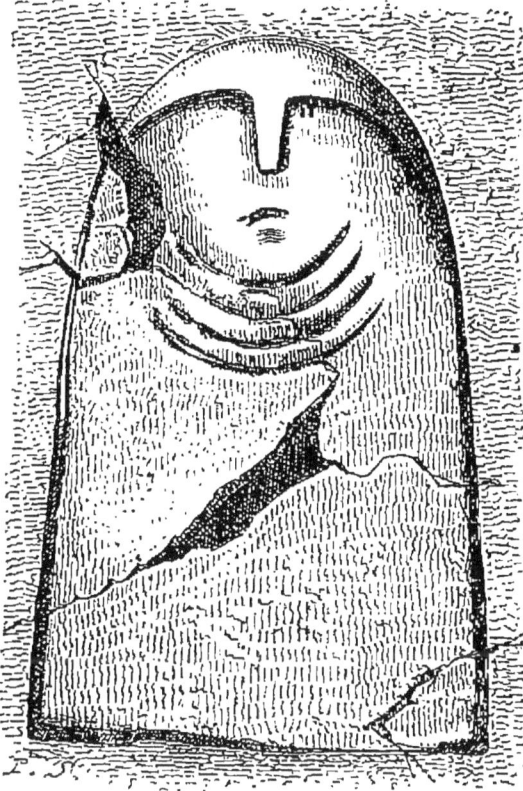

Fig. 63. — Figure humaine sculptée sur les parois d'une grotte de la Marne, d'après M. de Baye.

blables, une bouche nettement indiquée et, au-dessous, un collier à plusieurs rangs.

Il est à noter qu'aucune de ces figures n'offre de bras. Broca n'a pas hésité à y voir l'image d'une divinité féminine, et cette interprétation a été généralement acceptée. « Si elle est vraie, dit M. de Quatrefages, comme tout permet de le croire, nous avons sous les yeux la plus ancienne forme connue que l'homme ait imaginée pour représenter un de ces êtres auxquels s'adressent des hommages. »

18

En dehors des gravures et des sculptures dont nous venons de parler, et qui semblent se rattacher aux idées religieuses des hommes de la pierre polie, il nous faut encore signaler les pierres à cupules ou à écuelles (fig. 64). Ces cuvettes sont généralement creusées par groupes, soit sur les dalles des sépultures, tant à l'intérieur qu'à l'extérieur, soit sur des menhirs, soit sur de grandes pierres isolées. Parfois, on en compte jusqu'à quatre-vingts sur un seul bloc, et, leur présence ne pouvant s'expliquer par une cause naturelle, on est bien forcé de les attribuer à l'homme.

Quelle était la signification de ces godets? On a prétendu qu'ils étaient le produit de l'oisiveté des peuples primitifs; on voit encore, a-t-on dit, les bergers graver toutes sortes de figures sur les rochers des parages où paissent leurs troupeaux. Mais le fait est trop général pour qu'on puisse admettre cette explication, qui ne saurait d'ailleurs être acceptée pour les écuelles creusées sur les parois de dolmens enfouis sous terre. On s'est demandé si, par leur groupement, elles ne figuraient pas quelques constellations, ce qui ne pourrait s'appliquer aux cupules qui ne sont pas disposées par groupes. Elles avaient assurément un sens mystérieux qui devait être compris dans une grande partie de l'Europe. Elles sont encore l'objet de superstitions : « Partout, dit M. Cartailhac, lorsque le bloc à écuelles était à découvert ou qu'il a été par hasard mis au jour, il est resté ou il est devenu l'objet de l'attention populaire. Mais les superstitions et les légendes qui le concernent maintenant n'ont sans doute aucun rapport avec son histoire primitive et sa valeur d'autrefois.

Dans toute la péninsule indienne, on voit les femmes hindoues apporter de l'eau du Gange jusque dans les montagnes de Pendjab et en arroser ces pierres dans les temples où elles vont implorer la divinité en vue de devenir mères.

Dans le département de l'Ain, lorsque les jeunes filles

et les veuves allaient en pèlerinage à l'antique chapelle
de Saint-Blaise, elles passaient à Thoys et près d'un petit
bloc erratique ovale, couvert d'une soixantaine de cupules; là, elles se li-
vraient à certaines
pratiques pour obtenir
un époux dans l'an-
née.

Aux Pyrénées, non
loin de Bagnères-de-
Luchon, l'un des plus
grands blocs des ali-
gnements et des en-
ceintes qui couvrent
la montagne d'Espiaup

Fig. 64. — Pierre à écuelles.

et remontent à l'âge du bronze, le *Cailhaou des pourics*,
« le caillou des poussins », tire son nom de ses soixante-
deux fossettes et était autrefois vénéré. Ce sont pourtant
ses voisins sans cupules, le *Cailhaou d'Arriba Pardin* et
la *Peyra dé Peyrahita*, qui accaparent, d'après M. J. Sacaze,
les sympathies intéressées des jeunes femmes et des
amoureux.

Dans les pays scandinaves, on connaît ces pierres sous
le nom d'*Elfenstenars*, pierres des Elfes, et, de nos jours
encore, les habitants y déposent des offrandes pour les
âmes des morts qui attendent le moment d'être revêtues
de nouveau d'un corps mortel.

En Suisse, des paysans superstitieux apportent aussi, à
certains jours de l'année, leurs offrandes sur ces pierres.

Mais il faut écarter l'idée que leurs vieux ancêtres faisaient de même; les écuelles, si souvent creusées sur les
parois verticales et même sous le plafond des sépultures,
n'étaient certainement pas destinées à recevoir des objets
ou un liquide quelconque.

En définitive, nous connaissons l'antiquité de la plupart de ces sculptures; elles indiquent une pensée com-

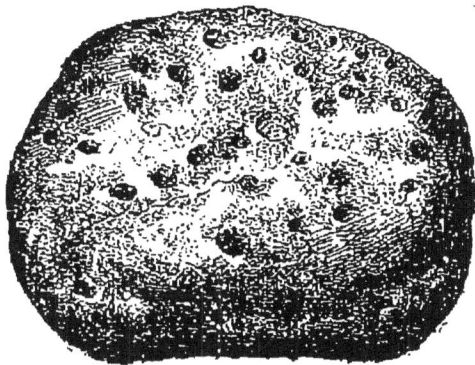

mune, sinon une origine commune; mais elles restent inexpliquées. »

Que les pierres à écuelles aient eu ou non un caractère sacré, la religiosité des hommes de la pierre polie n'en reste pas moins démontrée par les faits que nous avons signalés plus haut.

III. Sacrifices et opérations.

On a prétendu que les constructeurs de dolmens non seulement croyaient à des êtres supérieurs, mais qu'ils offraient à leurs divinités des sacrifices humains. Cette assertion ancienne se trouve rééditée dans des livres récents de vulgarisation, où l'on voit représentés les autels sur lesquels on égorgeait les victimes. Aucun fait cependant n'est venu à l'appui d'une telle hypothèse, qui remonte déjà à près d'un siècle. C'est, en effet, le citoyen Coret, plus connu sous le nom de La Tour d'Auvergne, qui, dans son ouvrage sur les *Origines gauloises*, a dit que les dolmens étaient les autels sur lesquels les Gaulois juraient leurs traités et où les druides égorgeaient des hommes. Il a été amplement démontré, depuis lors, que ces monuments n'avaient rien à voir avec les Gaulois et qu'ils leur étaient bien antérieurs. Dès l'an VII, Legrand d'Aussy réfutait l'opinion de La Tour d'Auvergne; celui-ci ne fondait son assertion que sur le témoignage de César, et Legrand d'Aussy lui répondait : « Puisque M. Coret cite encore ici pour autorité César, je le prierai d'observer... que nulle part il ne dit que des hommes fussent égorgés sur de grandes pierres ».

L'argument était sans réplique. On conçoit pourtant que l'erreur ait persisté dans les masses, qui admettent si facilement ce qui frappe l'imagination.

Si la coutume des sacrifices humains ne saurait plus être admise actuellement, il en est une autre dont l'existence à l'époque néolithique a été absolument mise hors de doute dans ces dernières années ; nous voulons parler de la *trépanation*.

Tout le monde sait ce qu'on entend par ce mot : c'est une opération chirurgicale, qui consiste à enlever un morceau du crâne, à l'aide d'un instrument se manœuvrant à la façon d'un vilebrequin. Les hommes de l'âge de la pierre polie ne reculaient pas devant une semblable opération. Ils ne la pratiquaient pas, naturellement, avec un instrument comparable à celui qu'on emploie aujourd'hui ; leur outil le plus habituel était un simple éclat de silex, à l'aide duquel ils raclaient l'os jusqu'à ce qu'ils l'eussent perforé complètement. Les insulaires actuels de l'Océanie se servent, au lieu de silex, d'un éclat de verre ; mais ils procèdent par raclage exactement comme nos ancêtres. Ces sauvages, sans avoir de connaissances anatomiques ni d'instrument perfectionné, réussissent beaucoup mieux qu'un grand nombre de chirurgiens ; il est rare que l'opération pratiquée par eux ait des suites fâcheuses. Le fait, qui semble paradoxal, s'explique pourtant avec la plus grande facilité. Par le raclage, on n'enlève chaque fois qu'une parcelle d'os très minime, et il est facile de s'arrêter dès qu'on arrive aux enveloppes du cerveau, sans les blesser aucunement. Il est vrai que, faite sur un adulte, l'opération est longue et dure près d'une heure si le crâne est quelque peu dur et épais ; sur un crâne de jeune enfant, Broca a réussi à produire une perforation complète en moins de cinq minutes.

On a dit que la trépanation se pratiquait aussi de deux autres manières aux époques préhistoriques : par rotation et par section. Il suffit de fixer un silex tranchant au bout d'un manche auquel on imprime un mouvement de rotation, comme on le fait avec le trépan actuel, pour perforer facilement un crâne. Mais le trou qu'on obtient est parfaitement rond, et sur les têtes néolithiques l'ouverture est presque toujours elliptique, avec des bords taillés en biseau, ainsi qu'on l'observe dans les cas de trépanation faite par raclage.

Quant au procédé par section, s'il a été employé sur le vivant à l'époque de la pierre polie, il a dû être constamment suivi de mort. Nous montrerons, en effet, que tous les exemples qu'on en a cités prouvent que l'os sectionné n'a subi aucun travail de réparation.

La trépanation par raclage était une opération qui se pratiquait fréquemment. En 1685, on découvrait dans la tombe de Cocherel une tête qui, nous dit Montfaucon, « avait le crâne percé en deux endroits et il paraissait que les plaies avaient guéri ». En 1816, on recueillait dans une caverne de la commune de Nogent-les-Vierges (Oise) une tête que possède actuellement le Muséum d'histoire naturelle de Paris, et qui portait une large ouverture elliptique de près de 9 centimètres de long sur 6 centimètres de large. Mais ce trou fut considéré comme le résultat d'une blessure qui n'aurait pas cependant amené la mort de l'individu, car on avait remarqué que « la nature avait réparé les bords de la fracture ».

Depuis 1872, le Dr Prunières rencontra un bon nombre de crânes semblables ; ce furent ses découvertes qui attirèrent l'attention sur ces faits, et on reconnut qu'il ne s'agissait pas de blessures. En effet, quand l'os est entamé par un instrument tranchant, celui-ci forme coin et le fragment s'éclate à pic de l'autre côté, en montrant une surface qui n'a nullement la régularité de celle qu'on observe sur les têtes trépanées. En outre, on comprendrait difficilement qu'une hache en pierre, si tranchante qu'elle fût, produisît une section aussi nette et aussi large.

L'attention une fois éveillée, on reconnut vite que les cas de trépanation préhistorique n'étaient pas rares. Le Dr Prunières en récolta de nombreux spécimens dans les grottes et les dolmens de la Lozère, M. de Baye dans les grottes artificielles de la Marne, M. Ed. Tartarin dans la Vienne. Au mois de septembre dernier, dans le seul dolmen des Mureaux (Seine-et-Oise), nous avons recueilli un crâne présentant quatre trépanations et des morceaux d'os trépanés provenant de trois têtes distinctes au moins.

Les crânes trépanés ont ceci de commun qu'ils présentent la ou les ouvertures sur une partie qui était recouverte

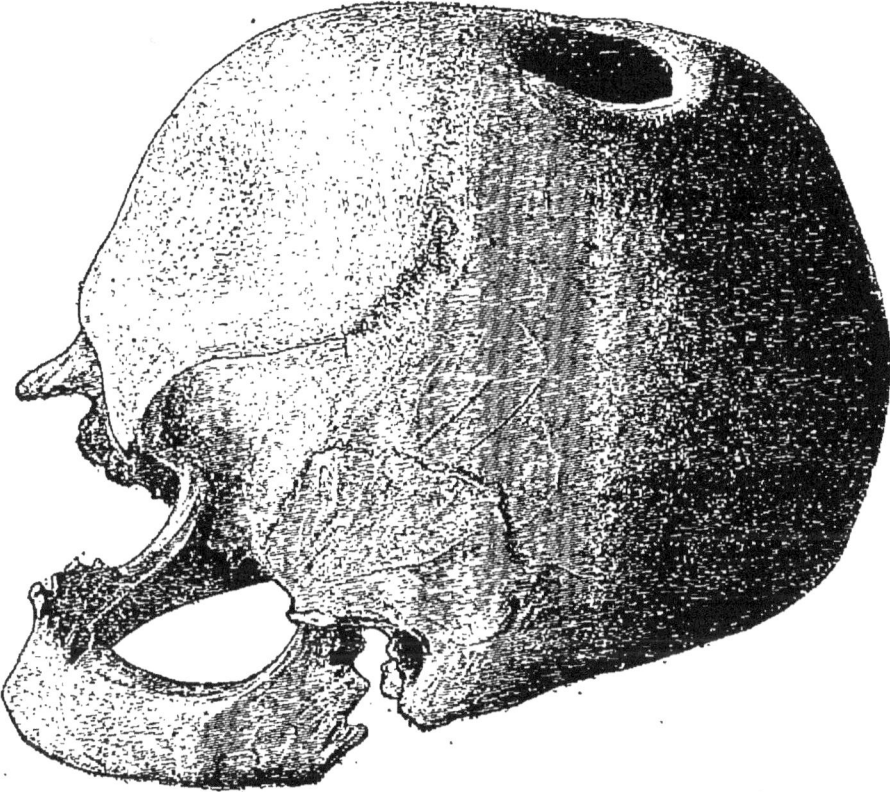

Fig. 65. — Crâne trépané.

par les cheveux (fig. 65); le front était toujours respecté. Beaucoup montrent une cicatrice achevée, ce qui prouve que l'opération avait été pratiquée longtemps avant la mort. La restauration des bords d'une plaie osseuse est possible à tout âge, mais elle n'est habituelle que lorsque le crâne n'a pas encore atteint son complet développement. Aussi, de ce que la cicatrisation est généralement complète, on a conclu que la trépanation ne devait se pratiquer que sur des enfants ou des adolescents.

Mais quel était le but de cette opération ? Broca suppose que c'était de remédier à certaines maladies inexpliquées, attribuées à des influences diaboliques ou divines, comme l'épilepsie et les convulsions.

Nous devons remarquer que de telles idées ont eu cours pendant tout le moyen âge et même après la Renaissance. Un auteur qui a écrit un *Traité de l'épilepsie*, Taxil, recommandait de traiter la maladie en raclant la partie extérieure du crâne, ou même en enlevant toute l'épaisseur de l'os, « en profondant jusqu'à la dure-mère », comme il dit.

Mais alors, si les idées de Broca sont vraies, la trépanation dénoterait encore, chez les hommes de l'âge de la pierre polie, des croyances au surnaturel, à l'existence de génies logés dans le corps des malades, et auxquels il fallait livrer passage. Ce serait une nouvelle preuve de la religiosité à l'époque néolithique. Occupons-nous un instant d'un dernier argument invoqué en faveur de cette thèse, argument emprunté également à des perforations craniennes.

La vraie trépanation, la trépanation chirurgicale, ne se pratiquait que sur le vivant. Mais, parfois, on rencontre des crânes qui présentent des perforations exécutées par sciage et avec si peu de précautions qu'on est tenté de croire qu'elles n'ont pas été faites pendant la vie de l'individu. Les sections sont légèrement obliques à la surface de l'os, ou même complètement perpendiculaires à cette surface. Certains détails montrent que le crâne a été entaillé par un instrument auquel on imprimait un mouvement de va et vient, et, dans cette opération, la pointe de l'outil aurait infailliblement blessé le cerveau. Parfois, l'opération n'a pas été achevée, et on voit parfaitement les traces laissées par l'instrument qui servait de scie; dans ce cas, les cellules situées à l'intérieur de l'os sont largement ouvertes et il ne s'est produit aucun travail de cicatrisation.

Les morceaux de crânes ainsi détachés ont été retrouvés plus d'une fois dans les sépultures. Dans la Lozère, M. Prunières en a rencontré un qu'on avait commencé à

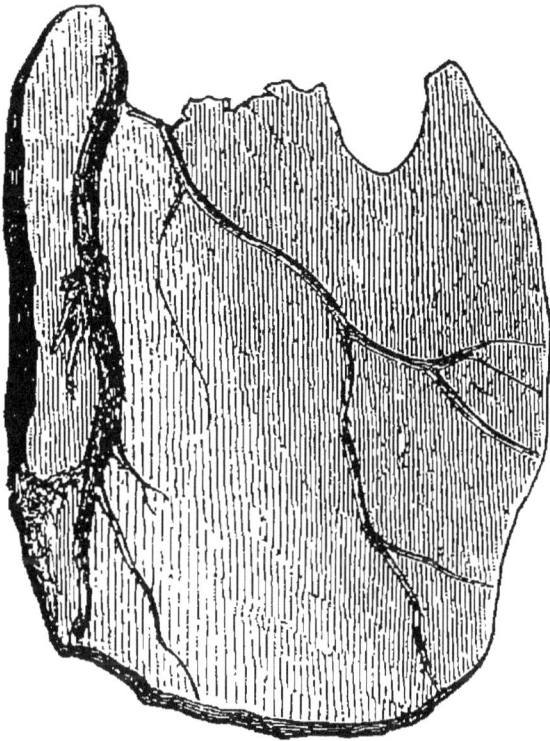

Fig. 66. — Amulette crânienne, d'après M. de Baye.

perforer; un autre portait deux encoches symétriques réunies par un sillon superficiel. Dans la Marne, M. de Baye a trouvé des rondelles de crâne percées d'un trou (fig. 66), comme les pendeloques dont s'ornaient les hommes néolithiques. Plus d'une fois, ces plaquettes étaient introduites dans la tête qui avait été l'objet d'une perforation, et on a même constaté, dans quelques cas, que le morceau isolé ne provenait pas du crâne à l'intérieur duquel il avait été placé.

Pour expliquer tous ces faits, l'imagination avait le champ libre et elle a erré dans le domaine des hypothèses. Nous ne rappellerons qu'un très petit nombre de théories, prises parmi celles qui ont été le plus favorablement accueillies. Pour Broca, « le but des trépanations posthumes était d'obtenir des amulettes ; il ne concernait donc pas l'individu soumis à cette mutilation, mais bien ceux qui lui survivaient et qui espéraient, en s'appropriant ses reliques, se garantir des mauvais esprits. Le fait que l'on choisissait, pour tailler les amulettes craniennes, les têtes des individus soumis à la trépanation chirurgicale, permet de croire que le but de cette dernière était de traiter des maladies attribuées aux mauvais esprits. »

Ainsi, voilà qui est bien clair : la trépanation sur le vivant se pratiquait pour ouvrir un passage aux mauvais esprits, cause de certaines maladies ; c'est l'opinion que nous avons rapportée plus haut et qui est généralement acceptée. Ces individus trépanés acquéraient quelque chose de sacré ; et une fois morts, on découpait sur leurs crânes des fragments qu'on portait suspendus et qui étaient considérés comme des talismans.

Mais un anthropologiste danois, M. Sören Hansen, ne partage pas cette dernière manière de voir ; il n'admet pas les trépanations posthumes. Pourquoi, dit-il, supposer qu'on pratiquât une semblable opération sur des morts, quand il est si simple d'expliquer tous les faits en admettant que les plaies cicatrisées indiquent que les individus ont survécu à la trépanation, tandis que les ouvertures dont les bords ne montrent aucun travail de réparation dénotent que le malade a succombé pendant l'opération ou immédiatement après ? Cette théorie, qui semble si naturelle, ne rend peut-être pas compte de tous les faits ; mais elle pourrait bien être vraie dans un grand nombre de cas.

Une autre hypothèse a encore été émise par Broca au

sujet de la trépanation préhistorique; nous l'exposerons
en terminant ce qui a rapport à ce sujet. Rapprochant le
fait de la trépanation de l'existence de sculptures sur des
sépultures néolithiques, il dit : « Je me demande pour
quel motif ces opérations étaient sinon toujours, du moins
presque toujours pratiquées sur des sujets jeunes, ou
même sur des enfants, et je hasarde la conjecture qu'elles
pouvaient être en rapport avec quelque superstition,
qu'elles faisaient peut-être partie de quelque cérémonie
d'initiation à la sainteté de je ne sais quel sacerdoce.
Cela suppose, il est vrai, l'existence d'une caste religieuse;
mais il n'est pas douteux que les peuples néolithiques
n'eussent un culte organisé. Cette rondelle cranienne que
l'on introduisait dans le crâne de certains morts, comme
pour remplacer celle qu'on leur avait enlevée de leur
vivant, n'implique-t-elle pas la croyance à une autre vie?
Ces sculptures grossières, mais toujours les mêmes, qui
représentent une divinité féminine sur les parois des
antégrottes de Baye, prouvent en outre que le culte des
temps néolithiques s'était déjà élevé jusqu'à l'anthropo-
morphisme. Or, un dieu bien défini, un dieu à forme
humaine, doit avoir nécessairement des prêtres initiés,
et l'initiation par le sang, l'initiation chirurgicale, se
retrouve, on le sait, chez un grand nombre de peuples
même civilisés. »

M. G. de Mortillet a vu dans la tonsure de nos prêtres
un reflet de cet antique usage de la trépanation religieuse.

Au milieu de toutes ces opinions et de bien d'autres
que nous omettons volontairement, ce qui ressort avec
le plus de clarté, c'est que la trépanation préhistorique
dénote la croyance au surnaturel, c'est-à-dire des idées
religieuses, chez les hommes de l'époque de la pierre
polie. Cette conclusion repose, d'ailleurs, non seulement
sur la perforation cranienne, mais sur tout l'ensemble de
faits exposés dans ce chapitre.

IV. L'art néolithique.

Nous ne dirons rien de l'art à l'époque néolithique. Dans cette deuxième partie, nous avons fait connaître à peu près tout ce qu'on sait des manifestations artistiques des gens qui vivaient alors. Nous avons vu que la gravure se réduisait à quelques ornements très simples, tracés sur les poteries ou sur les monuments funéraires. Un petit nombre de vases nous a présenté des décors modelés d'une façon tout à fait primitive. La sculpture proprement dite se limite à la reproduction de quelques figures humaines extrêmement grossières, de la hache, représentée avec infiniment plus de vérité, et de quelques objets, dont on ne saurait reconnaître la nature. Quant à la peinture, elle se borne au badigeonnage d'un petit nombre de crânes, de la hache et des pendeloques que les divinités de la Marne portent au cou. En somme, entre les artistes de La Madeleine et ceux qui sont venus après eux, il y a un abîme. Comment expliquer ce fait? Très probablement par l'arrivée de ces nouvelles races qui, tout en possédant une industrie relativement supérieure, n'avaient pas les instincts artistiques de nos chasseurs de rennes. Ceux-ci, obligés de se défendre, eurent plus à se préoccuper de ce qui concernait l'art de la guerre que celui de la gravure ou de la sculpture. Une fois la période belliqueuse passée, les traditions anciennes s'étaient perdues, et les descendants de la race de Cro-Magnon s'étaient mis à l'unisson des envahisseurs, dont ils ne se distinguaient plus guère que par le type physique, lorsqu'il ne se trouva pas altéré par les mélanges qui devinrent si nombreux. Il se passera des siècles avant que l'art revienne au point où nous l'avons vu à la fin des temps quaternaires.

XV

CONCLUSIONS

Nous sommes arrivés à l'époque où les métaux vont faire leur apparition et nous devons nous arrêter : l'âge de la pierre est terminé. Pendant bien longtemps encore, on verra l'homme se servir d'instruments en silex, mais il ne s'en servira plus exclusivement ; le cuivre et le bronze d'abord, le fer ensuite, viendront détrôner la pierre.

Les conclusions de ce livre se dégageront seules d'un résumé très succinct.

Nous avons vu que l'homme avait certainement vécu à la surface de notre globe dès le début des temps quaternaires, et qu'il avait très probablement apparu pendant le cours de la période tertiaire. Bien qu'il soit impossible de fixer en chiffres le temps qui s'est écoulé depuis, il est permis de dire aujourd'hui que ce n'est plus à quelques milliers d'années qu'il faut faire remonter la date de son apparition, mais bien à des milliers de siècles.

Depuis que l'espèce humaine a pris naissance, les animaux et les végétaux se sont profondément modifiés. Des espèces ont disparu complètement ; d'autres ont émigré ; d'autres enfin, en très petit nombre, et appartenant à des êtres très simples, ont survécu, mais le plus souvent en se modifiant pour se plier aux nouvelles conditions d'existence. Chez nous, vivaient jadis des éléphants, des rhino-

céros, des hippopotames, des lions, des hyènes et une foule
d'autres animaux qui ne résistent actuellement que si on
les entoure de soins. A un moment, le renne était sans
doute aussi abondant qu'il l'est, de nos jours, en Laponie.
Tout a donc changé, et la géologie montre que le relief de
la terre, le climat se sont eux-mêmes profondément modifiés. Ces modifications, qui se sont produites lentement,
ont-elles été sans influence sur l'homme lui-même?

Nous ne connaissons pas l'homme primitif; nous avons
montré que les plus anciens ossements humains auxquels
on puisse assigner une date précise ne remontent pas
même au début de l'époque quaternaire. Ils nous ont révélé l'existence d'un être d'une taille au-dessous de la
moyenne, qui se tenait à moitié fléchi sur ses jambes
courtes et qui possédait une tête longue, aplatie, avec une
face ayant pour le moins un aspect « extrêmement sauvage ». Plus tard, nous rencontrons un type bien plus
élevé à tous les points de vue; quelques autres races,
représentées par un petit nombre d'individus, font leur
apparition avant la fin des temps quaternaires.

Au commencement de notre époque, les types humains
se multiplient : parmi eux, il s'en trouve qu'on ne connaissait pas auparavant; mais on voit aussi persister les
types anciens, et parfois ils conservent toute leur pureté
primitive. Ailleurs, ils se croisent avec les races nouvelles
et donnent naissance à de nombreux métis. Que faut-il
conclure de ces faits? C'est que l'homme a su en partie
se mettre à l'abri des influences qui faisaient disparaître
les autres animaux ou les forçaient à se modifier, puisque
nous voyons les plus anciens types humains persister avec
leurs caractères essentiels; c'est aussi que les nouvelles
races ont dû venir du dehors, au moins pour la plupart,
et que si elles dérivent toutes d'un type primitif unique,
elles se sont constituées en dehors de notre région.

L'industrie nous a montré les pénibles débuts de l'humanité. Nous avons assisté aux progrès extrêmement lents du

principe ; nous avons vu que le jour où l'homme s'était trouvé en possession d'un outillage suffisant pour se procurer facilement sa nourriture, lorsque son état était devenu moins précaire, il n'avait pas tardé à donner l'essor à ses instincts artistiques, et plusieurs des productions qu'il nous a léguées peuvent être considérées comme des chefs-d'œuvre. Depuis l'origine, il n'avait cessé de marcher dans la voie du progrès, lorsqu'à un moment donné il semble s'arrêter dans cette voie, et marcher en arrière ; c'est aux débuts de notre époque géologique. Mais alors il eut à traverser une période difficile et agitée. Sur une foule de points, il était aux prises avec son semblable. La paix finit par se conclure, et nous assistons à l'évolution d'une nouvelle civilisation.

Pendant la durée de l'époque quaternaire, nos ancêtres s'étaient bornés, pour fabriquer leurs outils, à prendre des blocs de pierre auxquels ils enlevaient des éclats, parfois avec une grande habileté ; au commencement de la période actuelle, un bon nombre d'instruments en pierre sont achevés par le polissage. En même temps, la poterie, qui était auparavant sinon complètement inconnue, du moins d'un usage extrêmement limité, se fabrique sur une grande échelle ; des tombeaux sont construits pour abriter les morts ; les populations, jusque-là uniquement chasseresses, commencent à élever des animaux en domesticité et bientôt, non contentes du bien-être que leur procure la vie pastorale, elles se livrent à l'agriculture. Le culte des morts et une foule de coutumes spéciales nous montrent que l'homme est devenu religieux. Bref, c'est une civilisation entièrement nouvelle que nous avons sous les yeux, et comme son développement coïncide avec l'apparition de races nouvelles, il est naturel d'en attribuer à celles-ci l'introduction dans l'Europe occidentale.

Que nous considérions l'homme sous un aspect ou sous un autre, nous le voyons toujours marcher en avant. Lorsqu'une race, placée dans de meilleures conditions, a marché plus vite qu'une autre, le jour où les deux se trouvent en contact, c'est la race arriérée qui fait des emprunts à l'autre, tant il est vrai que l'homme tend constamment à s'élever et que la *loi du progrès* est une loi fondamentale de l'humanité. Ce livre, espérons-nous, l'aura démontré suffisamment.

Nous avons vu l'homme partir de bien bas, et ses débuts ont été tels que les savants discutent encore pour savoir si les premiers éclats de silex de l'époque tertiaire sont dus à un être humain ou à un singe. Nos ancêtres les plus reculés étaient donc inférieurs aux sauvages modernes les plus attardés. Cette conclusion n'a rien, d'ailleurs, que de très consolant pour l'avenir de l'humanité : lorsque l'on compare les premières ébauches sorties des mains de l'homme aux merveilles que nous voyons s'étaler sous nos yeux ; quand on se rend un compte exact du chemin parcouru, on regarde l'avenir avec assurance et on reste convaincu que l'industrie humaine est appelée à des destinées que nous ne saurions prévoir.

TABLE DES GRAVURES

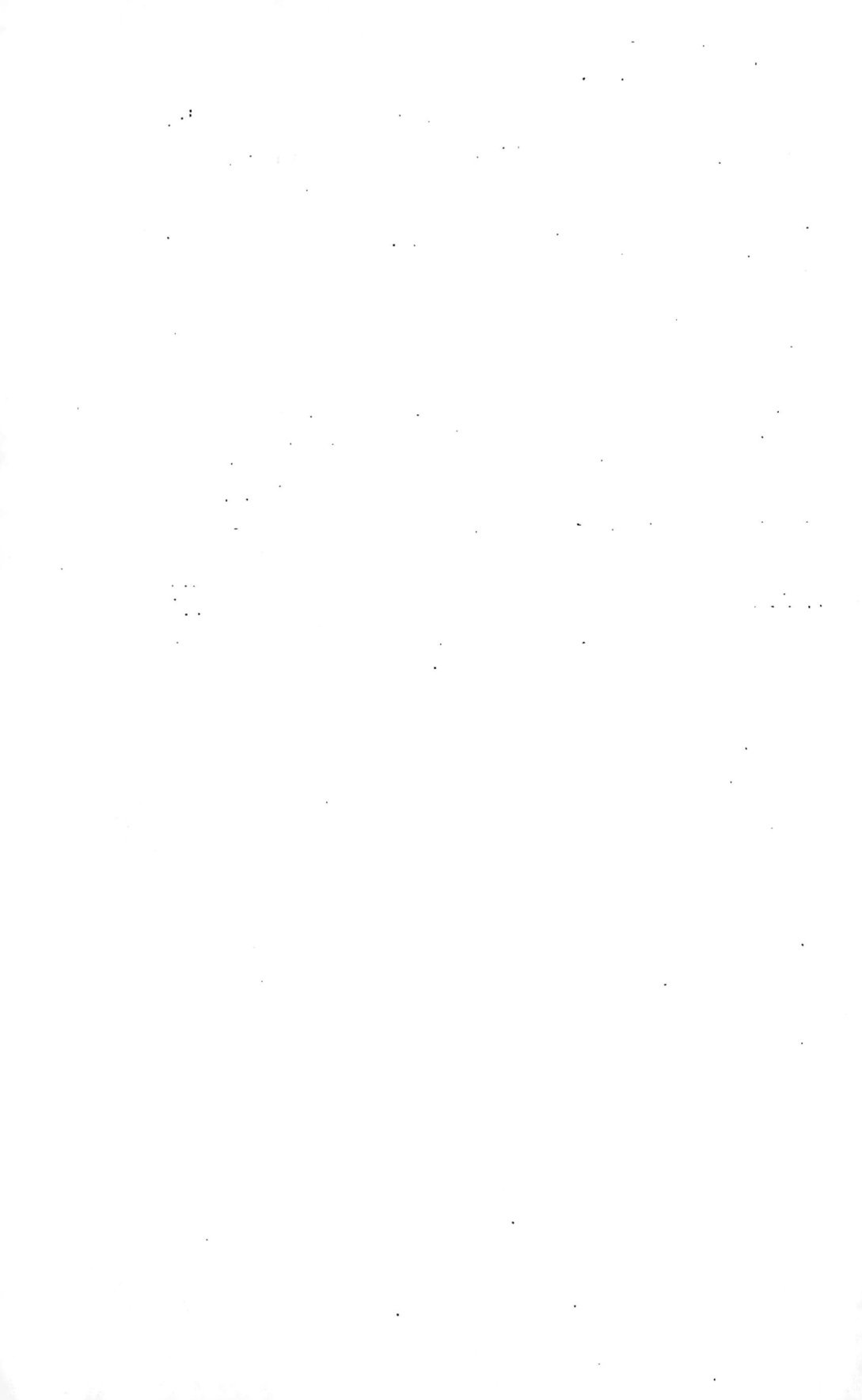

TABLE DES MATIÈRES

TROISIÈME PARTIE

L'ÉPOQUE NÉOLITHIQUE OU DE LA PIERRE POLIE

2) 053. — Paris. Imprimerie Lahure, 9, rue de Fleurus.

CONDITIONS DE VENTE ET D'ABONNEMENT

LE JOURNAL DE LA JEUNESSE paraît le samedi de chaque semaine. Le prix du numéro, comprenant 16 pages grand in-8°, est de **10** centimes.

Les 52 numéros publiés dans une année forment deux volumes.

Prix de chaque volume, broché, **10** francs; cartonné en percaline rouge, tranches dorées, **13** francs.

Pour les abonnés, le prix de chaque volume du *Journal de la Jeunesse* est réduit à **5** francs broché.

PRIX DE L'ABONNEMENT
POUR PARIS ET LES DÉPARTEMENTS

UN AN (2 volumes)............... **20** FRANCS
SIX MOIS (1 volume)............. **10** —

Prix de l'abonnement pour les pays étrangers qui font partie de l'Union générale des postes : Un an, **22** fr.; six mois, **11** fr.

Les abonnements se prennent à partir du 1er décembre et du 1er juin de chaque année

MON JOURNAL

NEUVIÈME ANNÉE

NOUVEAU RECUEIL MENSUEL ILLUSTRÉ

POUR LES ENFANTS DE 5 A 10 ANS

PUBLIÉ SOUS LA DIRECTION DE

Mme Pauline KERGOMARD et de M. Charles DEFODON

CONDITIONS DE VENTE ET D'ABONNEMENT :

Il paraît un numéro le 15 de chaque mois depuis le 15 octobre 1881.

Prix de l'abonnement : Un an **1 fr. 80**; prix du numéro, **15 centimes**.

Les neuf premières années de ce nouveau recueil forment neuf beaux volumes grand in-8°, illustrés de nombreuses gravures. La première année est épuisée ; la dixième est en cours de publication.

Prix de l'année, brochée, **2 fr.** ; cartonnée en percaline avec fers spéciaux à froid, **2 fr. 50**.

Prix de l'emboîtage en percaline, pour les abonnés ou les acheteurs au numéro, **50 centimes**.

NOUVELLE COLLECTION ILLUSTRÉE
POUR LA JEUNESSE ET L'ENFANCE
1re SÉRIE, FORMAT IN-8° JÉSUS

Prix du volume : broché, 7 fr.; cartonné, tranches dorées, 10 fr.

About (ED.) : *Le roman d'un brave homme.* 1 vol. illustré de 52 compositions par Adrien Marie.
— *L'homme à l'oreille cassée.* 1 vol. illustré de 61 compositions par Eug. Courboin.

Cahun (L.) : *Les aventures du capitaine Magon.* 1 vol. illustré de 72 gravures d'après Philippoteaux.
— *La bannière bleue.* 1 vol. illustré de 73 gravures d'après Lix.

Deslys (CHARLES) : *L'héritage de Charlemagne.* 1 vol. illustré de 129 gravures d'après Zier.

Dillaye (FR.) : *Les jeux de la jeunesse,* 1 vol. illustré de 203 grav.

Du Camp (MAXIME) : *La vertu en France.* 1 vol. illustré de 45 grav. d'après DUEZ, MYRBACH, TOFANI et E. ZIER.

Fleuriot (Mlle Z.) : *Cœur muet.* 1 vol. ill. de grav. d'après Adrien MARIE.

Guillemin (AMÉDÉE) : *La Pesanteur et la Gravitation universelle.* — *Le Son.* 1 vol. contenant 3 planches en couleurs, 23 planches en noir et 445 figures dans le texte.
— *La Lumière.* 1 vol. contenant 13 planches en couleurs, 14 planches en noir et 353 figures dans le texte.

Guillemin (AMÉDÉE) (suite) : *Le Magnétisme et l'Electricité.* 1 vol. contenant 5 planches en couleurs, 15 planches en noir et 577 figures dans le texte.
— *La Chaleur.* 1 vol. contenant 1 planche en couleurs, 8 planches en noir et 324 gravures dans le texte.
— *La Météorologie et la Physique moléculaire.* 1 vol. contenant 9 planches en couleurs, 20 planches en noir et 343 gravures dans le texte.

La Ville de Mirmont (H. DE) : *Contes Mythologiques.* 1 vol. illustré de 51 gravures.

Manzoni : *Les fiancés.* Édition abrégée par Mme J. Colomb. 1 vol. illustré de 40 gravures.

Mouton (EUG.) : *Vie et Aventures du Capitaine Marius Cougourdan.* 1 vol. illustré de 66 gravures d'après E. ZIER.

Rousselet (LOUIS) : *Nos grandes écoles militaires et civiles.* 1 vol. illustré de gravures d'après A. LE MAISTRE, FR. RÉGAMEY et P. RENOUARD.

Witt (Mme de), née Guizot : *Les femmes dans l'histoire.* 1 vol. illustré de 80 gravures.

2e SÉRIE, FORMAT IN-8° RAISIN

Prix du volume : broché, 4 fr.; cartonné, tranches dorées, 6 fr.

Anonyme (l'auteur de la Neuvaine de Colette) : *Tout droit.* 1 vol. illustré de 112 grav. d'après E. ZIER.

Assollant (A.) : *Montluc le Rouge.* 2 vol. avec 107 grav. d'après Sahib.
— *Pendragon.* 1 vol. avec 42 gravures d'après C. Gilbert.

Blandy (Mme S.) : *Rouzétou.* 1 vol. illustré de 112 gravures d'après E. Zier.
— *La part du Cadet.* 1 vol. illustré de 112 gravures d'après ZIER.

Cahun (L.) : *Les mercenaires.* 1 vol. avec 54 gravures d'après P. Fritel.

Chéron de la Bruyère (Mme) : *La tante Derbier.* 1 vol. illustré de 50 gravures d'après Myrbach.
— *Princesse Rosalba.* 1 vol. illustré de 60 gravures d'après TOFANI.

Colomb (Mme) : *Le violoneux de la sapinière.* 1 vol. avec 85 gravures d'après A. Marie.
— *La fille de Carilès.* 1 vol. avec 96 grav. d'après A. Marie.
Ouvrage couronné par l'Académie française.
— *Deux mères.* 1 vol. avec 133 gravures d'après A. Marie.

Colomb (Mme) (suite) : *Le bonheur
de Françoise.* 1 vol. avec 112 grav.
d'après A. Marie.
— *Chloris et Jeanneton.* 1 vol. avec
105 gravures d'après Sahib.
— *L'héritière de Vauclain.* 1 vol.
avec 104 grav. d'après C. Delort.
— *Franchise.* 1 vol. avec 113 gravures
d'après C. Delort.
— *Feu de paille.* 1 vol. avec 98 grav.
d'après Tofani.
— *Les étapes de Madeleine.* 1 vol.
avec 105 grav. d'après Tofani.
— *Denis le tyran.* 1 vol. avec 115
gravures d'après Tofani.
— *Pour la muse.* 1 vol. avec 105 gravures d'après Tofani.
— *Pour la patrie.* 1 vol. avec 112
gravures d'après E. Zier.
— *Hervé Plémeur.* 1 vol. avec 112
gravures d'après E. Zier.
— *Jean l'innocent.* 1 vol. illustré de
112 gravures d'après Zier.
— *Danielle.* 1 vol. illustré de 112
gravures d'après Tofani.
— *Les révoltes de Sylvie.* 1 vol. avec
112 gravures d'après Tofani.
— *Mon oncle d'Amérique.* 1 vol.
illustré de 112 grav. d'après TOFANI.
— *La Fille des Bohémiens.* 1 vol.
illustré de 12 gravures d'après
S. Reichan.
Cortambert (E.) : *Voyage pitto-
resque à travers le monde.* 1 vol.
avec 81 gravures.
Cortambert et Deslys : *Le pays
du soleil.* 1 vol. avec 35 gravures.
Daudet (E.) : *Robert Darnetal.*
1 vol. avec 81 grav. d'après Sahib.
Demoulin (Mme G.) : *Les animaux
étranges.* 1 vol. avec 172 gravures.
Deslys (CH.) : *Courage et dévoue-
ment.* Histoire de trois jeunes filles.
1 vol. avec 31 gravures d'après Lix
et Gilbert.
— *L'Ami François.* 1 vol. avec 35 gr.
— *Nos Alpes,* avec 39 gravures d'a-
près J. David.
— *La mère aux chats.* 1 vol. avec
50 gravures d'après H. David.
Dillaye (Fr.) : *La filleule de saint
Louis.* 1 vol. avec 39 grav. d'après
E. Zier.

Énault (L.) : *Le chien du capitaine.*
1 vol. avec 43 gravures d'après
E. Riou.
Erwin (Mme E. d') : *Heur et mal-
heur.* 1 vol. avec 50 gravures d'a-
près H. Castelli.
Fath (G.) : *Le Paris des enfants.*
1 vol. avec 60 gravures d'après
l'auteur.
Fleuriot (Mlle Z.) : *M. Nostradamus.*
1 vol. avec 36 gravures d'après
A. Marie.
— *La petite duchesse.* 1 vol. avec
73 gravures d'après A. Marie.
— *Grandcœur.* 1 vol. avec 45 gra-
vures d'après C. Delort.
— *Raoul Daubry, chef de famille.*
1 vol. avec 32 gravures d'après
C. Delort.
— *Mandarine.* 1 vol avec 95 gra-
vures d'après C. Delort.
— *Cadok.* 1 vol. avec 24 gravures
d'après C. Gilbert.
— *Câline.* 1 vol. avec 102 grav. d'a-
près G. Fraipont.
— *Feu et flamme.* 1 vol. avec 80 gra-
vures d'après Tofani.
— *Le clan des têtes chaudes.* 1 vol.
illustré de 65 gravures d'après
Myrbach.
— *Au Galadoc.* 1 vol. illustré de
60 gravures d'après Zier.
— *Les premières pages.* 1 vol. avec
75 gravures d'après Adrien Marie.
— *Rayon de soleil.* 1 vol. illustré de
10 gravures d'après Mencina Kreszs.
Girardin (J.) : *Les braves gens.*
1 vol. avec 115 gravures d'après
E. Bayard.
Ouvrage couronné par l'Académie
française.
— *Nous autres.* 1 vol. avec 182 gravures d'après E. Bayard.
— *Fausse route.* 1 vol. avec 55 grav.
d'après H. Castelli.
— *La toute petite.* 1 vol. avec 128
gravures d'après E. Bayard.
— *L'oncle Placide.* 1 vol. avec 139
gravures d'après A. Marie.
— *Le neveu de l'oncle Placide.*
3 vol. illustrés de 367 gravures
d'après A. Marie, qui se vendent
séparément.

Girardin (J.) (suite) : *Grand-père*
1 vol. avec 91 gravures d'après
C. Delort.

Ouvrage couronné par l'Académie française.

— *Maman.* 1 vol. avec 112 gravures d'après Tofani.

— *Le roman d'un cancre.* 1 vol. avec 119 gravures d'après Tofani.

— *Les millions de la tante Zézé.* 1 vol. avec 112 grav. d'après Tofani.

— *La famille Gaudry.* 1 vol. avec 112 gravures d'après Tofani.

— *Histoire d'un Berrichon.* 1 vol. avec 112 gravures d'après Tofani.

— *Le capitaine Bassinoire.* 1 vol. illustré de 119 gravures d'après Tofani.

— *Second violon.* 1 vol. illustré de 112 gravures d'après Tofani.

— *Le fils Valansé.* 1 vol. avec 112 gravures d'après Tofani.

— *Le commis de M. Bouvat.* 1 vol. illustré de 119 gr. d'après TOFANI.

Giron (AIMÉ) : *Les trois rois mages.* 1 vol. illustré de 60 gravures d'après Fraipont et Pranishnikoff.

Gouraud (Mlle J.) : *Cousine Marie.* 1 vol. avec 36 gravures d'après A. Marie.

Nanteuil (Mme P. de) : *Capitaine.* 1 vol. illustré de 72 gravures d'après Myrbach.

Ouvrage couronné par l'Académie française.

— *Le général Du Maine.* 1 vol. avec 70 gravures d'après Myrbach.

— *L'épave mystérieuse.* 1 volume illustré de 80 gr. d'après MYRBACH.

— *En esclavage.* 1 vol. illustré de 80 gravures d'après Myrbach.

Rousselet (L.) : *Le charmeur de serpents.* 1 vol. avec 68 gravures d'après A. Marie.

— *Le fils du connétable.* 1 vol. avec 113 gravures d'après Pranishnikoff.

Rousselet (L.) (suite) : *Les deux mousses.* 1 vol. avec 90 gravures d'après Sahib.

— *Le tambour du Royal-Auvergne.* 1 vol. avec 115 gravures d'après Poirson.

— *La peau du tigre.* 1 vol. avec 102 gravures d'après Bellecroix et Tofani.

Saintine : *La nature et ses trois règnes*, ou la mère Gigogne et ses trois filles. 1 vol. avec 171 gravures d'après Foulquier et Faguet.

— *La mythologie du Rhin et les contes de la mère-grand.* 1 vol. avec 160 gravures d'après G. Doré.

Tissot et **Améro** : *Aventures de trois fugitifs en Sibérie.* 1 vol. avec 72 gravures d'après Pranishnikoff.

Witt (Mme de), née Guizot : *Scènes historiques.* 1re série. 1 vol. avec 18 gravures d'après E. Bayard.

— *Scènes historiques.* 2e série. 1 vol. avec 28 gravures d'après A. Marie.

— *Lutin et démon.* 1 vol. avec 36 gravures d'après Pranishnikoff et E. Zier.

— *Normands et Normandes.* 1 vol. avec 70 gravures d'après E. Zier.

— *Un jardin suspendu.* 1 vol. avec 39 gravures d'après C. Gilbert.

— *Notre-Dame Guesclin.* 1 vol. avec 70 gravures d'après E. Zier.

— *Une sœur.* 1 vol. avec 65 gravures d'après E. Bayard.

— *Légendes et récits pour la jeunesse.* 1 vol. avec 18 gravures d'après Philippoteaux.

— *Un nid.* 1 vol. avec 63 gravures d'après Ferdinandus.

— *Un patriote au quatorzième siècle.* 1 vol. illustré de gravures d'après E. Zier.

BIBLIOTHÈQUE DES PETITS ENFANTS
DE 4 A 8 ANS
FORMAT GRAND IN-16
CHAQUE VOLUME, BROCHÉ, 2 FR. 25
CARTONNÉ EN PERCALINE BLEUE, TRANCHES DORÉES, 3 FR. 50
Ces volumes sont imprimés en gros caractères.

Chéron de la Bruyère (Mᵐᵉ): *Contes à Pépée.* 1 vol. avec 24 gravures d'après Grivaz.
— *Plaisirs et aventures.* 1 vol. avec 30 gravures d'après Jeanniot.
— *La perruque du grand-père.* 1 vol. illustré de 30 gr. d'après Tofani.
— *Les enfants de Boisfleuri.* 1 vol. illustré de 30 gravures d'après Semechini.
— *Les vacances à Trouville.* 1 vol. avec 40 gravures d'après Tofani.
— *Le château du Roc-Salé.* 1 vol. illustré de 30 gr. d'après TOFANI.

Colomb (Mᵐᵉ) : *Les infortunes de Chouchou.* 1 vol. avec 48 gravures d'après Riou.

Desgranges (Guillemette) : *Le chemin du collège.* 1 vol. illustré de 30 gravures d'après Tofani.
— *La famille Le Jarriel.* 1 vol. illustré de 36 gr. d'après GEOFFROY.

Duporteau (Mᵐᵉ) : *Petits récits.* 1 vol. avec 28 gr. d'après Tofani.

Erwin (Mᵐᵉ E. d') : *Un été à la campagne.* 1 vol. avec 39 gravures d'après Sahib.

Favre : *L'épreuve de Georges.* 1 vol. avec 44 gravures d'après Geoffroy.

Franck (Mᵐᵉ E.) : *Causeries d'une grand'mère.* 1 vol. avec 72 gravures d'après C. Delort.

Fresneau (Mᵐᵉ), née de Ségur: *Une année du petit Joseph.* Imité de l'anglais. 1 vol. avec 67 gravures d'après Jeanniot.

Girardin (J.) : *Quand j'étais petit garçon.* 1 vol. avec 52 gravures d'après Ferdinandus.
— *Dans notre classe.* 1 vol. avec 26 gravures d'après Jeanniot.
— *Un drôle de Bonhomme.* 1 vol. illustré de 36 grav. d'après Geoffroy.

Le Roy (Mᵐᵉ F.): *L'aventure de Petit Paul.* 1 vol. illustré de 45 gravures, d'après Ferdinandus.

Le Roy (Mᵐᵉ F.) : *Pipo.* 1 vol. illustré de 36 grav. d'après MENCINA KRESZ.

Molesworth (Mʳˢ) : *Les aventures de M. Baby,* traduit de l'anglais par Mᵐᵉ de Witt. 1 vol. avec 12 gravures d'après W. Crane.

Pape-Carpantier (Mᵐᵉ) : *Nouvelles histoires et leçons de choses.* 1 vol. avec 42 grav. d'après Semechini.

Surville (André) : *Les grandes vacances.* 1 vol. avec 30 gravures d'après Semechini.
— *Les amis de Berthe.* 1 vol. avec 30 gravures d'après Ferdinandus.
— *La petite Givonnette.* 1 vol. illustré de 34 gravures d'après Grigny.
— *Fleur des champs.* 1 vol. illustré de 32 gravures d'après Zier.
— *La vieille maison du grand père.* 1 vol. avec 34 gravures d'après Zier.
— *La fête de Saint-Maurice.* 1 vol. illustré de 34 grav. d'après Tofani.

Witt (Mᵐᵉ de), née Guizot : *Histoire de deux petits frères.* 1 vol. avec 45 grav. d'après Tofani.
— *Sur la plage.* 1 vol. avec 55 gravures d'après Ferdinandus.
— *Par monts et par vaux.* 1 vol. avec 54 grav. d'après Ferdinandus.
— *Vieux amis.* 1 vol. avec 60 gravures d'après Ferdinandus.
— *En pleins champs.* 1 vol. avec 45 gravures d'après Gilbert.
— *Petite.* 1 vol. avec 56 gravures d'après Tofani.
— *A la montagne.* 1 vol. illustré de 5 gravures d'après Ferdinandus.
— *Deux tout petits.* 1 vol. illustré de 32 gravures d'après Ferdinandus.
— *Au-dessus du lac.* 1 vol. avec 44 grav.
— *Les enfants de la tour du Roc.* 1 vol. illustré de 56 gravures d'après E. ZIER.
— *La petite maison dans la forêt.* 1 vol. illustré de 36 grav. d'après Robaudi.

BIBLIOTHÈQUE ROSE ILLUSTRÉE

FORMAT IN-16

CHAQUE VOLUME, BROCHÉ, 2 FR. 25

CARTONNÉ EN PERCALINE ROUGE, TRANCHES DORÉES, 3 FR. 50

Iʳᵉ SÉRIE, POUR LES ENFANTS DE 4 A 8 ANS

Anonyme : *Chien et chat*, traduit de l'anglais. 1 vol. avec 45 gravures d'après É. Bayard.

— *Douze histoires pour les enfants de quatre à huit ans*, par une mère de famille. 1 vol. avec 8 gravures d'après Bertall.

— *Les enfants d'aujourd'hui*, par le même auteur. 1 vol. avec 40 gravures d'après Bertall.

Carraud (Mᵐᵉ) : *Historiettes véritables*, pour les enfants de quatre à huit ans. 1 vol. avec 94 gravures d'après G. Fath.

Fath (G.) : *La sagesse des enfants*, proverbes. 1 vol. avec 100 gravures d'après l'auteur.

Laroque (Mᵐᵉ) : *Grands et petits*. 1 vol. avec 61 gravures d'après Bertall.

Marcel (Mᵐᵉ J.) : *Histoire d'un cheval de bois*. 1 vol. avec 20 gravures d'après E. Bayard.

Pape-Carpantier (Mᵐᵉ) : *Histoire et leçons de choses pour les enfants*. 1 vol. avec 85 gravures d'après Bertall.

Ouvrage couronné par l'Académie française.

Perrault, MMᵐᵉˢ d'Aulnoy et **Leprince de Beaumont** : *Contes de fées*. 1 vol. avec 65 gravures d'après Bertall et Forest.

Porchat (J.) : *Contes merveilleux*. 1 vol. avec 21 gravures d'après Bertall.

Schmid (le chanoine) : *190 contes pour les enfants*, traduit de l'allemand par André Van Hasselt. 1 vol. avec 29 gravures d'après Bertall.

Ségur (Mᵐᵉ la comtesse de) : *Nouveaux contes de fées*. 1 vol. avec 46 gravures d'après Gustave Doré et H. Didier.

IIᵉ SÉRIE, POUR LES ENFANTS DE 8 A 14 ANS

Achard (A.) : *Histoire de mes amis*. 1 vol. avec 25 gravures d'après Bellecroix.

Alcott (Miss) : *Sous les lilas*, traduit de l'anglais par Mᵐᵉ S. Lepage. 1 vol. avec 23 gravures.

Andersen : *Contes choisis*, traduit du danois par Soldi. 1 vol. avec 40 gravures d'après Bertall.

Anonyme : *Les fêtes d'enfants*, scènes et dialogues. 1 vol. avec 41 gravures d'après Foulquier.

Assollant (A.). *Les aventures merveilleuses mais authentiques du capitaine Corcoran.* 2 vol. avec 50 gravures, d'après A. de Neuville.

Barrau (Th.) : *Amour filial.* 1 vol. avec 41 gravures d'après Ferogio.

Bawr (Mme de) : *Nouveaux contes.* 1 vol. avec 40 grav. d'après Bertall. Ouvrage couronné par l'Académie française.

Beleze : *Jeux des adolescents.* 1 vol. avec 140 gravures.

Berquin : *Choix de petits drames et de contes.* 1 vol. avec 36 gravures d'après Foulquier, etc.

Berthet (E.) : *L'enfant des bois.* 1 vol. avec 61 gravures.
— *La petite Chailloux.* 1 vol. illustré de 41 gravures d'après É. Bayard et G. Fraipont.

Blanchère (De la) : *Les aventures de la Ramée.* 1 vol. avec 36 gravures d'après E. Forest.
— *Oncle Tobie le pêcheur.* 1 vol. avec 80 gr. d'après Foulquier et Mesnel.

Boiteau (P.): *Légendes recueillies ou composées pour les enfants.* 1 vol. avec 42 gravures d'après Bertall.

Carpentier (Mlle E.) : *La maison du bon Dieu.* 1 vol. avec 58 gravures d'après Riou.
— *Sauvons-le !* 1 vol. avec 60 gravures d'après Riou.
— *Le secret du docteur,* ou la maison fermée. 1 vol. avec 43 gravures d'après P. Girardet.
— *La tour du preux.* 1 vol. avec 59 gravures d'après Tofani.
— *Pierre le Tors.* 1 vol. avec 64 gravures d'après Zier.
— *La dame bleue.* 1 vol. illustré de 49 gravures d'après E. Zier.

Carraud (Mme Z.): *La petite Jeanne,* ou le devoir. 1 vol. avec 21 gravures d'après Forest. Ouvrage couronné par l'Académie française.

Carraud (Mme Z.) (suite) : *Les goûters de la grand'mère.* 1 vol. avec 18 gravures d'après E. Bayard.
— *Les métamorphoses d'une goutte d'eau.* 1 vol. avec 50 gravures d'après É. Bayard.

Castillon (A.) : *Les récréations physiques.* 1 vol. avec 36 gravures d'après Castelli.
— *Les récréations chimiques,* faisant suite au précédent. 1 vol. avec 34 gravures d'après H. Castelli.

Cazin (Mme J.) : *Les petits montagnards.* 1 vol. avec 51 gravures d'après G. Vuillier.
— *Un drame dans la montagne.* 1 vol. avec 33 grav. d'après G. Vuillier.
— *Histoire d'un pauvre petit.* 1 vol. avec 40 gravures d'après Tofani.
— *L'enfant des Alpes.* 1 vol. avec 33 gravures d'après Tofani.
— *Perlette.* 1 vol. illustré de 54 gravures d'après MYRBACH.
— *Les saltimbanques.* 1 vol. avec 66 gravures d'après Girardet.
— *Le petit chevrier.* 1 vol. illustré de 39 gravures d'après VUILLIER.
— *Jean le Savoyard.* 1 vol. illustré de 51 gravures d'après Slom.

Chabreul (Mme de) : *Jeux et exercices des jeunes filles.* 1 vol. avec 62 gravures d'après Fath, et la musique des rondes.

Colet (Mme L.) : *Enfances célèbres.* 1 vol. avec 57 grav. d'après Foulquier.

Colomb (Mme J.) : *Souffre-douleur.* 1 vol. illustré de 49 gravures d'après Mlle Marcelle Lancelot.

Contes anglais, traduits par Mme de Witt. 1 vol. avec 43 gravures d'après Morin.

Deslys (Ch.) : *Grand'maman.* 1 vol. avec 29 gravures d'après E. Zier.

Edgeworth (Miss) : *Contes de l'adolescence,* traduit par A. Le François. 1 vol. avec 42 gravures d'après Morin.

Edgeworth (Miss) (suite) : *Contes de l'enfance,* traduit par le même. 1 vol. avec 26 gravures d'après Foulquier.

— *Demain,* suivi de *Mourad le malheureux,* contes traduits par H. Jousselin. 1 vol. avec 55 grav. d'après Bertall.

Fath (G.) : *Bernard, la gloire de son village.* 1 vol. avec 56 gravures d'après Mᵐᵉ G. Fath.

Fénelon : *Fables.* 1 vol. avec 29 grav. d'après Forest et É. Bayard.

Fleuriot (Mˡˡᵉ) : *Le petit chef de famille.* 1 vol. avec 57 gravures d'après H. Castelli.

— *Plus tard,* ou le jeune chef de famille. 1 vol. avec 60 gravures d'après É. Bayard.

— *L'enfant gâté.* 1 vol. avec 48 gravures d'après Ferdinandus.

— *Tranquille et Tourbillon.* 1 vol. avec 45 grav. d'après C. Delort.

— *Cadette.* 1 vol. avec 52 gravures d'après Tofani.

— *En congé.* 1 vol. avec 61 gravures d'après Ad. Marie.

— *Bigarette.* 1 vol. avec 48 gravures d'après Ad. Marie.

— *Bouche-en-Cœur.* 1 vol. avec 45 gravures d'après Tofani.

— *Gildas l'intraitable,* 1 vol. avec 56 gravures d'après E. Zier.

— *Parisiens et Montagnards.* 1 vol. avec 49 gravures d'après E. Zier.

Foë (de) : *La vie et les aventures de Robinson Crusoé,* traduit de l'anglais. 1 vol. avec 40 gravures.

Fonvielle (W. de) : *Néridah.* 2 vol. avec 45 gravures d'après Sahib.

Fresneau (Mᵐᵉ), née de Ségur : *Comme les grands!* 1 vol. illustré de 46 gravures d'après Ed. ZIER.

— *Thérèse à Saint-Domingue.* 1 vol. avec 49 gravures d'après Tofani.

— *Les protégés d'Isabelle.* 1 vol. illustré de 42 gravures d'après Tofani.

Genlis (Mᵐᵉ de) : *Contes moraux.* 1 v. avec 40 grav. d'après Foulquier, etc.

Gérard (A.) : *Petite Rose.* — *Grande Jeanne.* 1 vol. avec 28 gravures d'après Gilbert.

Girardin (J.) : *La disparition du grand Krause.* 1 vol. avec 70 gravures d'après Kauffmann.

Giron (A.) : *Ces pauvres petits.* 1 vol. avec 22 grav. d'après B. Nouvel.

Gouraud (Mˡˡᵉ J.) : *Les enfants de la ferme.* 1 vol. avec 59 grav. d'après É. Bayard.

— *Le livre de maman.* 1 vol. avec 68 grav. d'après É. Bayard.

— *Cécile, ou la petite sœur.* 1 vol. avec 26 grav. d'après Desandré.

— *Lettres de deux poupées.* 1 vol. avec 59 gravures d'après Olivier.

— *Le petit colporteur.* 1 vol. avec 27 grav. d'après A. de Neuville.

— *Les mémoires d'un petit garçon.* 1 vol. avec 86 gravures d'après É. Bayard.

— *Les mémoires d'un caniche.* 1 vol. avec 75 gravures d'après É. Bayard.

— *L'enfant du guide.* 1 vol. avec 60 gravures d'après É. Bayard.

— *Petite et grande.* 1 vol. avec 48 gravures d'après É. Bayard.

— *Les quatre pièces d'or.* 1 vol. avec 54 gravures d'après É. Bayard.

— *Les deux enfants de Saint-Domingue.* 1 vol. avec 54 gravures d'après É. Bayard.

— *La petite maîtresse de maison.* 1 vol. avec 37 grav. d'après Marie.

— *Les filles du professeur.* 1 vol. avec 36 grav. d'après Kauffmann.

— *La famille Harel.* 1 vol. avec 44 gravures d'après Valnay.

— *Aller et retour.* 1 vol. avec 40 gravures d'après Ferdinandus.

— *Les petits voisins.* 1 vol. avec 39 gravures d'après C. Gilbert.

Gouraud (Mlle J.) (suite) : *Chez grand'mère.* 1 vol. avec 98 grav. d'après Tofani.
— *Le petit bonhomme.* 1 vol. avec 45 grav. d'après A. Ferdinandus.
— *Le vieux château.* 1 vol. avec 28 gravures d'après E. Zier.
— *Pierrot.* 1 vol. avec 31 gravures d'après E. Zier.
— *Minette.* 1 vol. illustré de 52 gravures d'après TOFANI.
— *Quand je serai grande!* 1 vol. avec 60 gravures d'après Ferdinandus.

Grimm (les frères) : *Contes choisis*, traduit par Ferd. Baudry. 1 vol. avec 40 gravures d'après Bertall.

Hauff : *La caravane*, traduit par A. Talon. 1 vol. avec 40 gravures d'après Bertall.
— *L'auberge du Spessart*, traduit par A. Talon. 1 vol. avec 61 gravures d'après Bertall.

Hawthorne : *Le livre des merveilles*, traduit de l'anglais par L. Rabillon. 2 vol. avec 40 gravures d'après Bertall.

Hébel et **Karl Simrock** : *Contes allemands*, traduit par M. Martin. 1 vol. avec 27 grav. d'après Bertall.

Johnson (R. B.) : *Dans l'extrême Far West*, traduit de l'anglais par A. Talandier. 1 vol. avec 20 gravures d'après A. Marie.

Marcel (Mme J.) : *L'école buissonnière.* 1 vol. avec 20 gravures d'après A. Marie.
— *Le bon frère.* 1 vol. avec 21 gravures d'après É. Bayard.
— *Les petits vagabonds.* 1 vol. avec 25 gravures d'après É. Bayard.
— *Histoire d'une grand'mère et de son petit-fils.* 1 vol. avec 36 gravures d'après C. Delort.
— *Daniel.* 1 vol. avec 45 gravures d'après Gilbert.

Marcel (Mme J.) (suite) : *Le frère et la sœur.* 1 vol. avec 45 gravures d'après E. Zier.
— *Un bon gros pataud.* 1 vol. avec 45 gravures d'après Jeanniot.
— *L'oncle Philibert.* 1 vol. illustré de 56 grav. d'après Fr. Régamey.

Maréchal (Mlle M.) : *La dette de Ben-Aïssa.* 1 vol. avec 20 gravures d'après Bertall.
— *Nos petits camarades.* 1 vol. avec 18 gravures d'après E. Bayard et H. Castelli, etc.
— *La maison modèle.* 1 vol. avec 42 gravures d'après Sahib.

Marmier (X.) : *L'arbre de Noël.* 1 vol. avec 68 grav. d'après Bertall.

Martignat (Mlle de) : *Les vacances d'Élisabeth.* 1 vol. avec 36 gravures d'après Kauffmann.
— *L'oncle Boni.* 1 vol. avec 42 gravures d'après Gilbert.
— *Ginette.* 1 vol. avec 50 gravures d'après Tofani.
— *Le manoir d'Yolan.* 1 vol. avec 56 gravures d'après Tofani.
— *Le pupille du général.* 1 vol. avec 40 gravures d'après Tofani.
— *L'héritière de Maurivèze.* 1 vol. avec 39 grav. d'après Poirson.
— *Une vaillante enfant.* 1 vol. avec 43 gravures par Tofani.
— *Une petite-nièce d'Amérique.* 1 vol. avec 43 gravures d'après Tofani.
— *La petite fille du vieux Thémi.* 1 vol. illustré de 42 gravures d'après TOFANI.

Mayne-Reid (le capitaine) : *Les chasseurs de girafes*, traduit de l'anglais par H. Vattemare. 1 vol. avec 10 grav. d'après A. de Neuville.
— *A fond de cale*, traduit par Mme H. Loreau. 1 vol. avec 12 gravures.
— *A la mer!* traduit par Mme H. Loreau. 1 vol. avec 12 gravures.

Mayne-Reid (le capitaine) (suite) :
— *Bruin*, ou les chasseurs d'ours, traduit par A. Letellier. 1 vol. avec 8 grandes gravures.
— *Les chasseurs de plantes*, traduit par Mme H. Loreau. 1 vol. avec 29 gravures.
— *Les exilés dans la forêt*, traduit par Mme H. Loreau. 1 vol. avec 12 gravures.
— *L'habitation du désert*, traduit par A. Le François. 1 vol. avec 24 grav.
— *Les grimpeurs de rochers*, traduit par Mme H. Loreau. 1 vol. avec 20 gravures.
— *Les peuples étranges*, traduit par Mme H. Loreau. 1 vol. avec 24 grav.
— *Les vacances des jeunes Boërs*, traduit par Mme H. Loreau. 1 vol. avec 12 gravures.
— *Les veillées de chasse*, traduit par H.-B. Révoil. 1 vol. avec 43 gravures d'après Freeman.
— *La chasse au Léviathan*, traduit par J. Girardin. 1 vol. avec 51 gravures d'après A. Ferdinandus et Th. Weber.
— *Les naufragés de la Calypso*. 1 vol. traduit par Mme Gustave Demoulin et illustré de 55 gravures d'après Pranishnikoff.
Moussac (Mme la Marquise de) : *Popo et Lili ou les deux jumeaux*. 1 vol. illustré de 58 gravures d'après E. Zier.
Muller (E.) : *Robinsonnette*. 1 vol. avec 22 gravures d'après Lix.
Ouida : *Le petit comte*. 1 vol. avec 34 gravures d'après G. Vullier, Tofani, etc.
Peyronny (Mme de), née d'Isle : *Deux cœurs dévoués*. 1 vol. avec 53 gravures d'après J. Devaux.
Pitray (Mme de) : *Les enfants des Tuileries*. 1 vol. avec 29 gravures d'après E. Bayard.
— *Les débuts du gros Philéas*. 1 vol. avec 57 grav. d'après H. Castelli.
— *Le château de la Pétaudière*. 1 vol. avec 78 grav. d'après A. Marie.

Pitray (Mme de) (suite) : *Le fils du maquignon*. 1 vol. avec 65 grav. d'après Riou.
— *Petit monstre et poule mouillée*. 1 vol. avec 66 grav. par E. Girardet.
— *Robin des Bois*. 1 vol. illustré de 40 gravures d'après Sirouy.
— *L'usine et le château*. 1 vol. illustré de 44 grav. d'après Robaudi.
Rendu (V.) : *Mœurs pittoresques des insectes*. 1 vol. avec 49 grav.
Rostoptchine (Mme la comtesse) : *Belle, Sage et Bonne*. 1 vol. avec 39 gravures d'après Ferdinandus.
Sandras (Mme) : *Mémoires d'un lapin blanc*. 1 vol. avec 20 gravures d'après E. Bayard.
Sannois (Mlle la comtesse de) : *Les soirées à la maison*. 1 vol. avec 42 gravures d'après E. Bayard.
Ségur (Mme la comtesse de) : *Après la pluie, le beau temps*. 1 vol. avec 128 grav. d'après E. Bayard.
— *Comédies et proverbes*. 1 vol. avec 60 gravures d'après E. Bayard.
— *Diloy le chemineau*. 1 vol. avec 90 gravures d'après H. Castelli.
— *François le bossu*. 1 vol. avec 114 gravures d'après E. Bayard.
— *Jean qui grogne et Jean qui rit*. 1 vol. avec 70 grav. d'après Castelli.
— *La fortune de Gaspard*. 1 vol. avec 52 gravures d'après Gerlier.
— *La sœur de Gribouille*. 1 vol. avec 72 grav. d'après H. Castelli.
— *Pauvre Blaise!* 1 vol. avec 65 gravures d'après H. Castelli.
— *Quel amour d'enfant!* 1 vol. avec 79 gravures d'après E. Bayard.
— *Un bon petit diable*. 1 vol. avec 100 gravures d'après H. Castelli.
— *Le mauvais génie*. 1 vol. avec 90 gravures d'après E. Bayard.
— *L'auberge de l'Ange-Gardien*. 1 vol. avec 75 grav. d'après Foulquier.
— *Le général Dourakine*. 1 vol. avec 100 gravures d'après E. Bayard.

Ségur (Mme la comtesse de) (suite) :
Les bons enfants. 1 vol. avec 70
gravures d'après Ferogio.

— *Les deux nigauds.* 1 vol. avec
76 gravures d'après H. Castelli.

— *Les malheurs de Sophie.* 1 vol.
avec 48 grav. d'après H. Castelli.

— *Les petites filles modèles.* 1 vol. avec
21 gravures d'après Bertall.

— *Les vacances.* 1 vol. avec 36 gravures d'après Bertall.

— *Mémoires d'un âne.* 1 vol. avec 75
grav. d'après H. Castelli.

Stolz (Mme de) : *La maison roulante.*
1 vol. avec 20 grav. sur bois d'après
E. Bayard.

— *Le trésor de Nanette.* 1 vol. avec 24
gravures d'après E. Bayard.

— *Blanche et noire.* 1 vol. avec 54
gravures d'après E. Bayard.

— *Par-dessus la haie.* 1 vol. avec 56
gravures d'après A. Marie.

— *Les poches de mon oncle.* 1 vol.
avec 20 gravures d'après Bertall.

— *Les vacances d'un grand-père.*
1 vol. avec 40 gravures d'après G.
Delafosse.

— *Quatorze jours de bonheur.* 1 vol.
avec 45 gravures d'après Bertall.

— *Le vieux de la forêt.* 1 vol. avec
32 gravures d'après Sahib.

— *Le secret de Laurent.* 1 vol. avec
32 gravures d'après Sahib.

— *Les deux reines.* 1 vol. avec 32
gravures d'après Delort.

— *Les mésaventures de Mlle Thérèse.*
1 vol. avec 29 grav. d'après Charles.

Stolz (Mme de) (suite) : *Les frères
de lait.* 1 vol. avec 42 gravures
d'après E. Zier.

— *Magali.* 1 vol. avec 36 gravures
d'après Tofani.

— *La maison blanche.* 1 vol. avec 35
gravures d'après Tofani.

— *Les deux André.* 1 vol. avec 45
gravures d'après Tofani.

— *Deux tantes.* 1 vol. avec 43 gravures d'après Tofani.

— *Violence et bonté.* 1 vol. avec
36 gravures par Tofani.

— *L'embarras du choix.* 1 v. illustré
de 36 gravures d'après Tofani.

— *Petit Jacques.* 1 vol. illustré de
48 gravures d'après Tofani.

Swift : *Voyages de Gulliver*, traduit
et abrégé à l'usage des enfants.
1 vol. avec 57 gravures d'après
Delafosse.

Taulier : *Les deux petits Robin-
sons de la Grande-Chartreuse.*
1 vol. avec 69 gravures d'après
E. Bayard et Hubert Clerget.

Tournier : *Les premiers chants*,
poésies à l'usage de la jeunesse,
1 vol. avec 20 gravures d'après
Gustave Roux.

Vimont (CH.) : *Histoire d'un na-
vire.* 1 vol. avec 40 gravures d'après
Alex. Vimont.

Witt (Mme de), née Guizot : *Enfants
et parents.* 1 vol. avec 34 gravures
d'après A. de Neuville.

— *La petite-fille aux grand'mères.*
1 vol. avec 36 grav. d'après Beau.

— *En quarantaine.* 1 vol. avec 48
gravures d'après Ferdinandus.

IIIe SÉRIE, POUR LES ENFANTS ADOLESCENTS

ET POUVANT FORMER UNE BIBLIOTHÈQUE POUR LES JEUNES FILLES DE 14 A 18 ANS

VOYAGES

Agassiz (M. et Mme) : *Voyage au
Brésil*, traduit et abrégé par
J. Belin de Launay. 1 vol. avec
16 gravures et 1 carte.

Aunet (Mme d') : *Voyage d'une femme
au Spitzberg.* 1 vol. avec 34 gravures.

Baines : *Voyages dans le sud-ouest
de l'Afrique*, traduit et abrégé par
J. Belin de Launay. 1 vol. avec 22
gravures et 1 carte.

Baker: *Le lac Albert N'yanza*. Nouveau voyage aux sources du Nil, abrégé par Belin de Launay. 1 vol. avec 16 gravures et 1 carte.

Baldwin : *Du Natal au Zambèze* (1861-1865). Récits de chasses, abrégés par J. Belin de Launay. 1 vol. avec 24 gravures et 1 carte.

Burton (le capitaine) : *Voyages à la Mecque, aux grands lacs d'Afrique et chez les Mormons*, abrégé par J. Belin de Launay. 1 vol. avec 12 gravures et 3 cartes.

Catlin : *La vie chez les Indiens*, traduit de l'anglais. 1 vol. avec 25 gravures.

Fonvielle (W. de) : *Le glaçon du Polaris*, aventures du capitaine Tyson. 1 vol. avec 19 gravures et 1 carte.

Hayes (Dr) : *La mer libre du pôle*, traduit par F. de Lanoye, et abrégé par J. Belin de Launay. 1 vol. avec 14 gravures et 1 carte.

Hervé et de Lanoye : *Voyages dans les glaces du pôle arctique*. 1 vol. avec 40 gravures.

Lanoye (F. de): *Le Nil et ses sources.* 1 vol. avec 32 gravures et des cartes.

— *La Sibérie.* 1 vol. avec 48 gravures d'après Lebreton, etc.

— *Les grandes scènes de la nature.* 1 vol. avec 40 gravures.

— *La mer polaire*, voyage de l'*Érèbe* et de la *Terreur*, et expédition à la recherche de Franklin. 1 vol. avec 29 gravures et des cartes.

— *Ramsès le Grand*, ou l'Égypte il y a trois mille trois cents ans. 1 vol. avec 39 gravures d'après Lancelot, E. Bayard, etc.

Livingstone : *Explorations dans l'Afrique australe*, abrégé par J. Belin de Launay. 1 vol. avec 20 gravures et 1 carte.

Livingstone (suite) : *Dernier journal*, abrégé par J. Belin de Launay. 1 vol. avec 16 grav. et 1 carte.

Mage (L.): *Voyage dans le Soudan occidental*, abrégé par J. Belin de Launay. 1 vol. avec 16 gravures et 1 carte.

Milton et Cheadle : *Voyage de l'Atlantique au Pacifique*, traduit et abrégé par J. Belin de Launay. 1 vol. avec 16 gravures et 2 cartes.

Mouhot (Ch.) : *Voyage dans le royaume de Siam, le Cambodge et le Laos.* 1 vol. avec 28 gravures et 1 carte.

Palgrave (W. G.): *Une année dans l'Arabie centrale*, traduit et abrégé par J. Belin de Launay. 1 vol. avec 12 gravures, 1 portrait et 1 carte.

Pfeiffer (Mme): *Voyages autour du monde*, abrégé par J. Belin de Launay. 1 vol. avec 16 gravures et 1 carte.

Piotrowski: *Souvenirs d'un Sibérien*. 1 vol. avec 10 gravures d'après A. Marie.

Schweinfurth (Dr) : *Au cœur de l'Afrique* (1866-1871). Traduit par Mme H. Loreau, et abrégé par J. Belin de Launay. 1 vol. avec 16 gravures et 1 carte.

Speke : *Les sources du Nil*, édition abrégée par J. Belin de Launay. 1 vol. avec 24 gravures et 3 cartes.

Stanley : *Comment j'ai retrouvé Livingstone*, traduit par Mme Loreau, et abrégé par J. Belin de Launay. 1 vol. avec 16 gravures et 1 carte.

Vambéry: *Voyages d'un faux derviche dans l'Asie centrale*, traduit par E. D. Forgues, et abrégé par J. Belin de Launay. 1 vol. avec 18 gravures et une carte.

HISTOIRE

Le loyal serviteur : *Histoire du gentil seigneur de Bayard*, revue et abrégée, à l'usage de la jeunesse, par Alph. Feillet. 1 vol. avec 36 gravures d'après P. Sellier.

Monnier (M.) : *Pompéi et les Pompéiens*. Édition à l'usage de la jeunesse. 1 vol. avec 25 gravures d'après Thérond.

Plutarque : *Vie des Grecs illustres*, édition abrégée par A. Feillet. 1 vol. avec 53 gravures d'après P. Sellier.

— *Vie des Romains illustres*, édition abrégée par A. Feillet. 1 vol. avec 69 gravures d'après P. Sellier.

Retz (Le cardinal de) : *Mémoires* abrégés par A. Feillet. 1 vol. avec 35 gravures d'après Gilbert, etc.

LITTÉRATURE

Bernardin de Saint-Pierre : *Œuvres choisies*. 1 vol. avec 12 gravures d'après E. Bayard.

Cervantès : *Don Quichotte de la Manche*. 1 vol. avec 64 gravures d'après Bertall et Forest.

Homère : *L'Iliade et l'Odyssée*, traduites par P. Giguet et abrégées par Alph. Feillet. 1 vol. avec 33 gravures d'après Olivier.

Le Sage : *Aventures de Gil Blas*, édition destinée à l'adolescence. 1 vol. avec 50 gravures d'après Leroux.

Mac-Intosch (Miss) : *Contes américains*, traduit par Mme Dionis. 2 vol. avec 50 gravures d'après E. Bayard.

Maistre (X. de) : *Œuvres choisies*. 1 vol. avec 15 gravures d'après E. Bayard.

Molière : *Œuvres choisies*, abrégées, à l'usage de la jeunesse. 2 vol. avec 22 gravures d'après Hillemacher.

Virgile : *Œuvres choisies*, traduites et abrégées à l'usage de la jeunesse, par Th. Barrau. 1 vol. avec 20 gravures d'après P. Sellier.

PETITE BIBLIOTHÈQUE DE LA FAMILLE

FORMAT PETIT IN-12

A 2 FRANCS LE VOLUME

LA RELIURE EN PERCALINE GRIS PERLE, TRANCHES ROUGES,

SE PAYE EN SUS, 50 C.

Fleuriot (Mlle Z.) : *Tombée du nid.* 1 vol.

— *Raoul Daubry*, chef de famille; 2ᵉ édit. 1 vol.

— *L'héritier de Kerguignon;* 3ᵉ édit. 1 vol.

— *Réséda;* 9ᵉ édit. 1 vol.

— *Ces bons Rosaëc!* 1 vol.

— *La vie en famille ;* 8ᵉ édit. 1 vol.

— *Le cœur et la tête.* 1 vol.

— *Au Galadoc.* 1 vol.

— *De trop.* 1 vol.

— *Le théâtre chez soi, comédies et proverbes.* 1 vol.

— *Sans beauté.* 1 vol.

-- *Loyauté.* 1 vol.

— *La clef d'or.* 1 vol.

Fleuriot Kérinou : *De fil en aiguille.* 1 vol.

Girardin (J.) : *Le locataire des demoiselles Rocher.* 1 vol.

Girardin (J.) (suite) : *Les épreuves d'Étienne.* 1 vol.

— *Les théories du docteur Wurtz.* 1 vol.

— *Miss Sans-Cœur;* 2ᵉ édit. 1 vol.

— *Les braves gens.* 1 vol.

Giron (AIMÉ) : *Braconnette.* 1 vol.

Marcel (Mᵐᵉ J.) : *Le Clos-Chantereine.* 1 vol.

Wiele (Mᵐᵉ Van de) : *Filleul du roi!* 1 vol.

Witt (Mᵐᵉ de), née Guizot : *Tout simplement;* 2ᵉ édition. 1 vol.

— *Reine et maîtresse.* 1 vol.

— *Un héritage.* 1 vol.

— *Ceux qui nous aiment et ceux que nous aimons.* 1 vol.

— *Sous tous les cieux.* 1 vol.

— *A travers pays.*

— *Vieux contes de la veillée.* 1 vol.

D'autres volumes sont en préparation.

2533 — Imprimeries réunies, A, rue Mignon, 2, Paris. — 10-10. — 100,000.

Imprimerie A. Lahure, rue de Fleurus, 9, à Paris.